프레스금형산업기사 • 설계기사 시험대비

최신
프레스 금형설계 편람

이춘규 · 전대선 · 이영주 · 이상민 공저

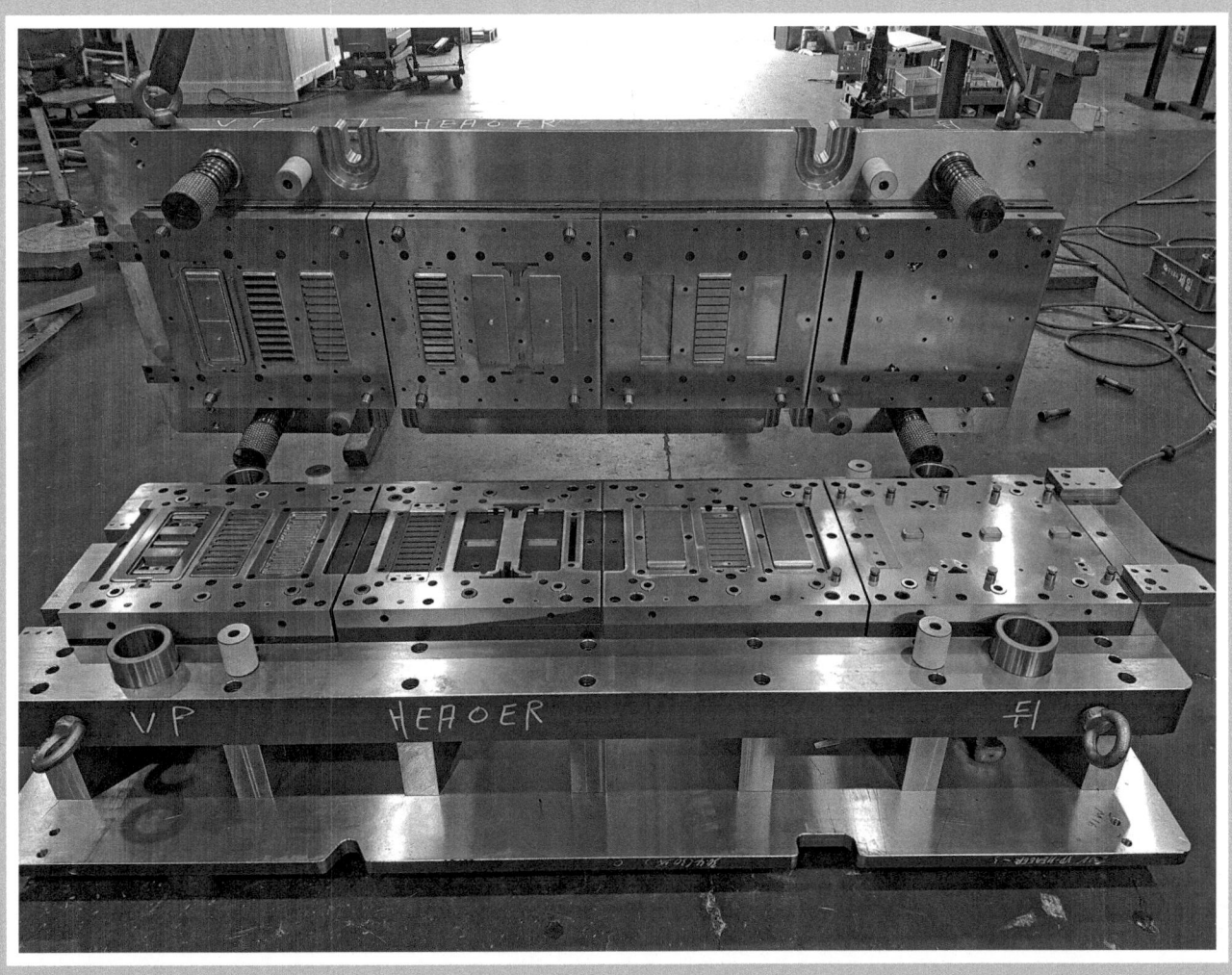

기전연구사

Introduce | 머리말

우리 주변에서는 일반 금속에서부터 정밀 프레스 부품, 반도체 등에 이르기까지 프레스 제품이 널리 사용되고 있다. 다양한 시장의 요구는 제품의 life cycle을 더욱 짧게 하고 있어 금형설계, 제작시간 단축에 의한 상품화 기간 감축효과는 상당한 것이다. 그 중 프레스 금형의 수요는 다종소량 생산 추세에 맞추어 증대되고 있다.

이러한 점을 감안할 때 보다 체계적이고 산업현장과의 연계성을 고려한 실천적인 금형기술교육이 절실히 필요하게 되어 산업현장 경험과 금형기술 교육 경험을 토대로 프레스 금형 편람을 집필하였는데, 이는 프레스 금형을 처음 대하는 사람일지라도 쉽게 이해, 응용할 수 있도록 하기 위함이다.

이 책의 특징은 다음과 같다.
1. 프레스 금형설계의 이론은 프레스 금형의 전반적인 이론을 토대로 하여 상세하게 설명하였다.
2. 프레스 금형설계 시 단계별 필요한 이론 및 설계기준과 부품 설계기준을 수록하여 실제 프레스 금형 설계 시 필요한 자료집이다.
3. 프레스 금형 편람의 이론과 부품 설계기준은 프레스 금형 산업기사 이론 및 실기와 프레스 금형설계 기사 이론 및 실기에 대비하였다.
4. 프레스 금형설계 실제를 실어 프레스 금형을 이해하는데 도움이 되도록 하였다.
5. 본 교재는 제1장 프레스 금형의 구조, 제2장 블랭킹 다이의 설계, 제3장 스트리퍼의 설계, 제4장 부품 설계 기준, 제5장 다이 세트의 설계 기준, 제6장 스프링 설계, 제7장 프레스 금형설계 기준 이론, 제8장 프레스 금형설계 실제로 구성되어 있다.

이 책으로 공부한 내용을 통해서 프레스 금형 산업기사 이론 및 실기와 프레스 금형설계 기사 이론 및 실기 검정에 도움이 된다면 그보다 더 큰 보람이 없으리라 생각되며, 향후 계속 보완해 나갈 것이며 또한 프레스 금형을 처음 접하는 초보자나 현장에서 실무에 접하는 분에게 도움이 되었으면 하는 바람입니다.

끝으로 본 교재가 나오기까지 협조하여 주신 기전연구사 사장님과 편집부 여러분과 폴리텍대학 교수님과 인력개발원 여러 교수님께 깊은 감사를 드립니다.

저 자

Contents | 차 례

제1장 프레스 금형의 구조 ■ 9

- ◆ 순차이송 금형의 구성도 11
- ◆ 프레스 금형의 구조 12
  - 1. 고정식 스트리퍼 금형   12
  - 2. 가동식 스트리퍼 금형   13
  - 3. 블랭킹 금형(Blanking Die)   15
  - 4. 피어싱 금형(Piercing Die)   16
  - 5. 컴파운드 금형(Compound Die)   17
  - 6. 벤딩 금형(Bending Die)   18
  - 7. 드로잉 금형(Drawing Die)   20
  - 8. 블랭킹-드로잉 금형(Blanking-Drawing Die) 21

제2장 블랭킹 다이의 설계 ■ 23

- ◆ 실용 치수 정도 25
- ◆ 치수 공차 26
- ◆ 피어싱, 블랭킹의 가공 한계 27
- ◆ 잔폭(이송 잔폭, 앞뒤 잔폭)의 결정(1) 28
- ◆ 잔폭(이송 잔폭, 앞뒤 잔폭)의 결정(2) 29
- ◆ 잔폭(이송 잔폭, 앞뒤 잔폭)의 결정(3) 30
- ◆ 잔폭(이송 잔폭, 앞뒤 잔폭)의 결정(4) 31
- ◆ 블랭크 레이아웃 결정 시 고려할 점(1) 32
- ◆ 블랭크 레이아웃 결정 시 고려할 점(2) 33
- ◆ 파팅·노칭 가공의 한계(1) 34
- ◆ 파팅·노칭 가공의 한계(2) 35
- ◆ 다이 플레이트의 두께 36

- ◆ 다이 플레이트의 크기(가로, 세로) 결정 ·· 37
- ◆ 다이 플레이트의 고정 볼트 및 여유각 ··· 38
- ◆ 플레이트와 고정 나사, 다우얼 핀 및 보조 가이드 핀의 표준 치수 ··· 39

제3장 스트리퍼의 설계 ■ 41

- ◆ 스트리퍼 플레이트의 설계 기준 ··· 43
- ◆ 고정 스트리퍼 플레이트의 형상과 기준 치수 ·· 44
- ◆ 가동 스트리퍼 플레이트의 형상과 기준 치수 ·· 45
- ◆ 가동 스트리퍼 플레이트의 고정법 ··· 47
- ◆ 스트리퍼 볼트의 설치 기본 치수 ·· 49
- ◆ 스트리퍼 볼트의 적용법 ··· 50
- ◆ 가동식 스트리퍼와 스프링의 설치 ··· 51
- ◆ 스트리퍼용 스프링의 설치법 ··· 52
- ◆ 스프링의 수축 허용량 ·· 57
- ◆ 배킹 플레이트의 설계 기준 ··· 58

제4장 부품 설계 기준 ■ 61

- ◆ 6각구멍붙이 볼트의 설계 치수 ··· 63
- ◆ 무두 볼트, 6각구멍붙이 볼트, 나사의 설계 치수 ··· 64
- ◆ 스트리퍼 볼트의 설계 ·· 66
- ◆ 스트리퍼 볼트의 설계, 탭핑 가공을 위한 드릴 치수 ··· 68
- ◆ 스트리퍼 가이드 핀 및 부시 ·· 69
- ◆ 피어싱 및 버링 펀치 ··· 71
- ◆ 소형 피어싱 펀치 선단 지름과 다이 구멍 표준 치수 ·· 75
- ◆ 피어싱 가능한 펀치의 길이와 지름 최소 임계 치수 ·· 76
- ◆ 펀치의 고정방법 ·· 78
- ◆ 파일럿의 설계 기준 ·· 79
- ◆ 파일럿의 설치 기준 ·· 83
- ◆ MIS FEED SENSOR UNIT ·· 87
- ◆ 스크랩 컷(Scrap cut) 설치 설계 ·· 90

- ◆ 사이드 커터(Side cutter) 펀치의 설계 ·· 91
- ◆ 스트로크 엔드 블록 ·· 95
- ◆ 다이 부시의 설계 ·· 96
- ◆ 재료 가이드 유닛 ·· 98
- ◆ Lifter Pin 및 Stripper Ejecter Pin(밀핀, 털핀) ··································· 102
- ◆ 스프링 플런저, 볼 플런저 ·· 105
- ◆ 맞춤 핀(Dowel pin) ·· 106

제5장 다이 세트의 설계 기준 ■ 107

- ◆ 생크(Shank)의 설계 ··· 109
- ◆ 표준 다이 세트 ··· 110
- ◆ 가이드 포스트 ··· 111
- ◆ 가이드 포스트 및 가이드 부시, 볼 리테이너 ······································· 112
- ◆ 표준 다이 세트의 설계 ·· 114

강제 Plain Guide 다이 세트(SBB형)	114
강제 Plain Guide 다이 세트(SCB형)	116
강제 Plain Guide 다이 세트(SDB형)	118
강제 Plain Guide 다이 세트(SFB형)	120
강제 Ball Guide 다이 세트(SBR형)	123
강제 Ball Guide 다이 세트(SCR형)	125
강제 Ball Guide 다이 세트(SDR형)	127
강제 Ball Guide 다이 세트(SFR형)	129

제6장 스프링 설계 ■ 133

- ◆ 금형용 스프링 ··· 135

스프링의 사용 횟수와 압축비와의 관계	135
경소하중(經少荷重) - SWF(노란색)	136
경하중(經荷重) - SWL(파랑색)	139
중하중(中荷重) - SWM(적색)	142
중하중(重荷重) - SWH(녹색)	145
극중하중(極重荷重) - SWB(갈색)	148

제7장 프레스 금형설계 기준 이론 ■ 151

- ◆ 순차이송 금형의 설계 순서 ··· 153
- ◆ 블랭킹 금형과 피어싱 금형의 차이점 ·· 154
- ◆ 공차에 따른 제품도 치수 보정(어렌지도(arrange)) ·· 155
- ◆ 재료 이용률 ··· 157
- ◆ 순차이송 금형과 트랜스퍼 금형의 차이점 ··· 158
- ◆ 벤딩 금형의 설계 ··· 159
- ◆ 버링(Burring) 가공 설계 ·· 162
- ◆ 엠보싱(Embossing) 가공 설계 ··164
- ◆ 드로잉(Drawing) 금형 설계 ·· 166
- ◆ 금형 제작용 표준재료 규격 ·· 169

제8장 프레스 금형설계 실제 ■ 171

- ◆ 고정 스트리퍼타입 설계 ·· 173
- ◆ 가동 스트리퍼타입 설계 1 ·· 178
- ◆ 가동 스트리퍼타입 설계 2 ·· 183
- ◆ 가동 스트리퍼타입 설계 3 ·· 188

- ◆ 참고문헌 ··· 194

제 1 장

프레스 금형의 구조

순차이송 금형의 구성도

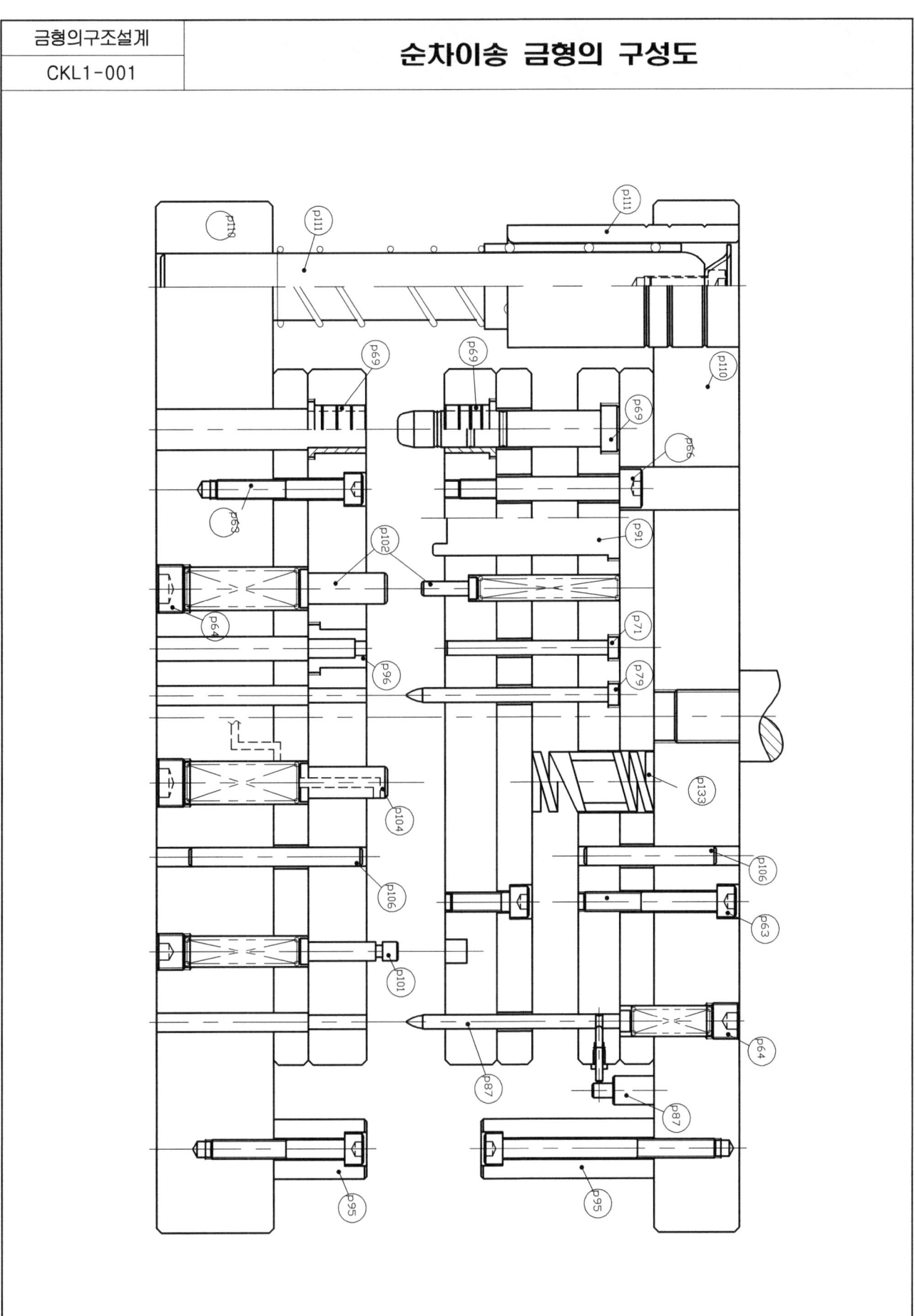

프레스 금형의 구조

1. 고정식 스트리퍼 금형

형상이 단순하고 설계 및 제작이 용이하며 비용이 적게 소요되며 주로 밴딩 가공이 포함되지 않는 경우에 사용되며, 재료의 두께가 비교적 두꺼운 경우에 사용된다.

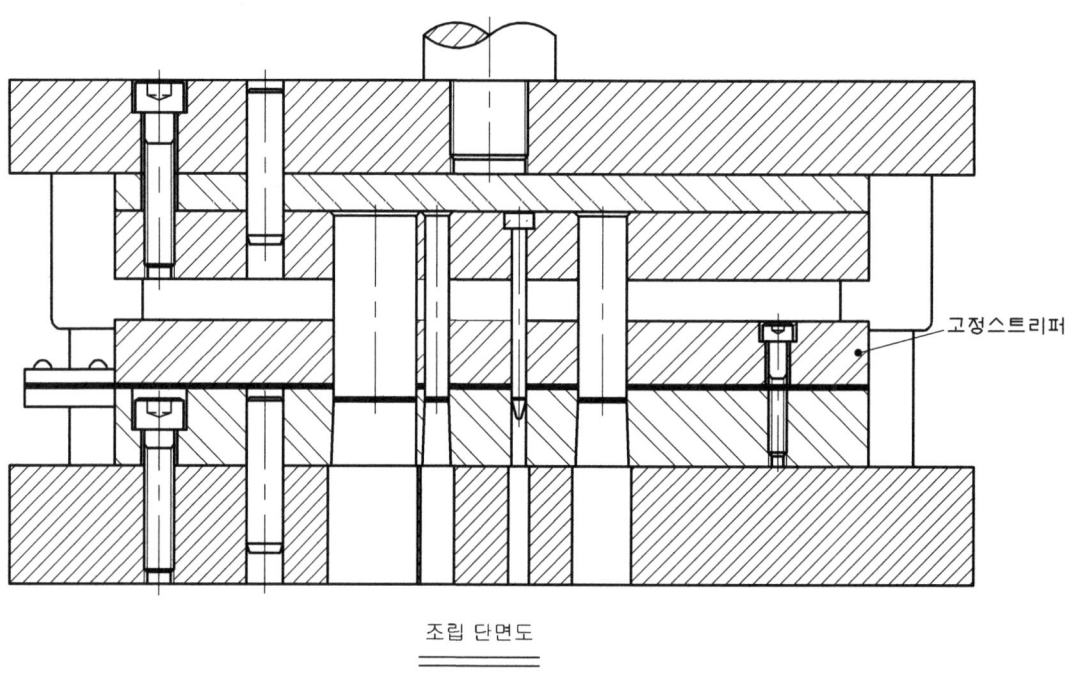

조립 단면도

⑥ 스트리퍼 플레이트

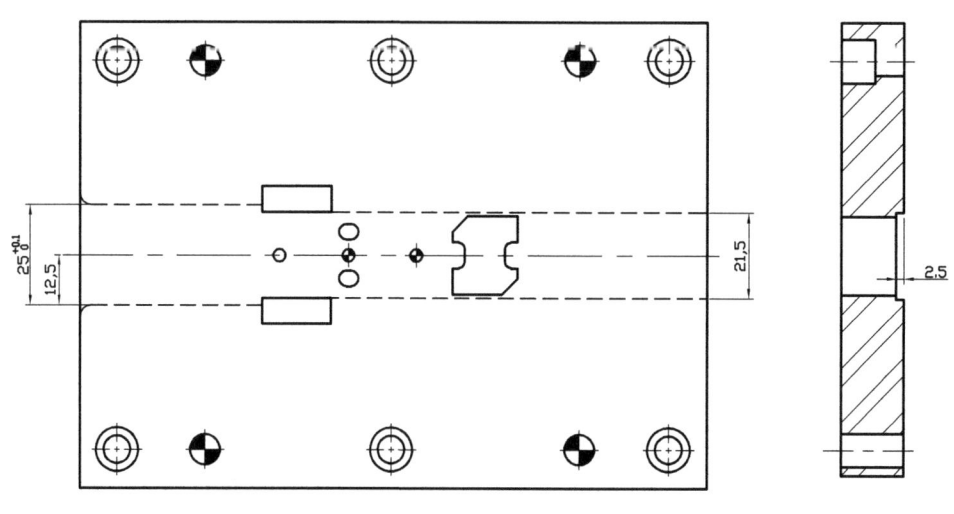

2. 가동식 스트리퍼 금형

(1) 가이드 플레이트 타입

주로 비교적 얇은 재료의 가공에 사용되며 스트립의 변형을 방지하고 제품의 정밀도를 높이기 위하여 스프링의 힘에 의해 압력을 가하여 주며, 스트리퍼 판을 이용하여 펀치를 안내 및 보호해 준다.

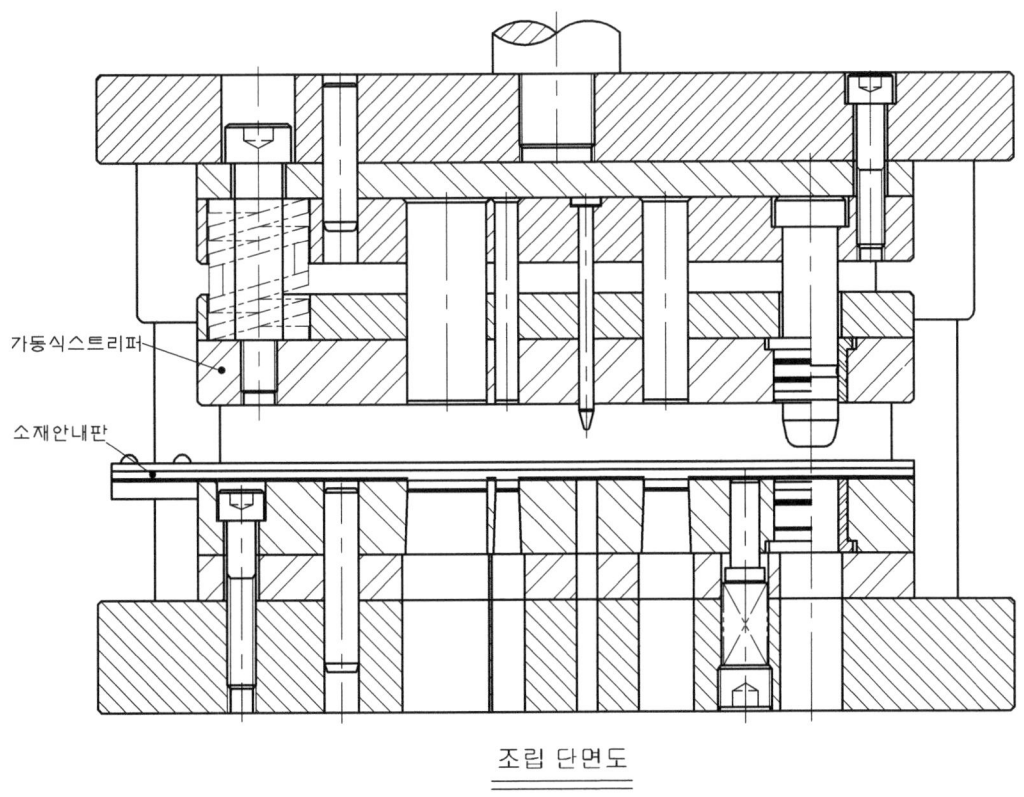

조립 단면도

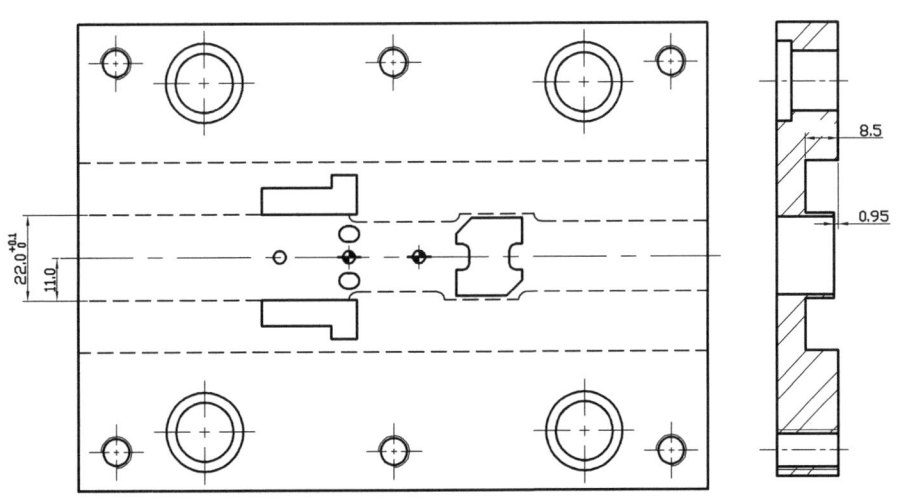

프레스 금형의 구조

2. 가동식 스트리퍼 금형

(2) 가이드 리프터 타입

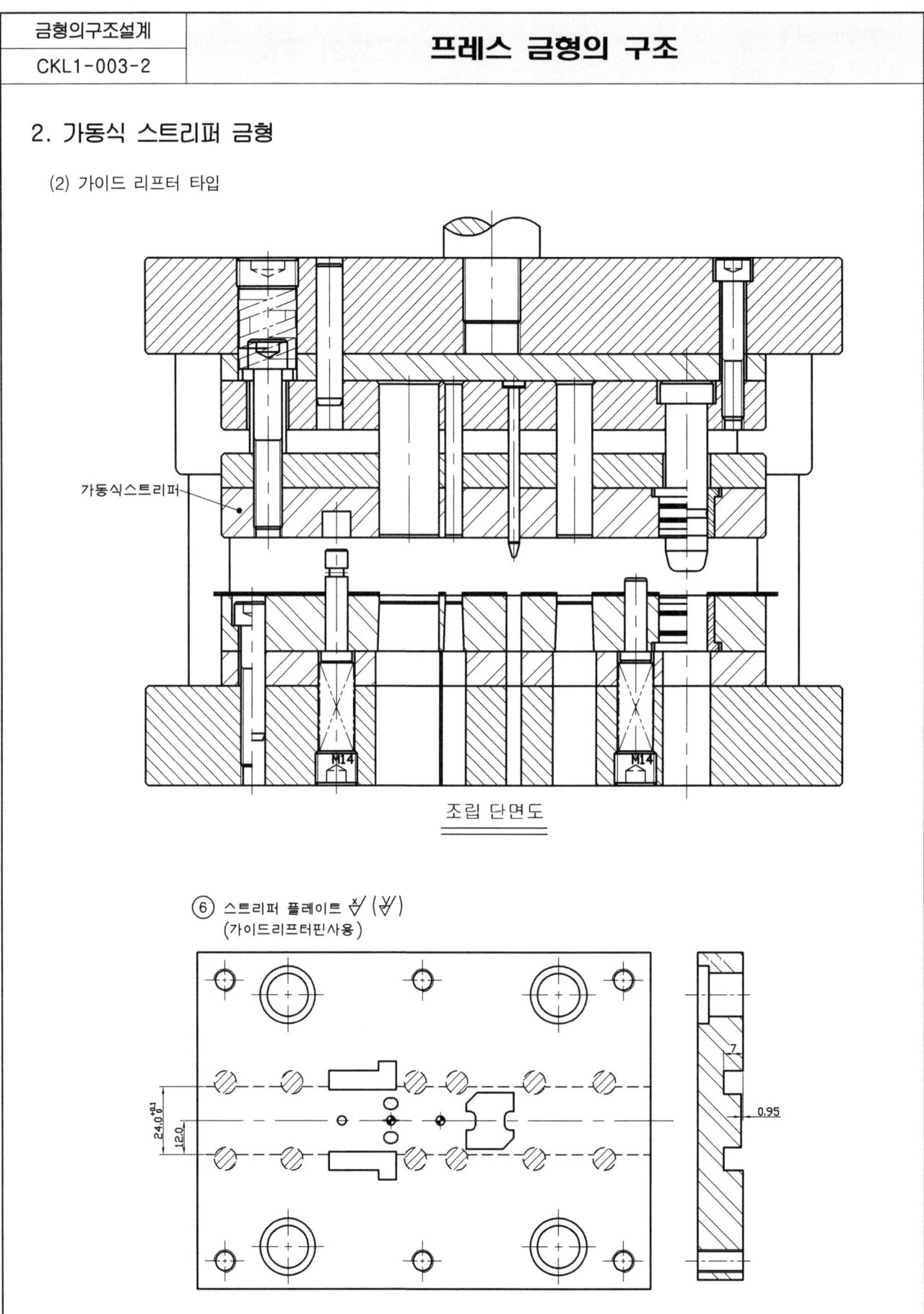

3. 블랭킹 금형(Blanking Die)

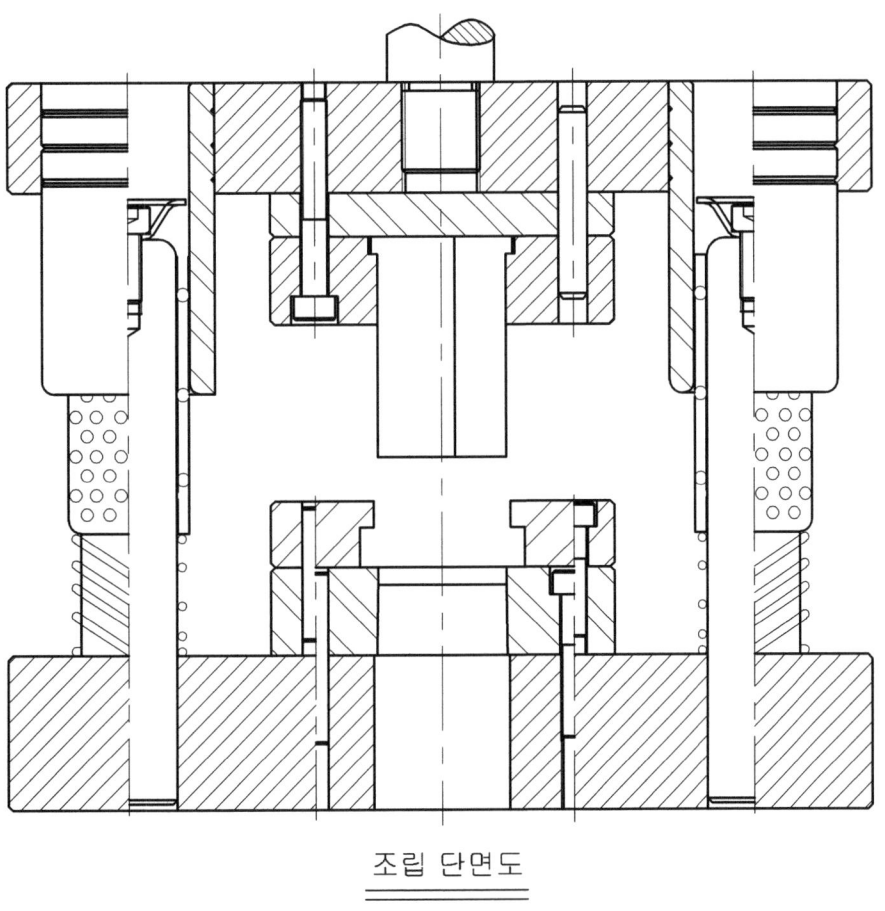

조립 단면도

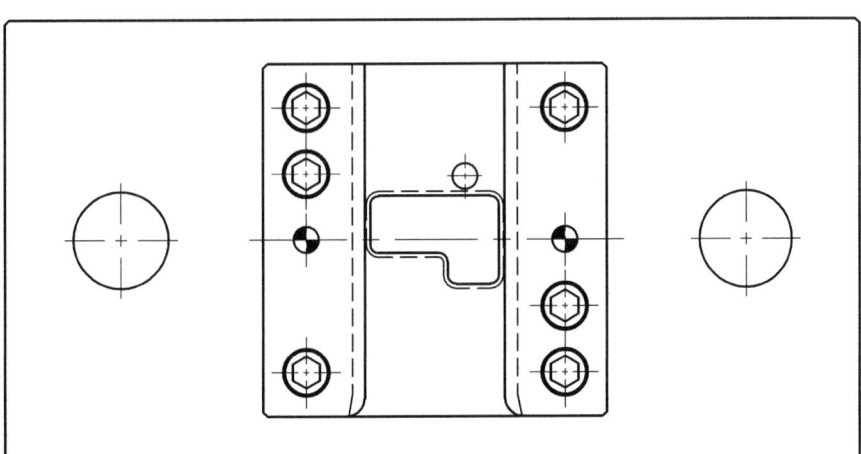

하형 조립 평면도

4. 피어싱 금형(Piercing Die)

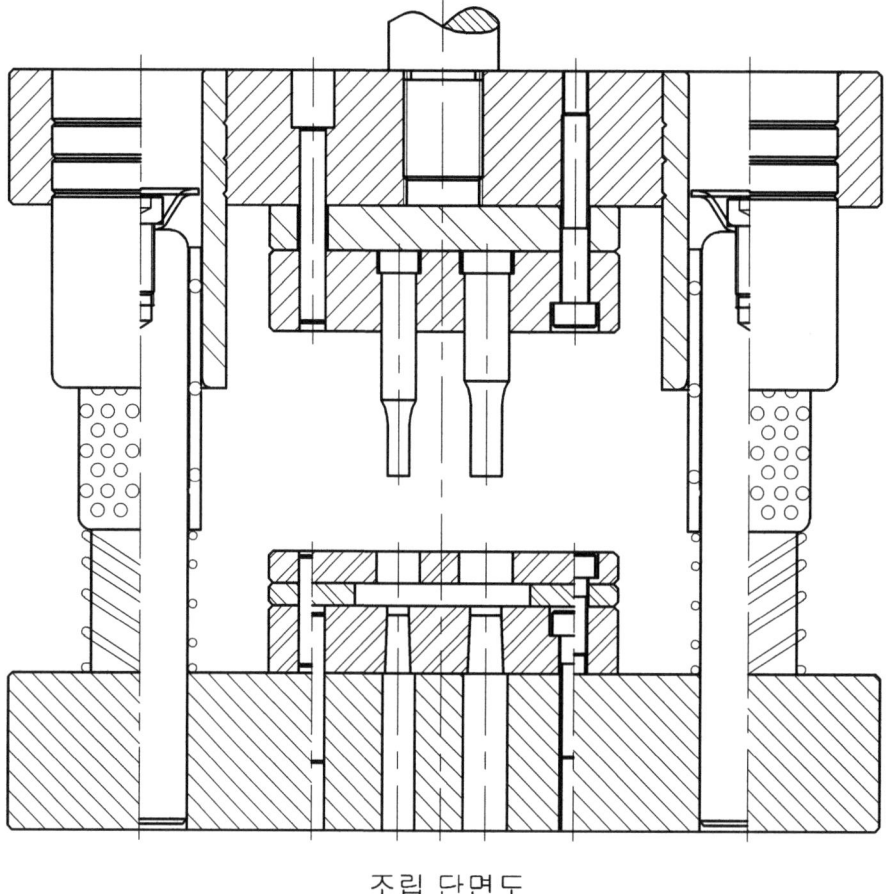

조립 단면도

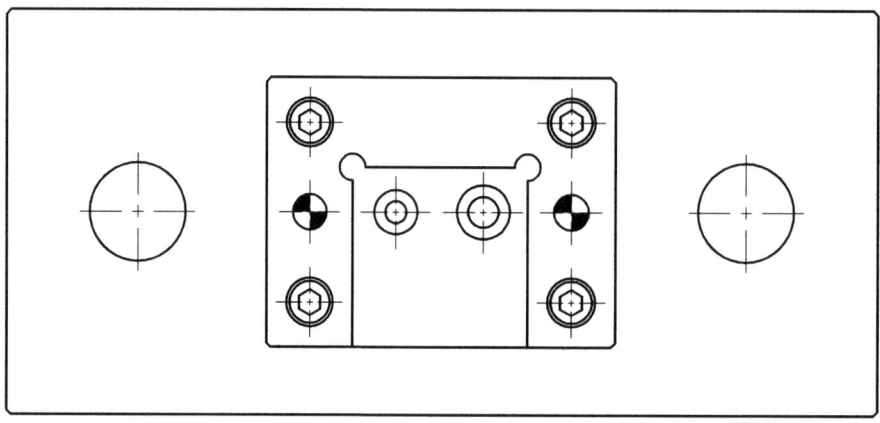

하형 조립 평면도

5. 컴파운드 금형(Compound Die)

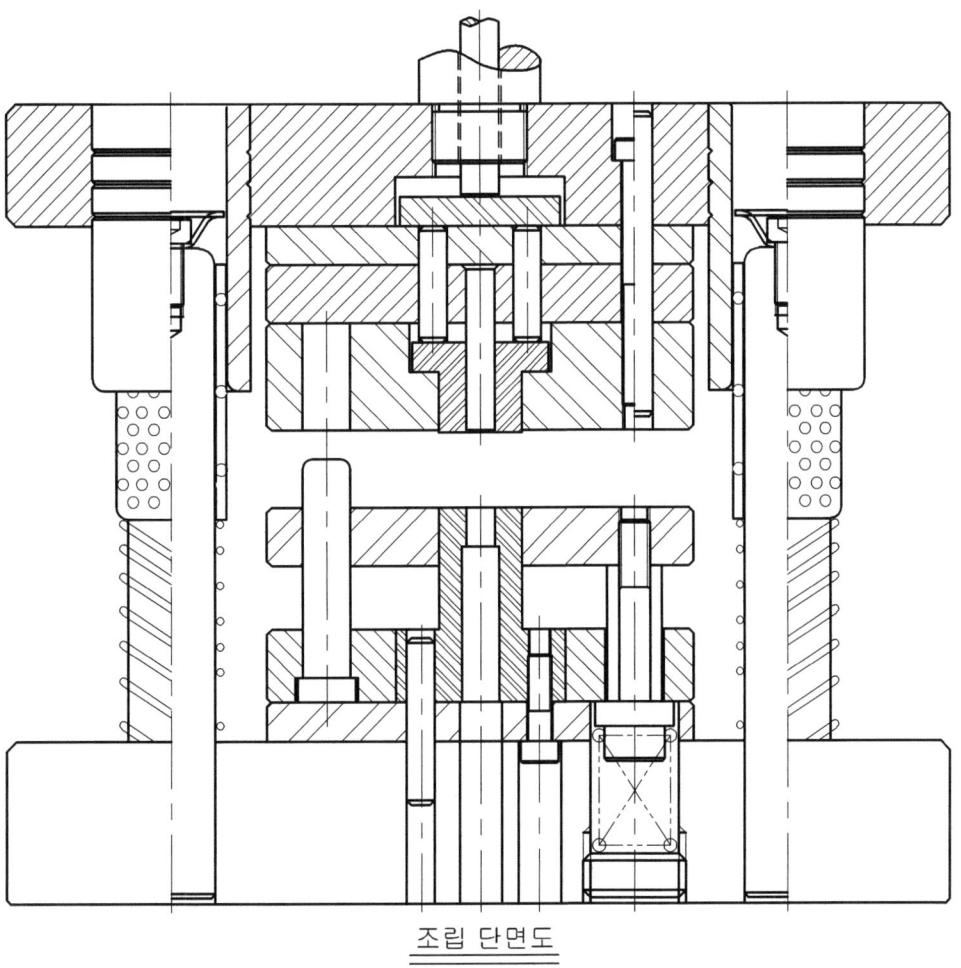

조립 단면도

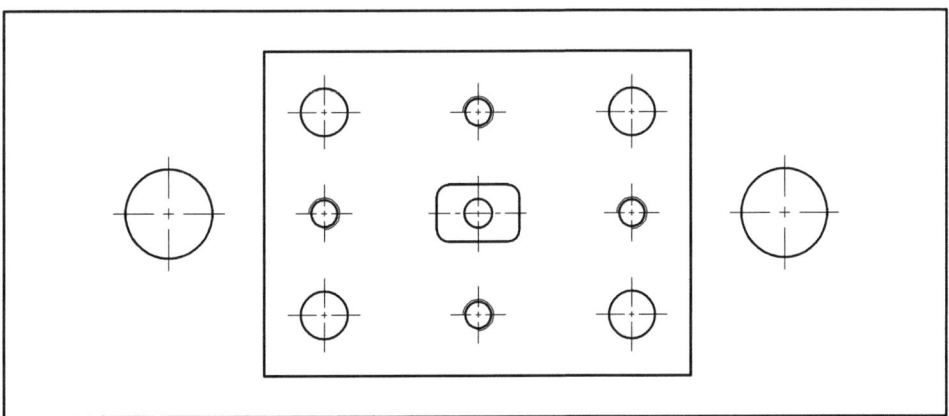

하형 조립 평면도

6. 벤딩 금형(Bending Die)

1) V-Bending Die

조립 단면도

하형 조립 평면도

6. 벤딩 금형(Bending Die)

2) U – Bending Die

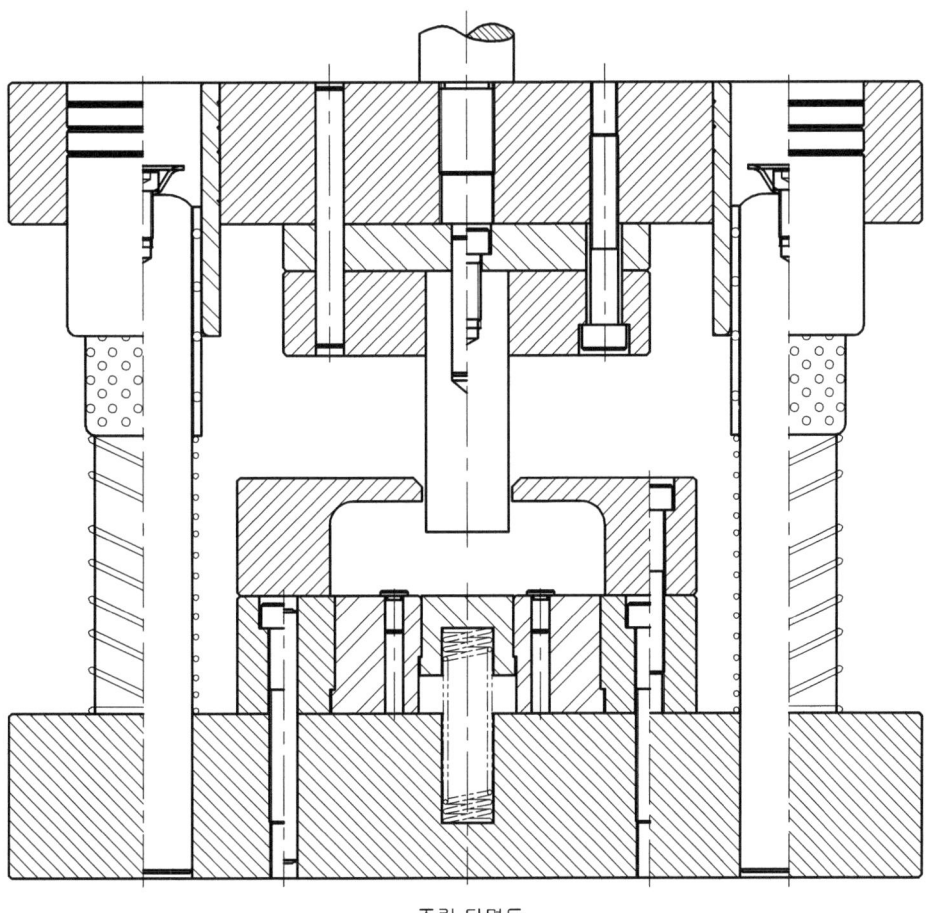

조립 단면도

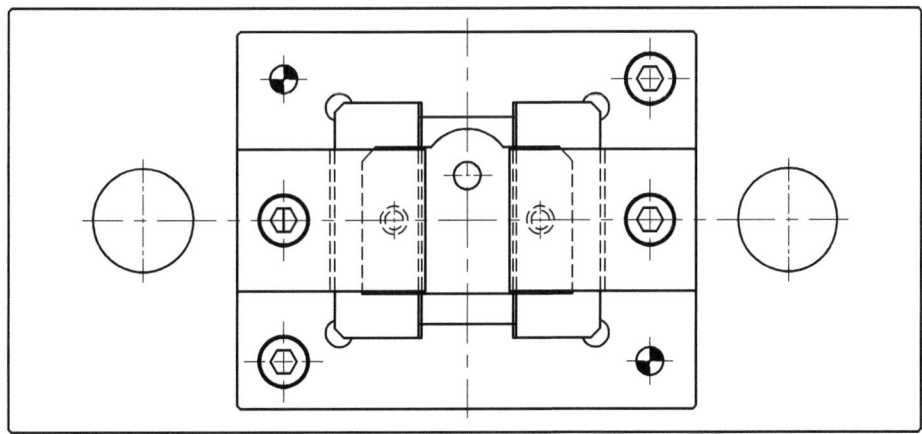

하형 조립 평면도

7. 드로잉 금형(Drawing Die)

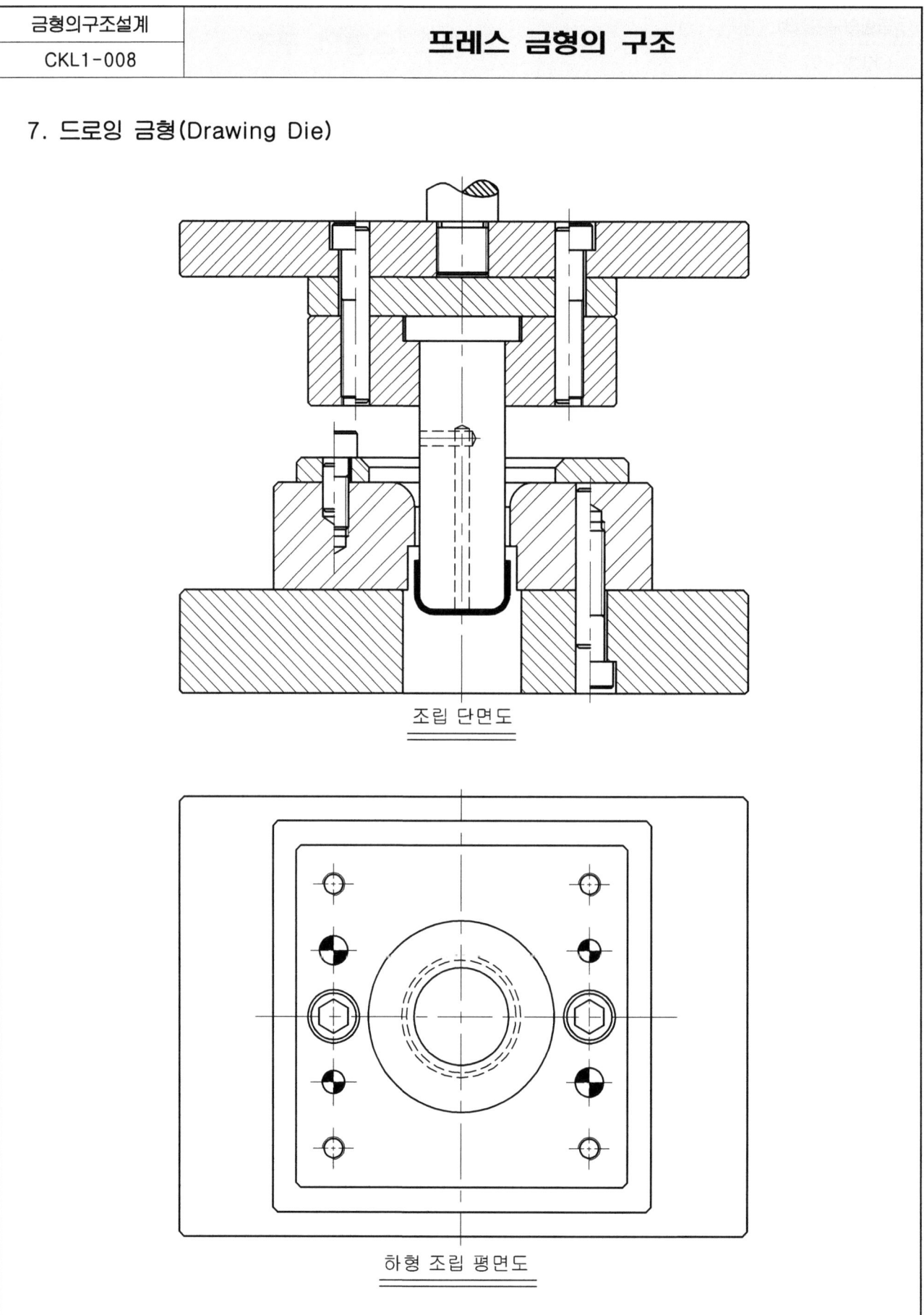

조립 단면도

하형 조립 평면도

8. 블랭킹-드로잉 금형(Blanking-Drawing Die)

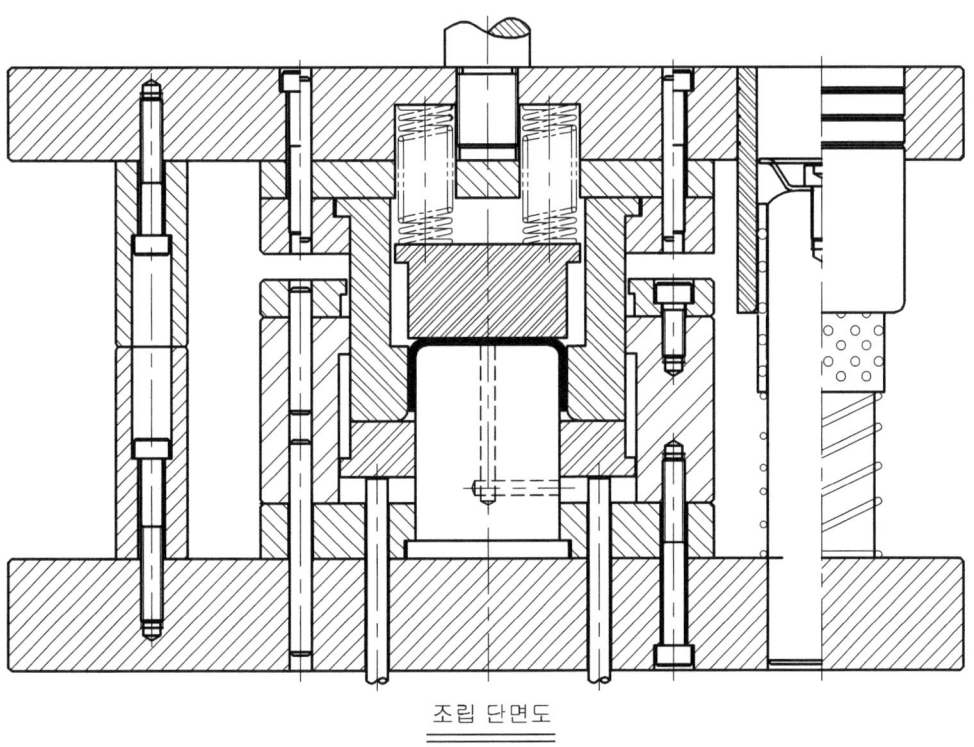

조립 단면도

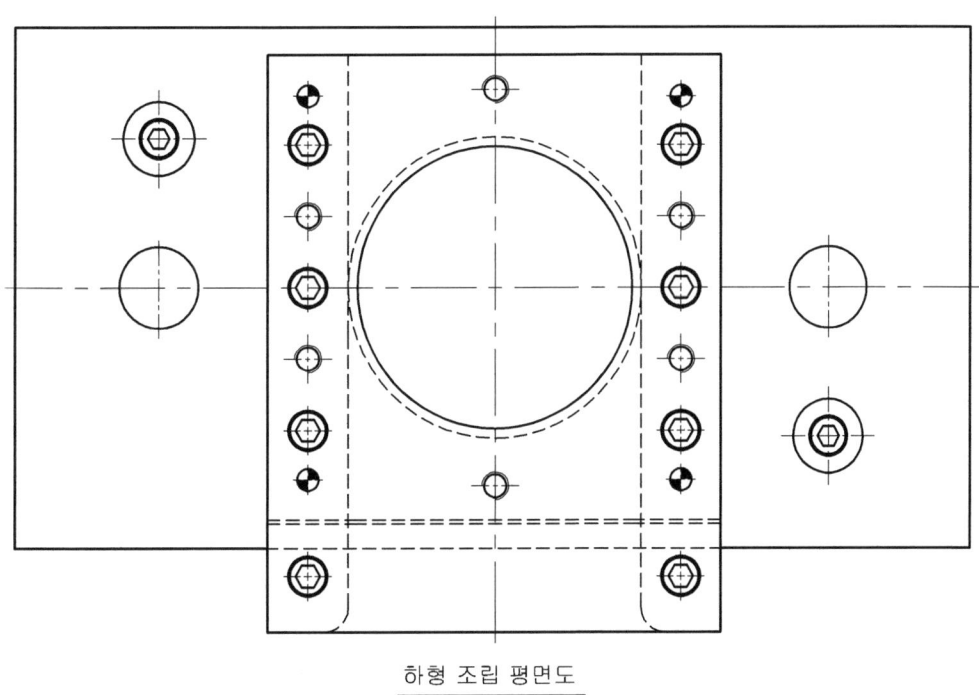

하형 조립 평면도

제 2 장

블랭킹 다이의 설계

블랭킹다이의설계
CKL2-001

실용 치수 정도

1) 블랭킹 제품의 바깥지름 표준 공차

(단위 : mm)

판 두께	일반 전단에 의한 정도				정밀한 전단에 의한 정도				세이빙에 의한 정도		
	제품 바깥지름의 치수 구분										
	10이하	10초과 50이하	50초과 150이하	150초과 300이하	10이하	10초과 50이하	50초과 150이하	150초과 300이하	10이하	10초과 50이하	50초과 100이하
0.2초과 0.5이하	0.08	0.10	0.14	0.20	0.025	0.03	0.05	0.08			
0.5초과 1.0이하	0.12	0.16	0.22	0.30	0.03	0.04	0.06	0.10	0.012	0.015	0.025
1.0초과 2.0이하	0.18	0.22	0.30	0.50	0.04	0.06	0.08	0.12	0.015	0.020	0.030
2.0초과 4.0이하	0.24	0.28	0.40	0.70	0.06	0.08	0.10	0.15	0.025	0.030	0.040
4.0초과 6.0이하	0.30	0.35	0.50	1.00	0.10	0.12	0.15	0.20	0.040	0.050	0.060

2) 피어싱 구멍의 안지름 표준 공차

(단위 : mm)

판 두께 구분	일반 전단에 의한 정도			정밀한 전단에 의한 정도			세이빙에 의한 정도	
	제품 구멍지름의 치수 구분							
	10이하	10초과 50이하	50초과 150이하	10이하	10초과 50이하	50초과 150이하	10이하	10초과 50이하
0.2초과 1.0이하	0.05	0.08	0.12	0.02	0.04	0.08	0.010	0.015
1.0초과 2.0이하	0.06	0.10	0.16	0.03	0.06	0.10	0.015	0.020
2.0초과 4.0이하	0.08	0.12	0.20	0.04	0.08	0.12	0.025	0.030
4.0초과 6.0이하	0.10	0.15	0.25	0.06	0.10	0.15	0.035	0.040

3) 피어싱 구멍 사이 거리의 표준 공차

(단위 : mm)

판 두께 구분	일반 전단에 의한 정도			정밀한 전단에 의한 정도		
	중심간 거리의 치수 구분					
	50이하	50초과 150이하	150초과 300이하	50이하	50초과 150이하	150초과 300이하
1.0 이하	±0.10	±0.15	±0.20	±0.03	±0.05	±0.08
1.0초과 2.0이하	±0.12	±0.20	±0.30	±0.04	±0.06	±0.10
2.0초과 4.0이하	±0.15	±0.25	±0.35	±0.06	±0.08	±0.12
4.0초과 6.0이하	±0.2	±0.30	±0.40	±0.08	±0.10	±0.15

① 위의 표는 알루미늄, 동, 연강판 등. 일반적으로 블랭킹가공에 널리 이용되고 있는 재료를 대상으로 하여 적정 클리어런스로 가공했을 때의 값이다.
② 블랭킹가공을 실시하는 데 있어서 제품에 요구되는 공차에 따라 형의 구조나 공구재료 등을 검토해야 한다.
③ 공차가 특히 까다로운 제품에서는 세이빙 등의 정밀전단을 하는 것도 고려할 필요가 있다.

치수 공차

4) 전단(외형, 구멍)의 치수 공차

(단위 : mm)

재질별	치수구분 등급별 판 두께	30이하 정밀급 (+)	30이하 일반급 (±)	30초과 100이하 정밀급 (±)	30초과 100이하 일반급 (±)	100초과 300이하 정밀급 (±)	100초과 300이하 일반급 (±)	300초과 1000이하 정밀급 (±)	300초과 1000이하 일반급 (±)
금 속	~1이하	0.15		0.25		0.35			
금 속	1초과 3.2이하	0.20		0.30		0.40			
금 속	3.2초과 6이하	0.25	0.50	0.35	0.70	0.50	1.00	-	1.50
비금속	~0.5이하	0.15		0.25		0.35			
비금속	0.5초과 2이하	0.20		0.30		0.40			
비금속	2.0 초과	0.25		0.35		0.45			

* 주서 : 정밀급에서는 지름 6mm이하 전단구멍의 치수차를 (+)측으로 하고, (-)측은 "0"으로 한다.

5) 구멍과 구멍간의 중심거리의 치수차

(단위 : mm)

재질별	구멍간의 중심거리 등급별 구멍치수	30이하 정밀급 (+)	30이하 일반급 (±)	30초과 100이하 정밀급 (±)	30초과 100이하 일반급 (±)	100초과 300이하 정밀급 (±)	100초과 300이하 일반급 (±)	300초과 1000이하 정밀급 (±)	300초과 1000이하 일반급 (±)
금 속	~6이하	0.10		0.15					
금 속	6초과 12이하	0.15		0.20					
금 속	12초과 30이하	-		0.25					
금 속	30초과	-	0.50	0.30	0.70	-	1.00	-	1.50
비금속	~6이하	0.15		0.20					
비금속	6초과 12이하	0.20		0.25					
비금속	12초과 30이하	-		0.30					
비금속	30초과	-		0.40					

* 주서 1. 정밀급에서는 두 구멍의 지름이 다른 경우 큰 구멍에 대한 치수차를 적용한다.

6) 구멍의 중심과 가장자리와의 거리 치수 공차

(단위 : mm)

재질별	구멍중심과 가장자리의 거리 등급별 구멍치수	30이하 정밀급 (+)	30이하 일반급 (±)	30초과 100이하 정밀급 (±)	30초과 100이하 일반급 (±)	100초과 300이하 정밀급 (±)	100초과 300이하 일반급 (±)	300초과 1000이하 정밀급 (±)	300초과 1000이하 일반급 (±)
금 속	~6이하	0.15		0.20					
금 속	6초과 12이하	0.20		0.25					
금 속	12초과 30이하	-		0.30					
금 속	30초과	-	0.50	0.35	0.70	-	1.00	-	1.50
비금속	~6이하	0.20		0.25					
비금속	6초과 12이하	0.25		0.30					
비금속	12초과 30이하	-		0.35					
비금속	30초과	-		0.45					

피어싱, 블랭킹의 가공 한계

블랭킹다이의설계 / CKL2-003

1) 피어싱을 할 수 있는 최소 치수

① 일반적인 결정법 : 연질 재료 ------- 1t 정도
　　　　　　　　　　경질 재료 ------- 2t 정도

② 피어싱 최소 치수

(단위 : mm, t : 판 두께)

재 료	일반적 피어싱 가공		스트리퍼 가이드형 정밀 피어싱	
	둥근 구멍	각형 구멍	둥근 구멍	각형 구멍
경 강	1.3t	1.0t	0.5t	0.4t
연 강	1.0t	0.7t	0.35t	0.3t
황 동	1.0t	0.7t	0.35t	0.3t
알루미늄	0.8t	0.5t	0.3t	0.28t

2) 구멍 피치의 최소 치수

① 전단 망(網)을 가공하거나 구멍 피치가 작은 제품을 가공할 때, 구멍과 구멍의 잔폭에 뒤틀림이 생기는 수가 있다. 특히 작은 구멍을 작은 피치로 절단할 때에는 펀치의 좌굴이나 좌굴변형으로 인하여 금형에 긁힘이 생기는 수가 많으므로 펀치의 재질과 고정 방법이 중요하다.
② 작은 구멍을 많이 절단할 때, 판재가 뒤틀림이 발생되므로 가공 후 레벨링 작업하여 사용한다.
③ 작은 지름 펀치를 작은 피치로 고정시키고 상·하형을 맞추는 것은 매우 곤란하다. 정밀도를 요구하지 않을 때는 펀치의 손상을 방지하기 위하여 피아노선 등을 사용해서 펀치에 탄성을 주는 것이 유리한 경우가 많다. 값비싼 재료를 사용해도 금형 맞춤 불량으로 손상되는 수가 많다.

3) 블랭크의 전단가공 한계

(1) 둥근 구멍 전단의 피치 한계

(단위 : mm, t : 판 두께)

판 두께	최소 간격(mm)
1.55이하	3.1
1.55이상	2t

(2) 각 구멍 전단의 가공 한계

(단위 : mm, t : 판 두께)

판 두께	최소 간격(mm)
2.3이하	4.6
2.3이상	2t

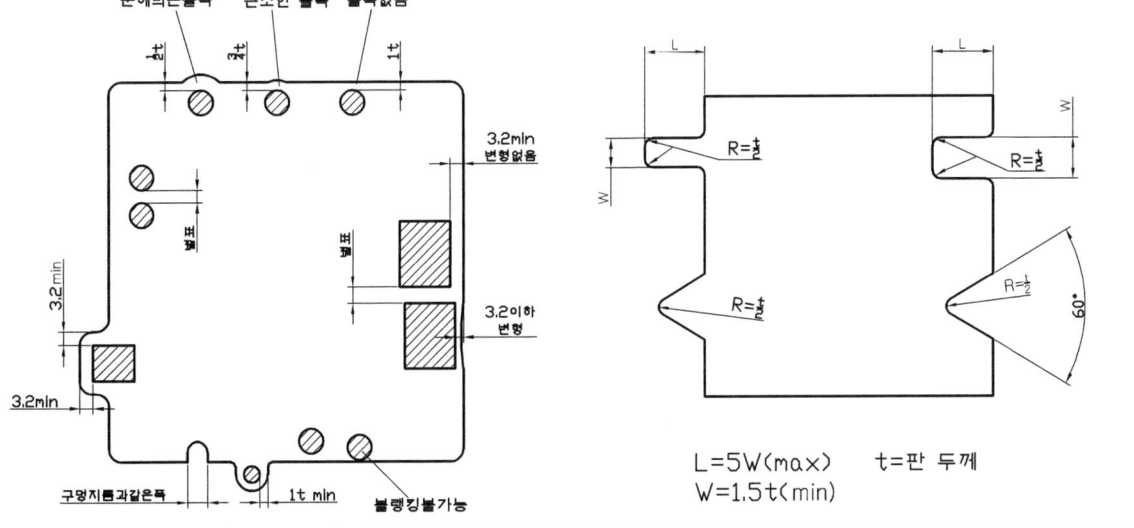

잔폭(이송 잔폭, 앞뒤 잔폭)의 결정(1)

1)
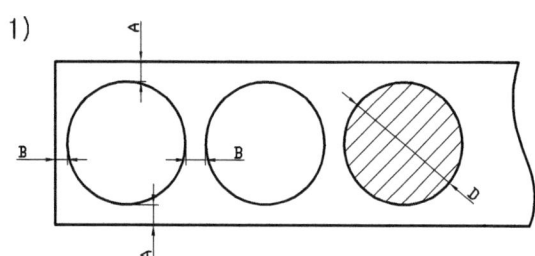

2)
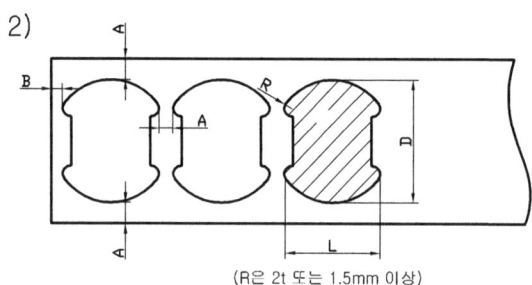
(R은 2t 또는 1.5mm 이상)

3)
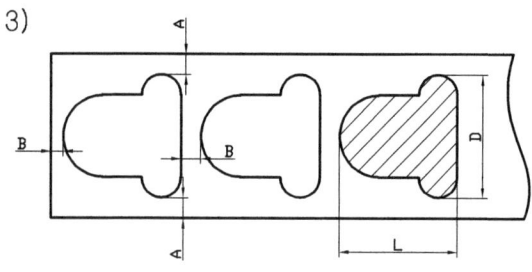

4)
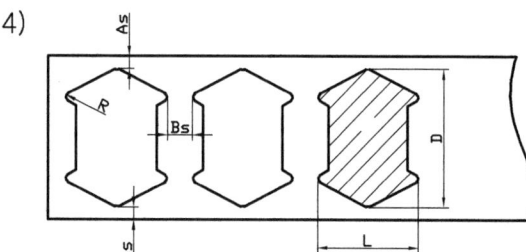

- R은 2t 또는 1.5mm 이하
- 예리한 부(첨단 테두리)가 서로 향하고 있을 때 Bs, As는 "표 1"의 B, Bmin 및 A, Amin의 값에 50% 증가한다.

5)
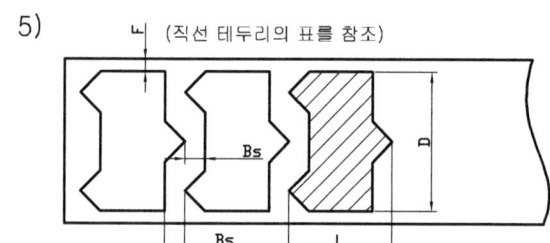
(직선 테두리의 표를 참조)

Bs는 "표 1 이나 2"의 B, Bmin의 값에 30% 증가 한다.

표 1. 곡선 테두리(일반금속)-단일형 금형
(단위 : mm, t : 판 두께)

D 또는 L 치수	이송 잔폭		앞뒤 잔폭	
	B	B min	A	A min
0~25	0.7t	0.6	0.8t	0.8
26~75	1t	0.8	1t	1.2
76~150	1.2t	1.2	1.2t	1.8
151~250	1.3t	1.8	1.3t	2.4
251~400	1.5t	2.4	1.5t	3.0

표 2. 곡선테두리(일반금속)-프로그레시브금형
(단위 : mm, t : 판 두께)

D 또는 L 치수	이송 잔폭		앞뒤 잔폭	
	B	B min	A	A min
0~25	1t	1.0	1t	1.2
26~75	1.2t	1.2	1.2t	1.6
76~150	1.5t	1.6	1.5t	2.0
151~250	1.5t	2.0	2t	2.5

* 주 서

① 페놀, 플라스틱, 마이카(운모)의 경우 .... 표 1, 2, 3, 4에 40% 증가
② 파이버, 셀룰로이드의 경우...................... 표 1, 2, 3, 4에 20% 증가
③ 규소강판의 경우........................... 표 1, 2, 3, 4에 50% 증가
④ L 또는 D 치수 중 큰 값을 선택하는 것이 바람직하다.
⑤ 다열 하프(반) 블랭킹의 경우........................ 표 1, 2, 3, 4에 30~50% 증가

블랭킹다이의설계	잔폭(이송 잔폭, 앞뒤 잔폭)의 결정(2)
CKL2-004-2	

6)
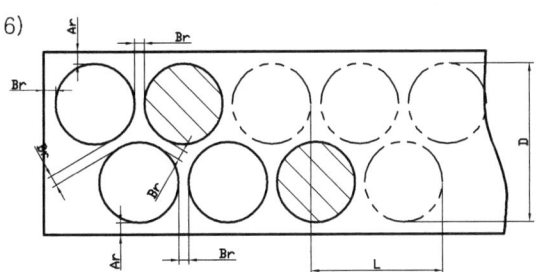
- 다열 동시 펀칭(텐덤형)의 경우(해칭)
  Br, Ar은 표 1, 2의 A, B와 같은 값을 적용
- 원 상태로 되돌리기의 경우
  Br, Ar은 표 1의 A,Amin 및 B, Bmin 값에 25% 증가 (점선)

7)
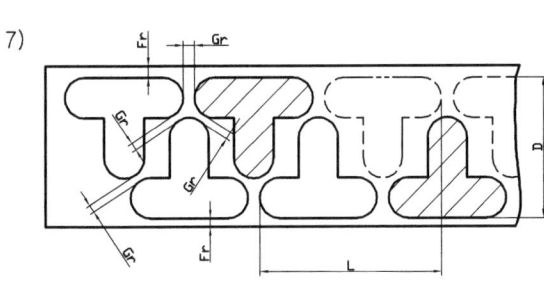
- 다열 동시 펀칭(텐덤형)의 경우
  Fr, Gr은 표 1, 2의 A, B와 같은 값을 적용
- 원 상태로 되돌리기의 경우
  Fr, Gr은 표 3의 F,Fmin 값에 30~50% 증가 적용

8)
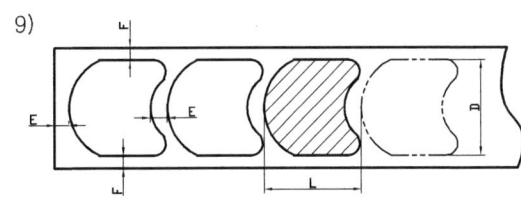

9)
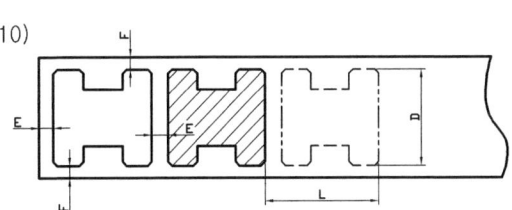

10)
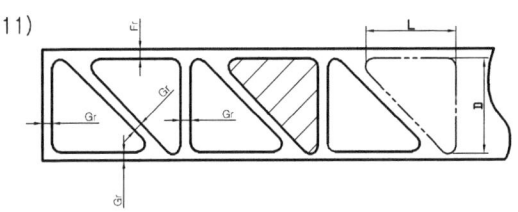

11)

- 원 상태로 되돌리기의 경우
  Fr, Gr은 표 3의 F,Fmin 값에 30~50% 증가 적용

표 3. 직선, 평행테두리(일반금속)-단일형 금형

(단위 : mm, t : 판 두께)

D 또는 L 치수	이송 잔폭		앞뒤 잔폭	
	E	E min	F	F min
0~25	0.8t	1.0	1.0t	1.2
26~50	1t	1.2	1.2t	1.6
51~150	1.2t	1.5	1.5t	2.0
151~250	1.5t	2.0	1.7t	2.5
251~400	1.7t	2.5	2.0t	3.0

표 4. 직선, 평행테두리(일반금속)-프로그레시브금형

(단위 : mm, t : 판 두께)

D 또는 L 치수	이송 잔폭		앞뒤 잔폭	
	E	E min	F	F min
0~25	1.2t	1.2	1.2t	1.5
26~50	1.2t	1.5	1.5t	1.8
51~150	1.5t	2.0	1.5t	2.5
151~250	1.7t	2.5	1.7t	3.0

잔폭[이송 잔폭, 앞뒤 잔폭]의 결정(3)

12)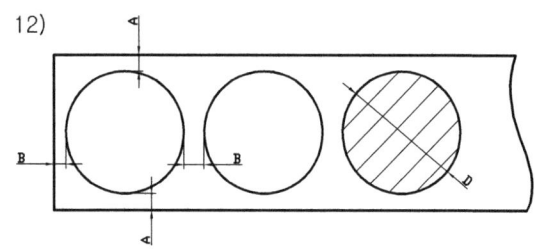

15)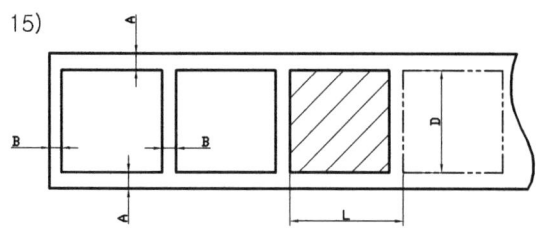

13)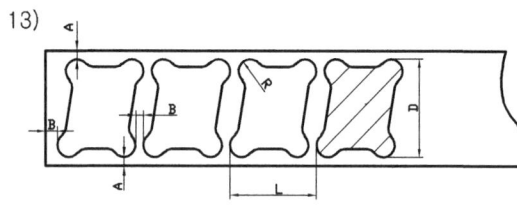
(곡선부 R은 2t 또는 1.5mm 이상)

16)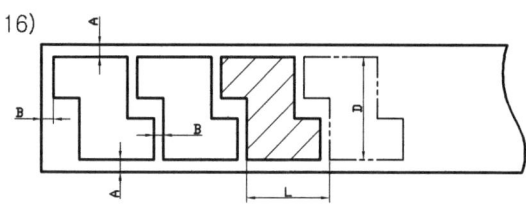

14)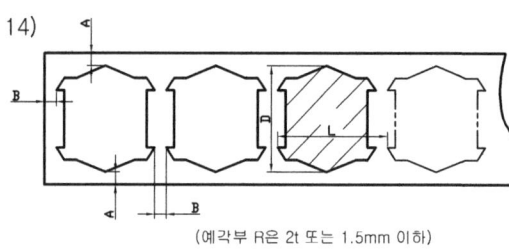
(예각부 R은 2t 또는 1.5mm 이하)

17)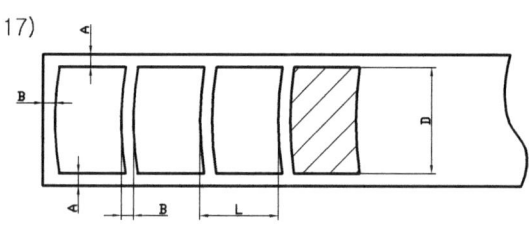

표 5. 일반금속의 단열 블랭킹 잔폭

(단위 : mm, t : 판 두께)

형상	곡선부 (R=1.5mm 또는 2t 이상)				예각부 (R=1.5mm 또는 2t 이하)				직선 또는 평행부			
	이송 잔폭		앞뒤 잔폭		이송 잔폭		앞뒤 잔폭		이송 잔폭		앞뒤 잔폭	
D 또는 L 치수	B	B min	A	A min	B	B min	A	A min	B	B min	A	A min
0~25	0.7t	0.6	0.8t	0.8	1.0t	1.0	1.2t	1.0	0.8t	1.0	1.0t	1.2
26~75	1.0t	0.8	1.2t	1.2	1.5t	1.3	1.8t	1.6	1.0t	1.2	1.2t	1.6
76~150	1.2t	1.2	1.4t	1.8	1.8t	1.6	2.1t	1.8	1.2t	1.5	1.5t	2.0
151~250	1.3t	1.8	1.6t	2.4	2.0t	1.7	2.4t	2.1	1.5t	2.0	1.7t	2.5
251~400	1.5t	2.4	1.8t	3.0	2.3t	2.0	2.7t	2.3	1.7t	2.5	2.0t	3.0

잔폭(이송 잔폭, 앞뒤 잔폭)의 결정(4)

1) 사용 재료에 따른 각부 치수

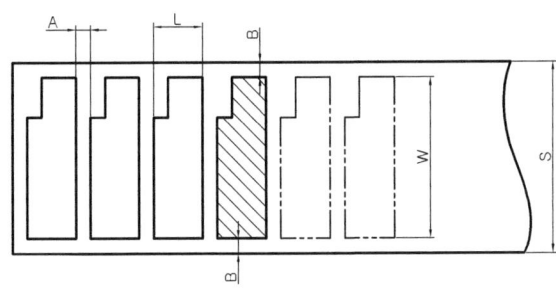

(단위 : mm, t : 판 두께)

사용재료	L 또는 W / 판 두께	이송 잔폭 50 미만 (A)	이송 잔폭 50 이상 100 미만 (A)	이송 잔폭 100 이상 (A)	앞뒤 잔폭 (B)
일반금속	0.5t 미만	0.7	1.0	1.2	1.2A
	0.5t 이상	0.4 + 0.6t	0.65 + 0.7t	0.8 + 0.8t	
규소강판	0.3t 미만	1.2	1.4	1.6	1.2A
	0.3t 이상	0.9 + t	1.1 + t	1.3 + t	
페 놀 운 모	0.5t 미만	1.2	1.4	1.6	1.5A
	0.5t 이상	0.8 + 0.8t	0.9 + t	1 + 1.2t	
파이버 셀룰로이드	0.5t 미만	1.0	1.2	1.4	1.5A
	0.5t 이상	0.65 + 0.7t	0.8 + 0.8t	0.9 + t	

① 펠트, 피혁, 고무판 등 ·············· 판 두께 1.5mm 이하 ············ 1.5(min)

　　　　　　　　　　　　　　　 판 두께 1.5mm 이상 ············ 판 두께로 함

② 종이 등은 블랭크의 크기에 따라 2.5~4.0mm 정도로 함.

2) 블랭크 배치에 따른 각부 치수

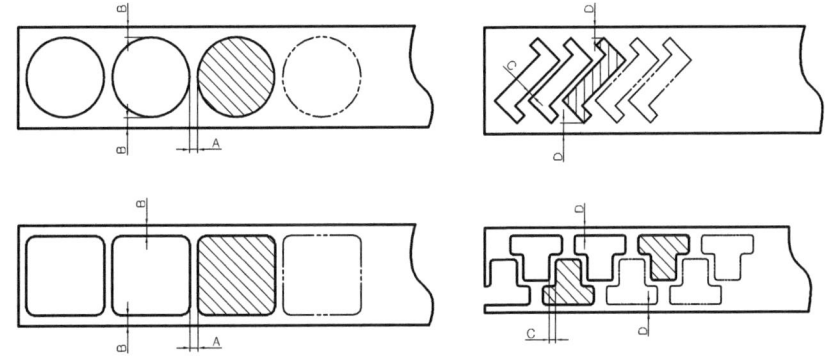

(단위 : mm)

판 두께	이송 잔폭 A	이송 잔폭 C	앞뒤 잔폭 B	앞뒤 잔폭 D	판 두께	이송 잔폭 A	이송 잔폭 C	앞뒤 잔폭 B	앞뒤 잔폭 D
0.3	1.4	2.3	1.4	2.3	2.5	1.8	2.8	1.8	2.8
0.5	1.0	1.8	1.0	1.8	3.0	2.0	3.0	2.0	3.0
1.0	1.2	2.0	1.2	2.0	3.5	2.2	3.2	2.2	3.2
1.5	1.4	2.2	1.4	2.2	4.0	2.5	3.5	2.5	3.5
2.0	1.6	2.5	1.6	2.5	5.0	3.0	4.0	3.0	4.0

* 주서 : 자동 이송에는 약 20% 적게, 맞대기식 핸드 이송에는 약 20%를 증가시킴.

블랭크 레이아웃 결정 시 고려할 점(1)

1) 블랭킹 낙하 형식

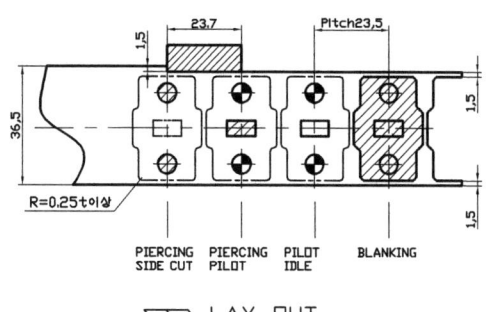

2) CUT-OFF 형식

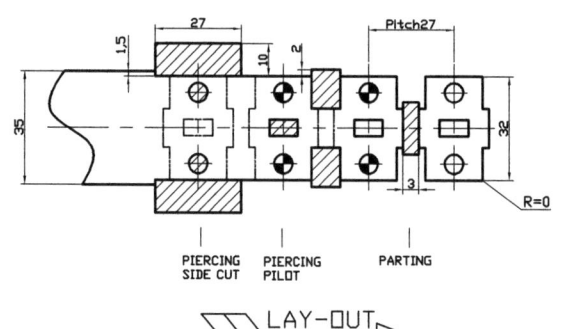

3) 간접 파일럿

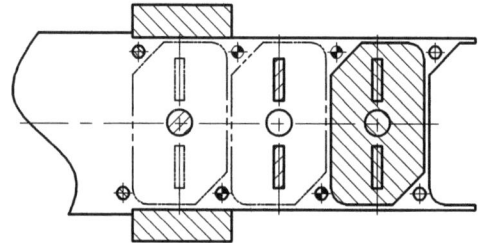

(단위 : mm)

피 가공 판재 두께	최저 파일럿 지름
0.5 이하	⌀1.5 이상
0.5~1.5	⌀2.0 이상
1.5 이상	⌀2.5 이상

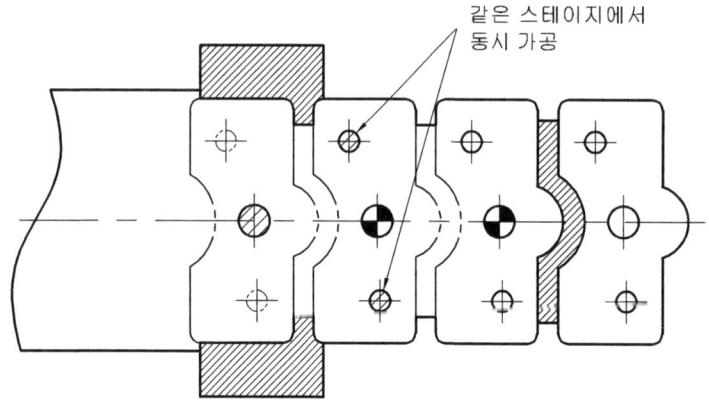

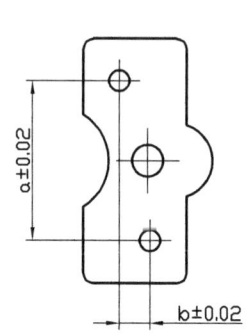

① 금형의 형식에 따라 구멍과 외형의 버어(Burr) 방향이 변하므로 유의해야 한다.
② 금형의 수명을 고려하여 제품의 모서리 "R"부가 0.25t 이상인 경우 블랭킹 가공이 가능하다. 그러나 모서리 "R"이 0(Zero)인 경우에는 CUT-OFF 형식으로 LAY-OUT을 변경한다.
③ 제품의 평탄도가 요구되는 경우 블랭킹 낙하 방식으로 하면 제품에 만곡이 발생하기 쉬우므로 CUT-OFF 형식으로 한다.
④ 제품에 파일럿을 하기 위한 구멍이 없는 경우에는 스트립의 임의의 지점에 구멍을 내어 간접 파일럿을 한다.
⑤ 구멍의 위치 정밀도가 엄격한 경우에는 동일 스테이지에서 동시 가공이 되도록 LAY-OUT을 설정한다.

블랭크 레이아웃 결정 시 고려할 점(2)

1) 매칭 커트

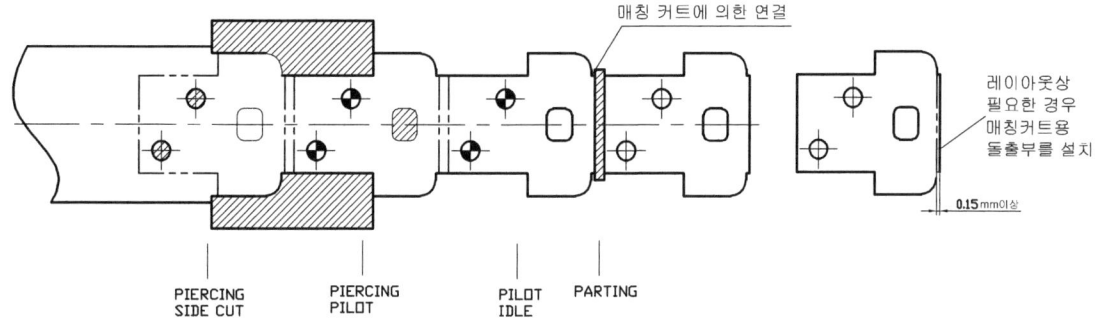

2) 근접 구멍

$C \geq B$ ($\sigma_b \leq 40kg/mm^2$ $t \leq 1mm$)

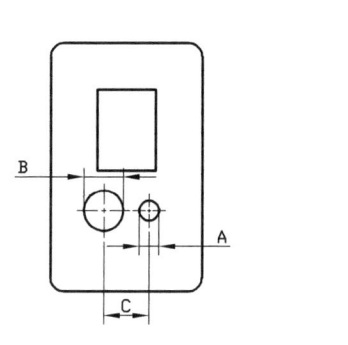

3) 다이의 강도

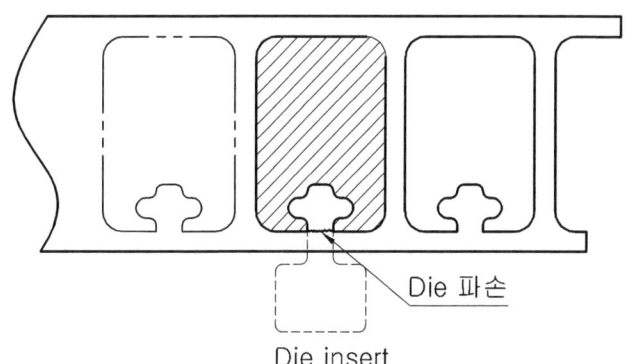

4) 이젝터 핀의 위치

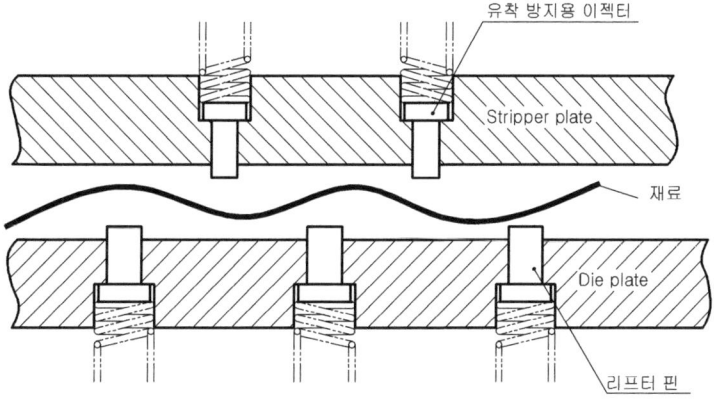

① 매칭 커트(Matching cut) : 제품의 형상을 변경하더라도 허용되는 경우 Matching cut한다.
② 파일럿의 수 : 파일럿은 최저 2개 이상으로 한다.
③ 근접 구멍 : 다이의 강도를 충분히 고려하여 별도의 스테이지에서 가공을 고려한다.
④ 다이의 강도 : 다이는 외팔보(Cantilever)의 구조를 피하고, 부득이한 경우에는 Insert로 처리하여 파손시 교환이 용이하도록 한다.
⑤ 이젝터 핀의 위치 : 하형의 리프터 핀과 상형의 유착 방지 핀의 위치가 그림과 같이 오차가 있으면 스프링의 힘에 의해 재료가 변형되어 파일럿 핀 구멍 위치 변형 원인이 된다.

파팅·노칭 가공의 한계(1)

1) 선단 또는 부분 접근시의 분단

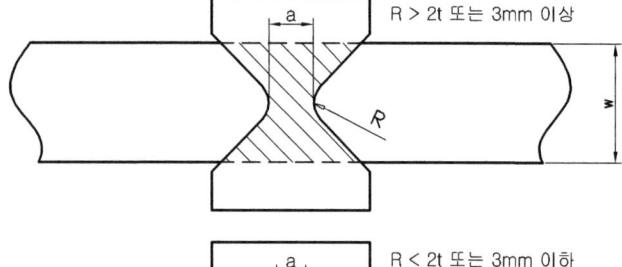

(단위 : mm, t : 판 두께)

W	a	a min
~20	1.2t	1.5
21~45	1.5t	2.0
46~75	2.0t	2.5
76~	2.5t	3.0

2) 평행 띠 모양의 분단

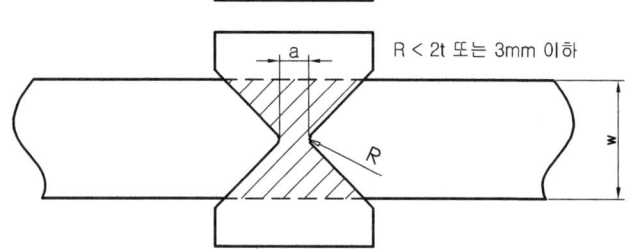

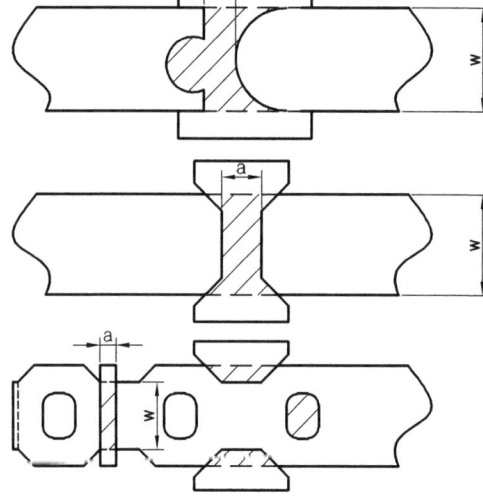

(단위 : mm, t : 판 두께)

W	a	a min
~20	1.2t	2.0
21~50	1.5t	3.0
51~100	2.0t	4.5

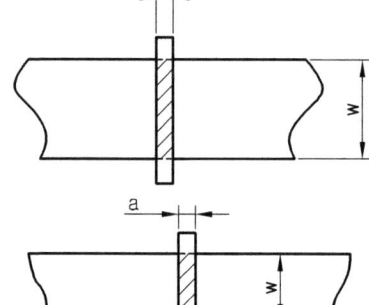

(단위 : mm, t : 판 두께)

W	a	a min
~20	1.2t	2.0
21~45	1.5t	3.0
46~75	2.0t	3.5
76~	2.5t	4.0

파팅·노칭 가공의 한계(2)

1) 직선 노칭 가공

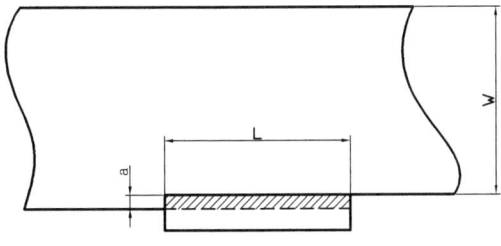

(단위 : mm, t : 판 두께)

L 또는 W	a	a min
~10	1.0t	1.0
11~20	1.2t	1.2
21~50	1.3t	1.5
51~	1.5t	2.0

(단위 : mm, t : 판 두께)

L 또는 W	b	b min
~20	1.2t	1.8
21~40	1.5t	2.5
41~80	2.0t	3.5

2) 곡선 노칭 가공

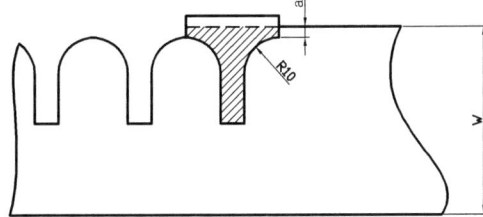

(단위 : mm, t : 판 두께)

L 또는 W	a	a min
~20	0.8t	1.0
21~45	1.0t	1.2
46~75	1.2t	1.5
76~	1.5t	1.8

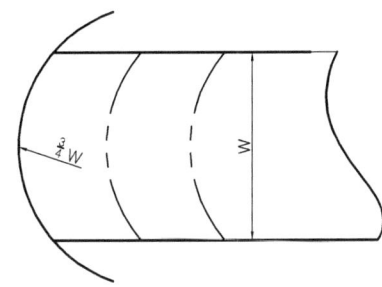

¾W 이상으로 커트할 것 ½W는 정밀도 불량하고 Burr 많이 발생됨 양호함

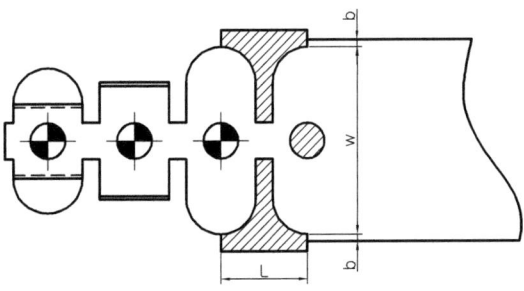

(단위 : mm, t : 판 두께)

L 또는 W	b	b min
~25	0.8t	0.8
26~75	1.0t	1.2
76~150	1.2t	1.8
151~250	1.3t	2.4

블랭킹다이의설계	
CKL2-007	

다이 플레이트의 두께

1) 다이 플레이트의 두께 결정 방법

① 다이 두께의 최소치는 7.5(mm) 이상이어야 하며, 면적이 3200(㎟) 이상일 때는 다이 두께 최소치를 10.5 (mm)로 한다.
② 전단선의 길이가 50(mm)를 초과할 때는 보정 계수(k)를 다이 두께에 곱하여 주어야 한다.
③ 다이는 공구강으로 제작하여 열처리하고 평면상에 설치할 수 있는 것으로 한다.
④ 이상에서 결정한 다이의 두께에 연삭여유를 더한다.
⑤ 금형 재료가 STD, SKH의 경우에는 70%를 적용하여 다이 두께를 결정한다.

$$H = \{(K \cdot \sqrt[3]{P}) + 연삭여유\} 0.7$$

H = 다이두께(mm)
K = 보정계수
P = 전단력(Kgf)

다이의 보정 계수

(단위 : mm)

L	50~75	76~150	151~300	301~500	500초과
보정 계수	1.11	1.25	1.37	1.50	1.60

2) 각종 플레이트의 두께

(단위 : mm)

A	B	판 두께									
		5	6	8	10	12	16	19	22	25	28	32
80	80	◎	◎	◎	○	○	○	○	○	○		
100	80	◎	◎	◎	○	○	○	○	○	○		
	100	◎	◎	◎	○	○	○	○	○	○		
125	80	◎	◎	◎	○	○	○	○	○	○		
	100	◎	◎	◎	○	○	○	○	○	○		
	125	◎	◎	◎	○	○	○	○	○	○		
160	100				○	○	○	○	○	○	○	
	160	◎	◎	◎	○	○	○	○	○	○		
180	100				◎	○	○	○	○	○	○	
	180				◎	○	○	○	○	○	○	
200	100				◎	○	○	○	○	○	○	
	160				◎	◎	○	○	○	○	○	
	200				◎	◎	○	○	○	○	○	
250	125				◎	◎	○	○	○	○	○	
	180				◎	◎	○	○	○	○	○	○
	250				◎	◎	○	○	○	○	○	○
300	125				◎	◎	○	○	○	○	○	○
	180				◎	◎	◎	○	○	○	○	○
	250				◎	◎	◎	○	○	○	○	○
	300				◎	◎	◎	○	○	○	○	○

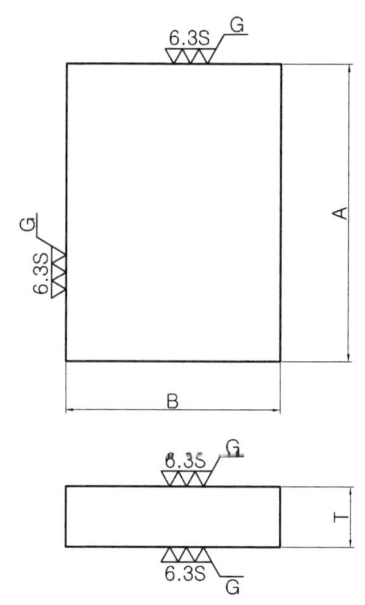

◎ : 배킹 플레이트용
○ : 다이 플레이트
    스트리퍼
    펀치 플레이트

다이 플레이트 및 그밖의 플레이트는 4면이 연마가 된 표준 규격의 재료가 있으며, 다이 크기에 맞추어 선택함으로서 납기의 단축, 금형 가격의 감소 효과가 가능하다.

다이 플레이트의 크기(가로, 세로) 결정

1) 절단 윤곽선과 다이 끝까지의 치수

① 윤곽선의 형상이 매끄러운 곡선이고
   원활할 경우 ·················· L1 ≧ 1.2H
② 윤곽선의 형상이 직선일 경우
   ·················· L2 ≧ 1.5H
③ 복잡한 형상 또는 선단이 있는 경우
   ·················· L3 ≧ 2.0H

H : 다이의 두께(mm)

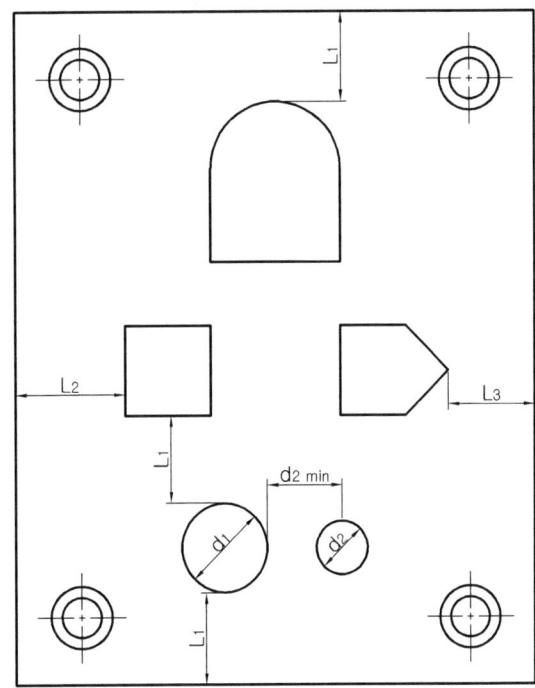

2) 다이 외주에서 나사 구멍 위치의 치수

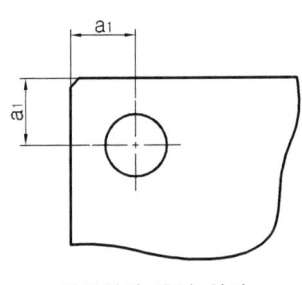
외주에서 동일 위치

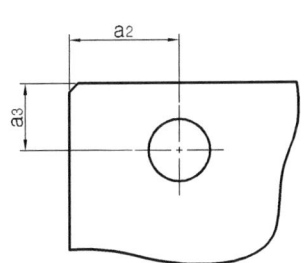
외주에서 위치가 다른 경우

- 표준 치수 a1 = (1.7~2.0)d
- 최소 허용 치수

금형재료 상태	동일위치 a1	상이한 위치	
		a2	a3
미열처리	1.13d	1.5d	1d
담금질경화	1.25d	1.5d	1.13d

3) 다이의 각 구멍간 거리

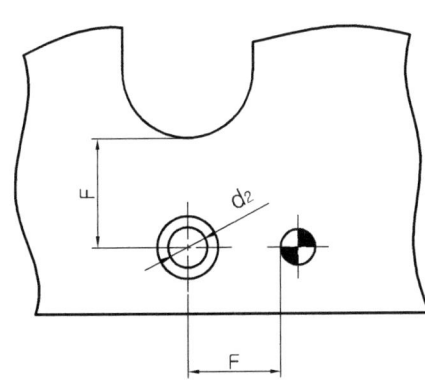

- 표준 치수 ·········· F > 2d
- 최소 허용 치수

금형 재료	F min
미열처리	1d
담금질경화	1.3d

| 블랭킹다이의설계 CKL2-009 | 다이 플레이트의 고정 볼트 및 여유각 |

1) 절단 윤곽선과 다이 끝까지의 치수

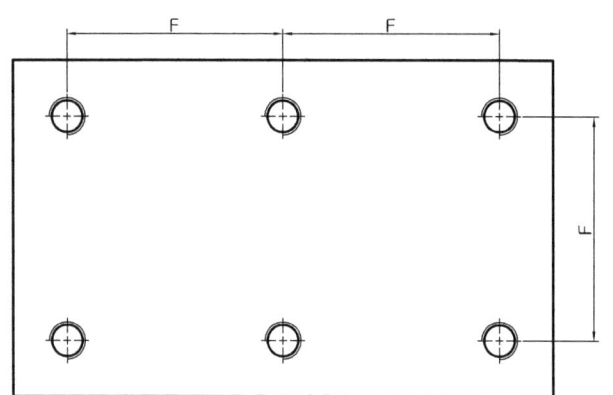

다이의 두께가 표준 치수일 경우
(단위 : mm)

사용 나사	구멍간 거리(F)		다이 두께
	F min	F max	
M5	15	50	10 ~ 19
M6	25	70	16 ~ 25
M8	40	90	19 ~ 32
M10	60	115	25 ~ 38
M12	80	150	32 이상

2) 다이 두께와 체결 나사의 크기

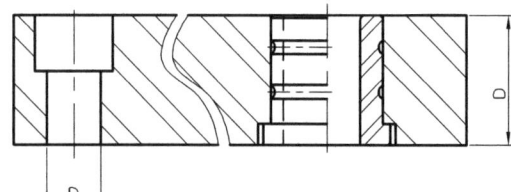

(단위 : mm)

다이 두께	12 이하	12~19	19~25	25~32	32 이상
D	M4, M5	M5, M6	M6, M8	M8, M10	M10, M12

사용 볼트의 선택은 다이의 표면적에 비례한다.

3) 다이의 여유각

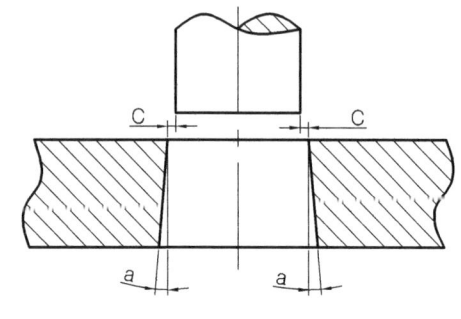

(a) 평행부가 없을 때

판 두께 t = 0.1~0.5mm의 범위에서	a = 10~15′
= 0.5~1.0mm 〃	a = 15~20′
= 1.0~2.0mm 〃	a = 20~30′
= 2.0~4.0mm 〃	a = 30~45′
= 4.0~6.0mm 〃	a = 45′~1°

경질재, 생산량이 많을 때에는 a를 작게 설정함

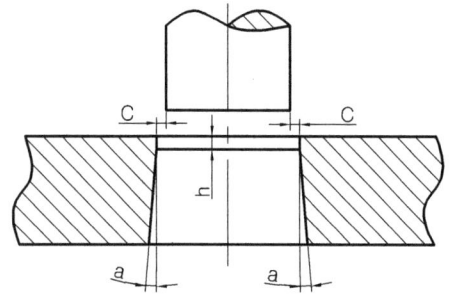

(b) 평행부가 있을 때

판 두께 t ≤ 0.5mm의 범위에서 평행부의 높이 h = 3~5mm
t = 0.5~5mm 〃 h = 5~10mm
t = 0.5~5mm 〃 h = 10~15mm
a = 30′~1° (ASTME), = 3~5° (Romanowski) 정도

플레이트와 고정 나사, 다우얼 핀 및 보조 가이드핀의 표준 치수

블랭킹다이의설계 CKL2-010-1

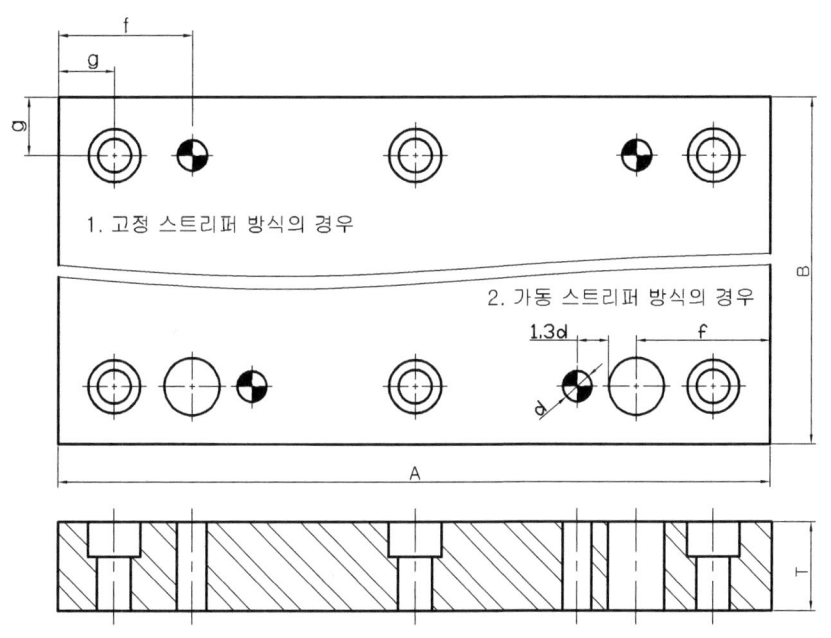

1. 고정 스트리퍼 방식의 경우
2. 가동 스트리퍼 방식의 경우

(단위 : mm)

번호	호칭치수 A	B 고정식	B 가동식	T DIE	T ST	T PP	T B.K	g	f	고정볼트 규격	고정볼트 수량	다우얼 핀 (∅)	가이드핀 (∅)
1	80	80	120	16~22	13~22	10~19	5	12	30	M8	4	8	10
2	100	80	120	16~22	13~22	10~19	5	12	30	M8	4	8	10
3	125	80	120	16~22	13~22	10~19	5	12	30	M8	4	8	13
4	160	80	120	16~22	13~22	10~19	5~8	12	30	M8	6	8	13
5	200	80	120	16~22	13~22	10~19	5~8	15	35	M8	6	8	15
6	250	80	120	16~22	13~22	10~19	5~8	15	35	M8	6	8	15
7	100	100	140	16~22	13~22	10~19	5~8	12	30	M8	4	8	13
8	125	100	140	16~22	13~22	10~19	5~8	12	30	M8	4	8	13
9	160	100	140	16~22	13~22	10~19	5~8	12	30	M8	6	8	13
10	180	100	140	22~25	19~25	16~22	10~13	15	35	M8	6	8	13
11	200	100	140	22~25	19~25	16~22	10~13	15	40	M10	6	10	15
12	230	100	140	22~25	19~25	16~22	13~16	15	40	M10	6	10	15
13	250	100	140	22~28	19~28	16~25	13~16	15	40	M10	6	10	20
14	300	100	140	22~28	19~28	16~25	13~16	15	40	M10	8	10	20
15	125	125	160	16~22	13~22	10~19	5~8	12	30	M8	6	8	13
16	160	125	160	16~22	13~22	10~19	5~8	12	30	M8	6	8	13
17	180	125	160	22~25	19~25	16~22	10~13	12	30	M8	6	8	13
18	200	125	160	22~25	19~25	16~22	10~13	15	35	M8	6	8	15
19	230	125	160	22~25	19~25	16~22	10~13	15	40	M10	6	10	15
20	250	125	160	22~25	19~25	16~22	13~16	15	40	M10	6	10	15
21	300	125	160	25~32	22~32	19~25	13~16	15	40	M10	8	10	15
22	350	125	160	25~32	22~32	19~28	16~19	15	45	M10	8	10	20
23	400	125	160	25~32	22~32	19~28	16~19	15	45	M10	8	10	20

블랭킹다이의설계 CKL2-010-2
플레이트와 고정 나사, 다우얼 핀 및 보조 가이드핀의 표준 치수

(단위 : mm)

번호	호칭치수 A	호칭치수 B 고정식	호칭치수 B 가동식	T DIE	T ST	T PP	T B.K	g	f	고정볼트 규격	고정볼트 수량	다우얼 핀 (∅)	가이드핀 (∅)
24	160			22~28	19~28	16~25	12~16	15	35	M10	6	10	15
25	180			22~28	19~28	16~25	12~16	15	35	M10	6	10	15
26	200			22~28	19~28	16~25	12~16	15	40	M10	6	10	15
27	230			25~28	22~28	19~25	16~19	15	40	M10	6	10	15
28	250	160	200	25~28	22~28	19~25	16~19	15	40	M10	6	10	15
29	300			28~32	25~32	22~28	19~22	15	40	M10	8	10	15
30	350			28~32	25~32	22~28	19~22	15	45	M10	8	10	20
31	400			28~32	25~32	22~28	19~22	15	45	M10	8	10	20
32	450			28~32	25~32	22~28	19~22	15	45	M10	8	10	20
33	180			22~25	19~25	16~22	13~19	18	45	M12	6	12	15
34	200			22~25	19~25	16~22	13~19	18	45	M12	6	12	15
35	230			22~25	19~25	16~22	13~19	18	45	M12	6	12	15
36	250	180	220	22~28	19~28	16~25	13~19	18	45	M12	6	12	15
37	300			22~28	19~28	16~25	13~19	18	45	M12	8	12	15
38	350			25~32	22~32	19~28	13~19	18	45	M12	8	12	20
39	400			25~32	22~32	19~28	16~22	18	45	M12	8	12	20
40	450			25~32	22~32	19~28	16~22	18	45	M12	8	12	20
41	200			22~25	19~25	16~22	13~19	20	45	M12	6	12	15
42	230			22~25	19~25	16~22	13~19	20	45	M12	6	12	15
43	250	200	240	22~25	19~25	16~22	13~19	20	45	M12	6	12	15
44	300			25~28	22~28	19~25	13~19	20	45	M12	8	12	15
45	350			28~32	25~32	22~28	16~22	20	45	M12	8	12	20
46	400			28~32	25~32	22~28	16~22	20	45	M12	8	12	20
47	230			22~28	19~28	16~25	13~16	20	45	M12	6	12	15
48	250			22~28	19~28	16~25	13~16	20	45	M12	6	12	15
49	300	230	270	22~28	19~28	16~25	13~16	20	45	M12	8	12	15
50	350			25~32	22~32	19~28	16~19	20	45	M12	8	12	20
51	400			25~32	22~32	19~28	16~19	20	45	M12	8	12	20
52	250			25~28	22~28	19~25	13~16	22	50	M12	6	10	15
53	300			25~32	22~32	19~28	13~16	22	50	M12	8	10	15
54	350			25~32	22~32	19~28	13~16	22	50	M12	8	12	20
55	400	250	290	28~32	25~32	22~28	16~19	22	50	M12	8	12	20
56	450			28~32	25~32	22~28	16~19	22	50	M12	8	12	20
57	500			32~38	28~38	25~32	19~22	22	50	M12	10	12	25
58	550			32~38	28~38	25~32	19~22	22	50	M12	10	12	25
59	300			28~32	25~32	22~28	16~19	25	55	M14	8	12	15
60	350			28~32	25~32	22~28	16~19	25	55	M14	8	12	20
61	400	300	340	28~32	25~32	22~28	16~19	25	55	M14	8	12	20
62	450			32~38	28~38	25~32	19~22	25	55	M14	8	12	20
63	500			32~38	28~38	25~32	19~22	25	55	M16	10	12	25
64	550			32~38	28~38	25~32	19~22	25	55	M16	10	12	25
65	350			28~32	25~32	22~28	16~19	25	55	M14	8	12	25
66	400			28~32	25~32	22~28	16~19	25	55	M14	8	12	20
67	450	350	390	32~38	28~38	25~32	19~22	25	55	M14	8	12	20
68	500			32~38	28~38	25~32	19~22	25	55	M16	10	12	25
69	550			32~38	28~38	25~32	19~22	25	55	M16	10	12	25

제 3 장

스트리퍼의 설계

스트리퍼의 설계	**스트리퍼 플레이트의 설계 기준**
CKL3-001	

스트리퍼의 가장 중요한 기능은 재료를 펀치로부터 빼주는 것이며, 그 외에 펀치의 강도 보강, 전단 가공 시 재료의 변형 방지 및 펀치를 안내한다. 스트리퍼는 충분한 강성과 내마모성이 요구되며 가동 스트리퍼의 경우는 고속 작업을 하기 위하여 스프링의 배치에 유의하여야 하며, 고정 스트리퍼와 가동 스트리퍼로 대분류한다.

 스트리퍼의 두께를 결정하는 방법은 펀치를 가이드하는 경우에는 가동 스트리퍼 값을, 가이드하지 않는 경우에는 고정 스트리퍼 값을 사용한다.

1) 설계시 주의 사항

① 스트리핑(Stripping)력은 블랭킹(Blanking)력의 2.5~20%의 범위로 하며, 일반적으로는 10%정도로 한다.
② 스트리퍼는 충분한 강성과 내마모성이 있어야 한다.
③ 가동식 스트리퍼를 사용할 때는 스프링의 배치에 주의한다. 부적당한 경우에는 기울어짐에 의해 작동이 불량해지거나 펀치가 파손될 우려가 있다.
④ 고속 블랭킹할 때는 특히 스프링의 배치에 주의하고 균등하게 가압되도록 함과 동시에 부시형식으로 하여 가이드 포스트로 안내시킨다.
⑤ 정밀도가 높은 블랭킹이나 작은 피어싱을 할 때는 펀치에 접하는 부분을 경면으로 한다.

2) 스트리퍼 플레이트의 두께

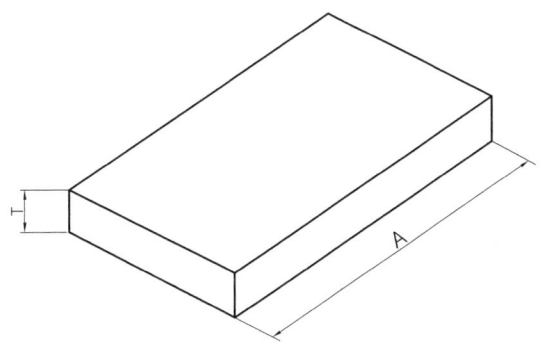

(1) 가동 스트리퍼

(단위 : mm)

피 가공판 두께 \ A	~125	125~160	160~300
~0.6	13~16	16~20	20~25
0.6~1.2	16~20	20~25	25~30
1.2~2.0	20~25	25~30	25~30
2.0~3.2	20~25	25~30	25~30

(2) 고정 스트리퍼

(단위 : mm)

피 가공판 두께 \ A	~125	125~160	160~300
~0.6	13~16	16~20	16~20
0.6~1.2	13~16	16~20	16~20
1.2~2.0	16~20	20~25	20~25
2.0~3.2	16~20	20~25	20~25

스트리퍼의 설계	고정 스트리퍼 플레이트의 형상과 기준 치수
CKL3-002	

고정 스트리퍼는 펀치의 안내보다는 소재를 펀치로부터 빼주는 역할을 주로 하며 종류는 3면 개방 스트리퍼, 문형 스트리퍼 및 펀치 안내 스트리퍼 등으로 분류한다.

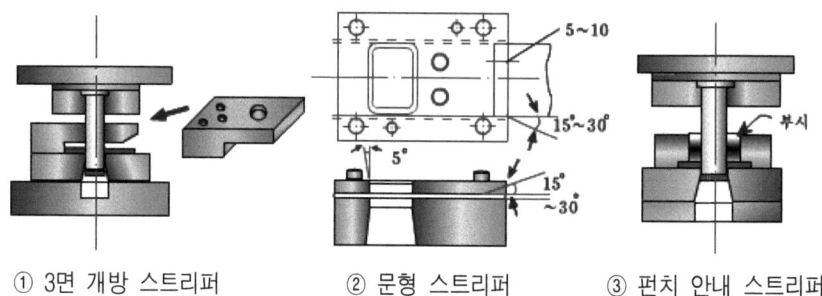

① 3면 개방 스트리퍼   ② 문형 스트리퍼   ③ 펀치 안내 스트리퍼

1) 문형 스트리퍼 플레이트의 형상과 적용

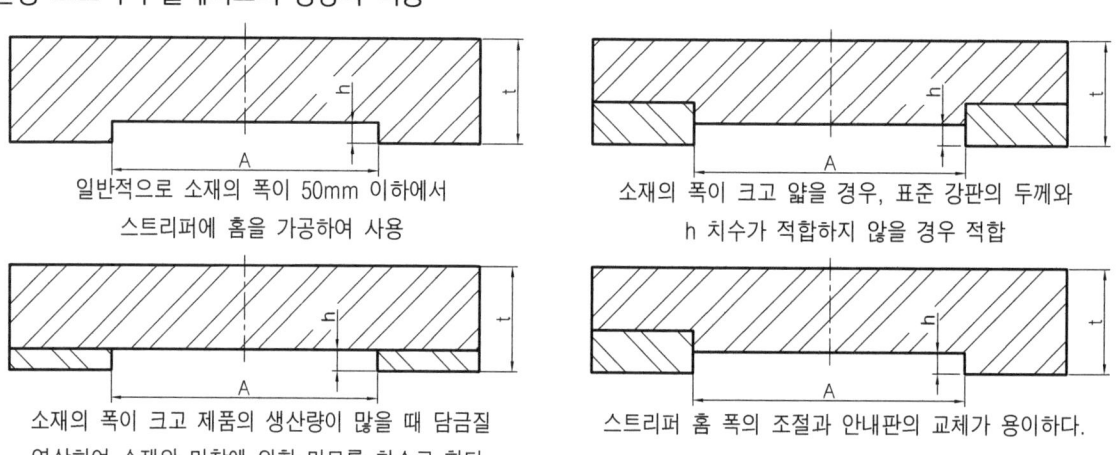

일반적으로 소재의 폭이 50mm 이하에서 스트리퍼에 홈을 가공하여 사용

소재의 폭이 크고 얇을 경우, 표준 강판의 두께와 h 치수가 적합하지 않을 경우 적합

소재의 폭이 크고 제품의 생산량이 많을 때 담금질 연삭하여 소재와 마찰에 의한 마모를 최소로 한다.

스트리퍼 홈 폭의 조절과 안내판의 교체가 용이하다.

2) 문형 스트리퍼 플레이트의 홈 깊이

일반적인 치수 ·········· h = 0.7 + 1.5t   (단위 : mm, t : 판 두께)

소재의 두께	핀 스토퍼식 수동 이송의 홈 깊이	자동 스토퍼의 홈 깊이
~ 0.5	3	1.5 ~ 2
0.5 ~ 1.0	3.5 ~ 4	2.5
1.0 ~ 2.0	5 ~ 6	4
2.0 ~ 3.0	8	5
3.0 이상	2t + 2	t + 2

3) 고정 스트리퍼 플레이트와 피가공재와의 관계

(단위 : mm, t : 판 두께)

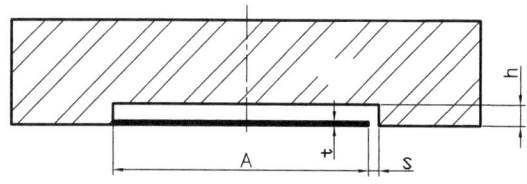

A	S	h(일반)	h(푸시아웃)
~ 10	0.5	리프트량 +t +3	1.5t~1.8t
10 ~ 30	0.8		
30 ~ 60	1.0		
60 ~ 100	1.2		
100 ~ 200	1.5		

(주) 푸시아웃(push out) : 펀칭 낙하하지 않고 다이 위에 cut off한 제품을 피 가공재에 의해 이송 방향으로 밀어내는 가공법

가동 스트리퍼 플레이트의 형상과 기준 치수

CKL3-003-1

소재를 펀치에서 제거하며 프레스 작업시 소재를 강하게 누르고 변형을 적게 하는 역할을 하기 위하여 스프링이나 우레탄 고무 등을 사용한다. 스트리퍼는 상형에 설치하는 경우와 하형에 설치하는 경우가 있다. 다음과 같은 경우에는 가동식 스트리퍼를 사용한다.

① 프레스 작업 전 다이의 표면이 노출되어 있어 작업 능률을 올릴 경우
② 소재의 두께가 얇을 경우
③ 소재의 미스 피드(Miss Feed)나 제품의 변형이 생기기 쉬울 경우
④ 작은 구멍의 가공이나 절단 펀치가 있을 경우
⑤ 평탄하고 정밀한 제품을 가공할 경우
⑥ 제품의 버(Burr)를 적게 할 경우

1) 스트리퍼의 기울기 방지 대책

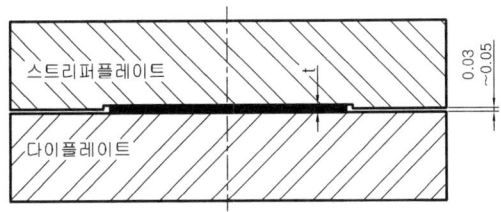 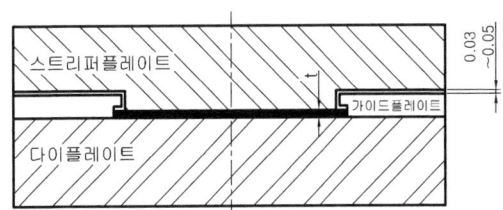

2) 파일럿 구멍부와 판 가이드와 관계

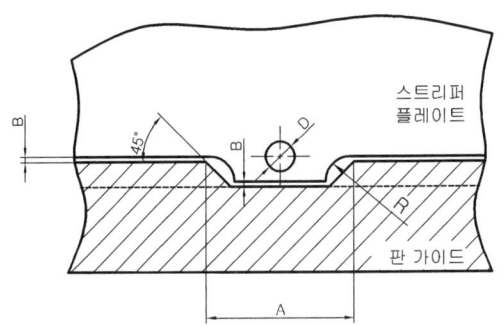

(단위 : mm)

D	A	R	B
~ 2	8	2	0.5
2 ~ 3	10	3	0.5
3 ~ 5	14	4	1.0
5 ~ 8	20	6	1.0
8 ~ 12	30	8	1.0

3) 펀치와의 틈새

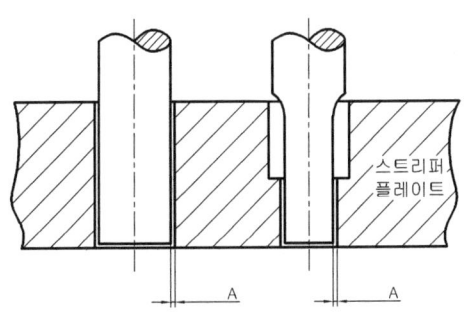

(단위 : mm)

구 분	A
펀치 가이드한다.	0.005 ~ 0.01
펀치 가이드하지 않음	0.05 ~ 0.1

가동 스트리퍼 플레이트의 형상과 기준 치수

스트리퍼의 설계
CKL3-003-2

1) 인너 가이드와의 관계

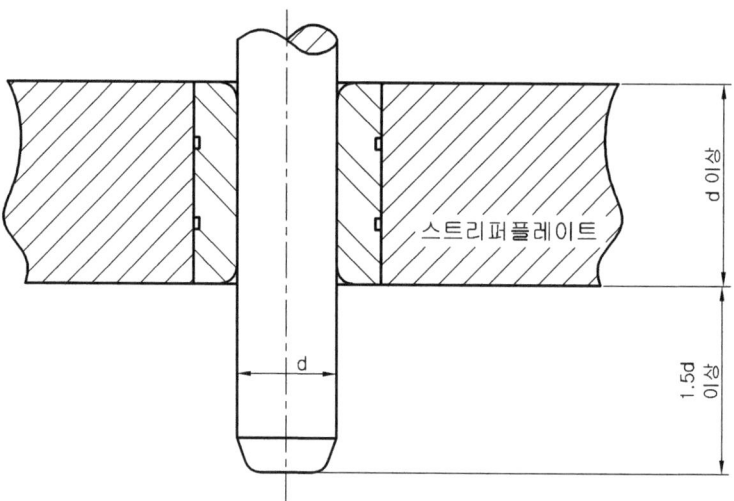

2) 펀치 선단 높이 및 릴리프

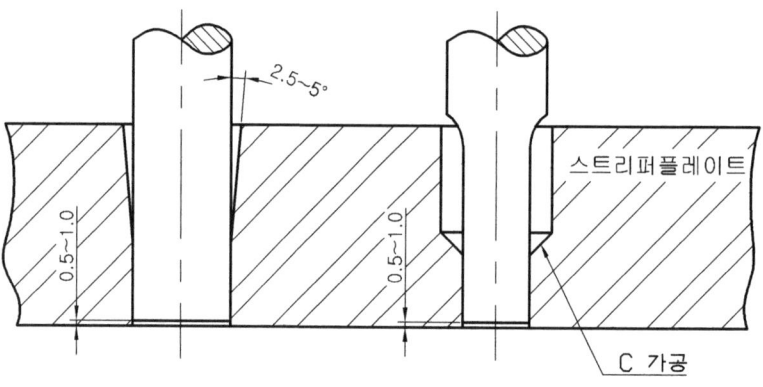

3) 펀치 가이드 길이

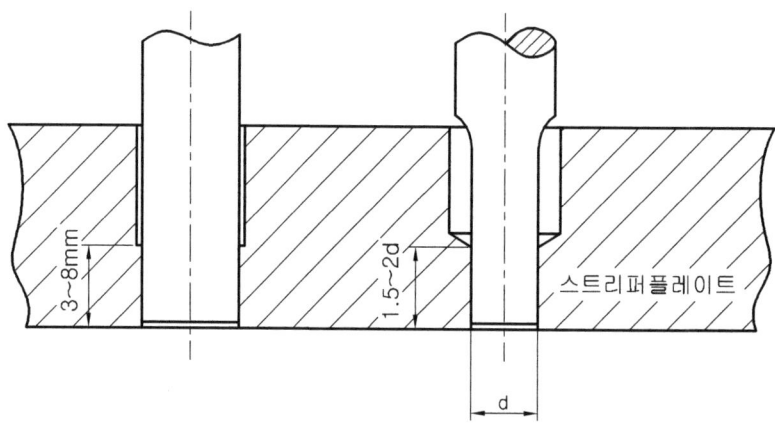

가동 스트리퍼 플레이트의 고정법

※ 스트리퍼 플레이트의 고정에서 주의할 점
① 스트리퍼 플레이트를 평행으로 고정할 것
② 가동 중에 파손이 일어나지 않도록 강도를 높일 것
③ 스트리퍼 플레이트가 밸런스를 유지할 수 있는 위치에서 지지할 것

1) 표준형

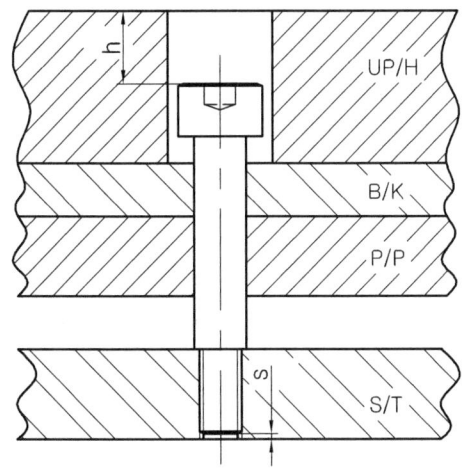

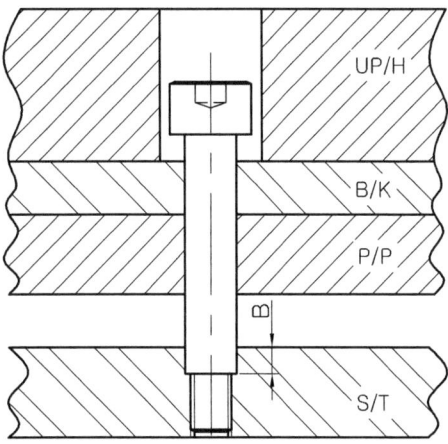

- "S"의 최소치는 0.3mm
- "h"치수는 보통 6~9mm로 한다.
- 볼트의 길이 조정은 볼트의 머리 아래에 재 연삭량과 같은 두께의 와셔를 삽입한다.
- 중하중 작업에서는 나사의 뿌리가 절손하는 위험이 따른다.

- 측압을 직접적으로 나사부분에 걸리지 않게 하기 위하여 스트리퍼 플레이트 안에 매입하는 방법.
- 중하중 작업에서는 반드시 적용하여야 한다.
- "B"값은 볼트 지름의 크기에 비례하여 3~5mm 정도로 한다.

2) 강관 조합형

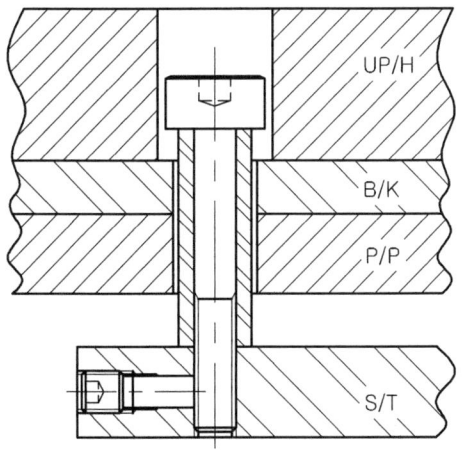

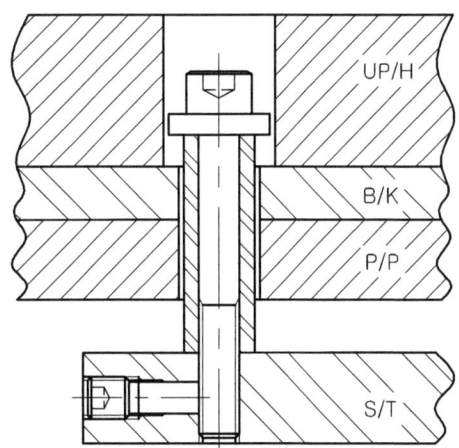

- 머리가 큰 특제의 볼트에 인발 강관을 사용함으로서 볼트 머리 이하의 길이를 정리하는 것이 쉽다.

- 특제 볼트를 대신하여 상용의 6각 구멍이 있는 볼트와 와셔를 사용한 것이다.

가동 스트리퍼 플레이트의 고정법

3) 분리 설치형 및 행거 플레이트형

(1) 분리 설치형

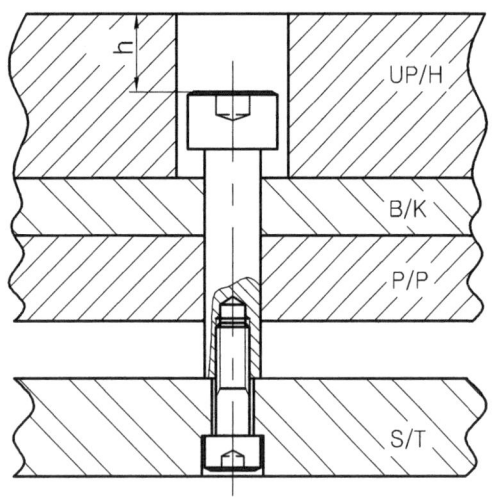

- 스트리퍼 플레이트의 평행도 유지가 쉽다.
  (지지정도 ±0.02mm)
- 나사의 풀림 방지 대책이 필요하다.
- 나사의 체결 시 본체의 회전 방지 대책이 필요하다.

(2) 행거 플레이트형

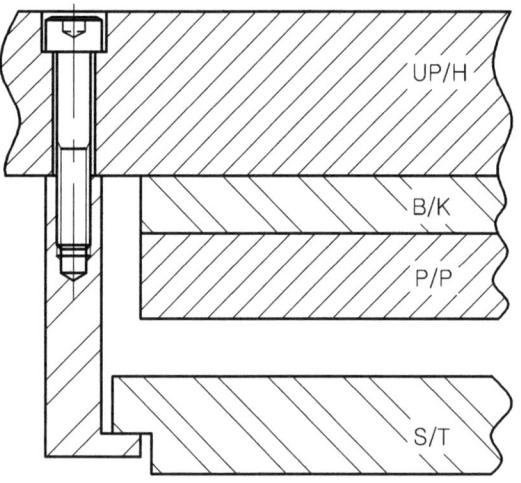

- 스트리퍼 플레이트의 평행도 유지가 가장 쉽다.
  (지지정도 ±0.01mm)
- 강성이 높고 고속 타발에 적합하다.

4) 길이 조절형

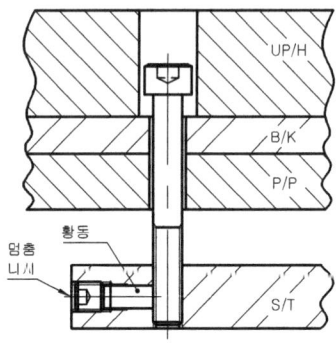

- 큰 압축력의 경우에 사용
- 높이의 조절을 쉽게할 수 있다.
- 스트리퍼 볼트의 측방에서 멈춤 나사로 고정시킨다.
- 멈춤 나사와 침에 의해 스트리퍼 볼트의 마모를 방지하기 위해 선단에 신주 또는 황동 등을 삽입한다.

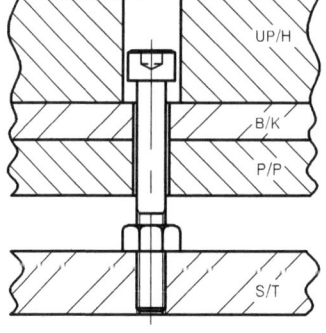

- 좌측과 마찬가지로 높이를 조절할 수 있는 형식이다. 육각 너트로 조절 후 고착시킨다.
- 좌측의 형식보다 제작 공수가 적으므로 많이 사용하지만 스트리퍼 플레이트의 사이가 넓은 경우에 사용한다.

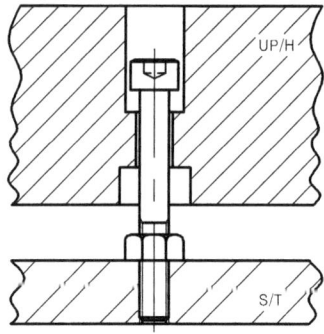

- 좌측과 마찬가지로 높이를 조절할 수 있는 형식이다. 육각 너트에 대항하고 있는 홀더 부분이 변동하고 스트리퍼를 최종 단계에서 강하게 압축할 수 있다.
- 홀더가 비교적 두꺼운 경우에 사용한다.

스트리퍼 볼트의 설치 기본 치수

1) C : 펀치와 스트리퍼 구멍의 편측 틈새
   - 작은 치수의 펀치 : 0.15mm 이하
   - 큰 치수의 펀치 : 0.25mm 이하
2) H : 펀치의 안내를 위한 스트리퍼 구멍 높이
   3~8mm로 하고, 안내각도는 2.5°~5°로 함.
3) h : 펀치의 선단과 스트리퍼 하면과의
   조정 치수 : 0.5~1.0mm
4) D`d` : 스트리퍼 볼트의 구멍 치수
   D` = d + (0.3~0.5)mm
   d` = D + (0.5~1.0)mm
5) L : 홀더가 주철재인 경우 : L min = d
   홀더가 강철재인 경우 : L min = $\frac{3}{4}d$

6) 스트리퍼 볼트의 표준 치수

(단위 : mm)

d	d`	D	D`
6	6.5	9	9.5
7	7.5	9.5	10
8	8.3	11	11.5
11	11.5	15	15.5
13	13.5	18	19
16	16.5	22	23
20	20.5	26	27

스트리퍼의 설계	**스트리퍼 볼트의 적용법**
CKL3-006	

1) 표준형

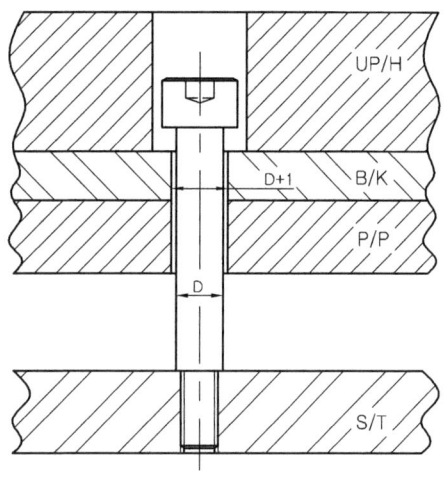

- 스트리퍼 볼트의 길이 방향의 치수 정밀도에 따라 스트리퍼 플레이트의 평행도가 불량해지는 경우가 있지만 가격이 저렴하여 많이 사용되고 있다.
- 형재의 재 연삭시 스트리퍼 볼트의 머리부 밑에 와셔를 넣는다.

2) 강관 조합형

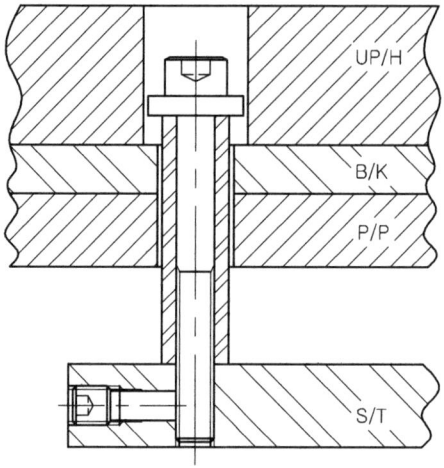

- 표준형의 결점을 보완한 것이 강관 조합형이다.
- 형재의 재 연삭시 강관을 연삭한다.

3) 길이 조절형

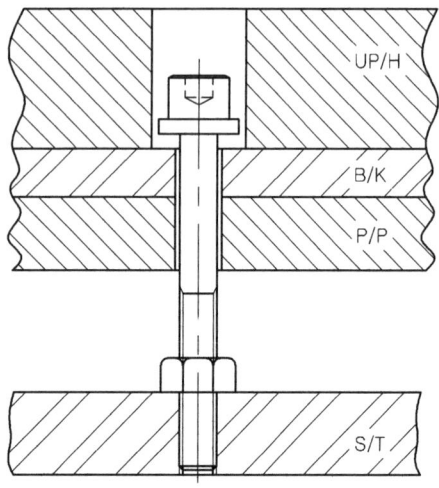

- 길이 조절형은 가격이 저렴하고, 형재의 재 연삭시에 스트리퍼 플레이트의 높이 조정이 용이하지만 형 분리시에 매회 스트리퍼 플레이트의 평행도를 맞추어야 하는 결점이 있다.
- 진동에 의해 너트의 풀림을 방지하기 위해 더블너트(2개)를 사용하는 경우도 있다.

4) 분리 설치형

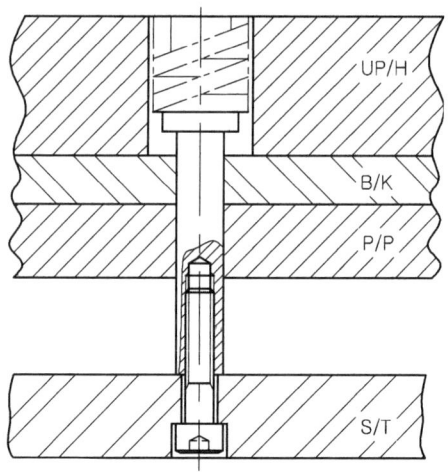

- 분리 설치형은 일반적으로 펀치 홀더에 스프링을 넣을 경우 병용하여 사용되며, 형재의 재 연삭시 슬리브의 길이 면을 연삭하여 사용한다.

스트리퍼의 설계	가동식 스트리퍼와 스프링의 설치
CKL3-007	

1) 펀치에 의해 안내되는 스트리퍼와 스프링 형식

　(1) 블랭크 낙하형

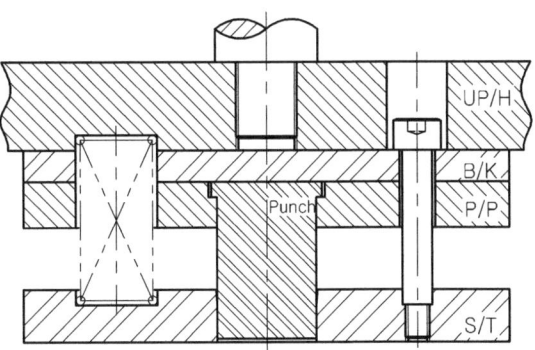

　(2) 역 블랭크형

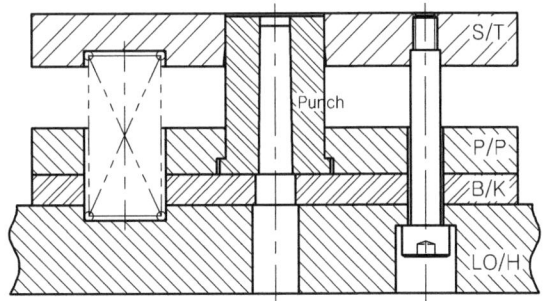

2) 라이닝 스트리퍼 형(볼트에 의한 안내)

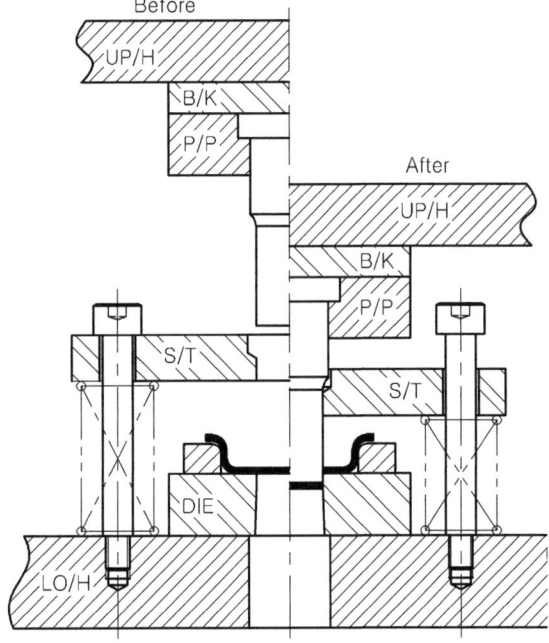

스트리퍼의 설계 — 스트리퍼용 스프링의 설치법
CKL3-008-1

스트리핑력(p) = k · p

p : 전단력(Kgf)   k : 계수(0.025 ~ 0.2)

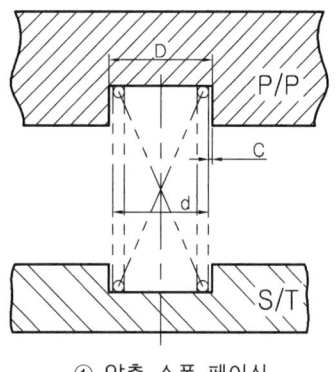
① 양측 스폿 페이싱

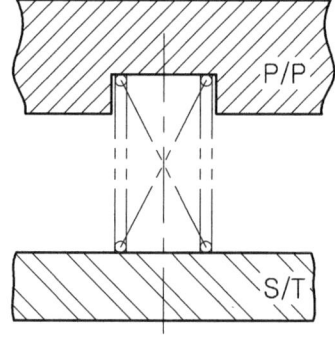
② 편측 스폿 페이싱

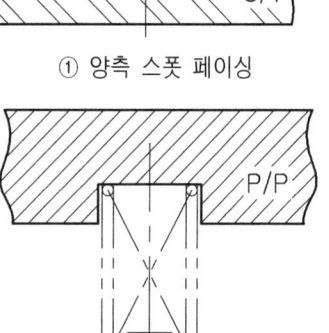
③ 6각 구멍 붙이 볼트 사용

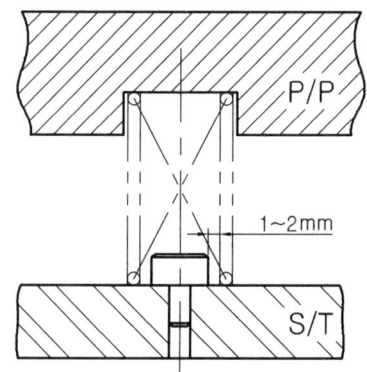
④ 핀에 의한 로케이션

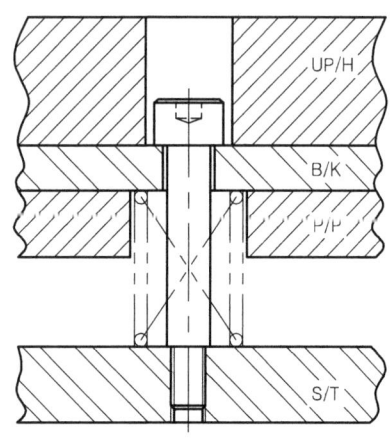
⑤ 스트리퍼볼트 스프링 병용

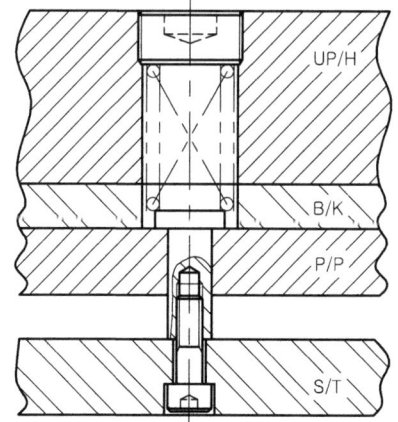
⑥ 펀치 홀더에 스프링 삽입

C = (⌀D − ⌀d) /2

스프링지름 (mm)	C (mm)
6~10	1.0
10~15	1.5
15~20	2.0
20~25	2.5
25~30	3.0
30이상	3.5

스프링의 설치법에는 단독 기능으로 스프링을 설치하는 경우와, 스트리퍼 볼트와 병용하는 경우, 로케이션을 이용하는 경우가 있다.

펀치 홀더에 스프링 삽입식은 플레이트를 조합한 후, 개별적으로 스프링의 압력을 올릴 수 있으므로 조합성이 좋다. 그러나 펀치 홀더가 두꺼워지는 결점이 있다.

스트리퍼의 설계	스트리퍼용 스프링의 설치법
CKL3-008-2	

※ 스프링의 설치 고려 사항

① 스프링의 자유 길이와 필요한 압축 길이의 확보(압축 길이를 많이 확보하기 위하여 스트리퍼를 스폿 페이싱 하는 경우도 있다)

② 초기 압축 길이 또는 하중 조절의 필요 유무 확인

③ 펀치 또는 스트리퍼 볼트 길이와의 관계

④ 금형의 조립 또는 보수 정비의 용이성

⑤ 안전성의 고려(파손 시 튕겨 나옴의 방지 대책)

1) 스트리퍼용 스프링 설치(단독 사용)

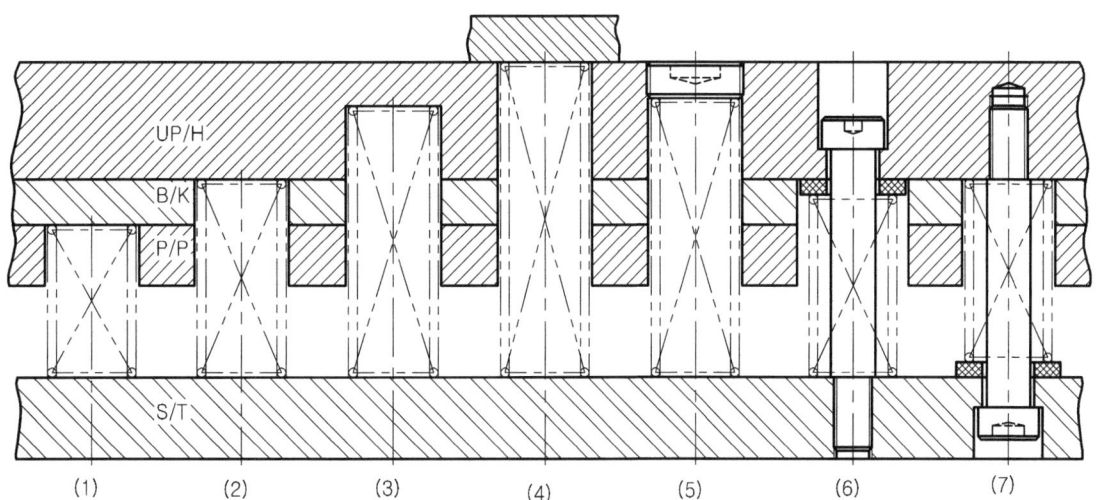

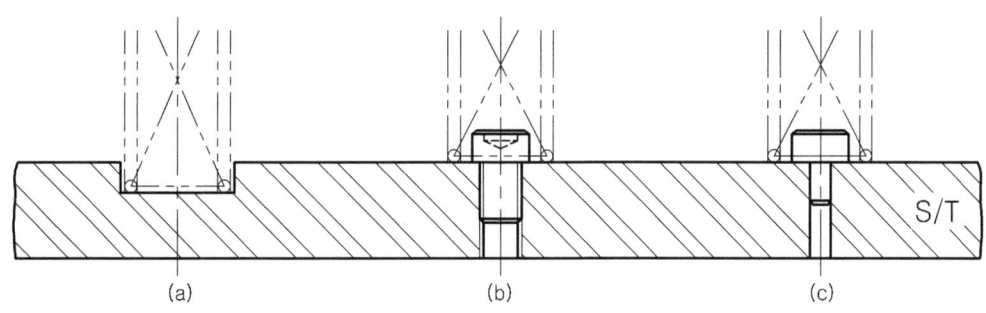

스트리퍼측 스프링의 움직임 대책

스트리퍼의 설계	스트리퍼용 스프링의 설치법
CKL3-008-3	

2) 스트리퍼용 스프링 설치(스트리퍼 볼트 병용)

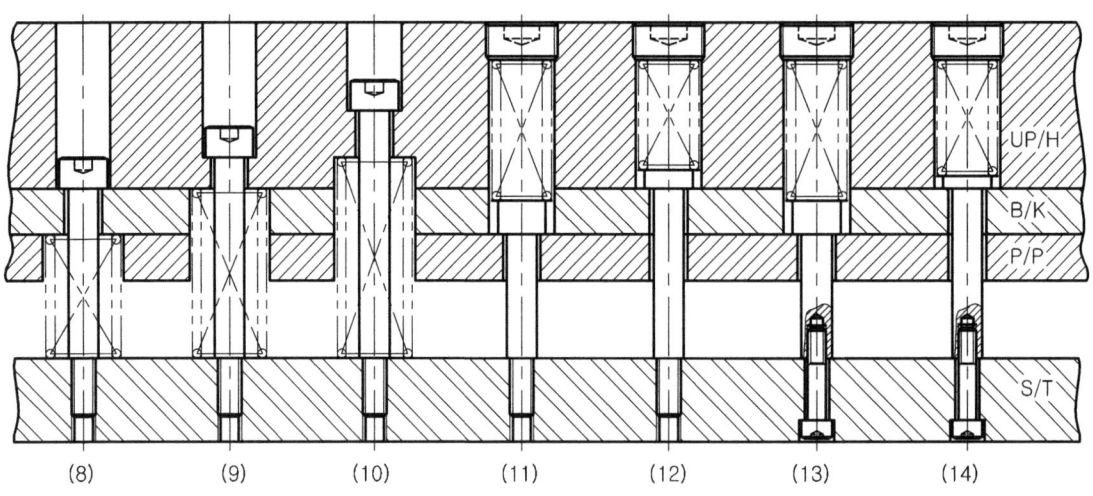

3) 스프링 설치 상세도(1~5에 적용)

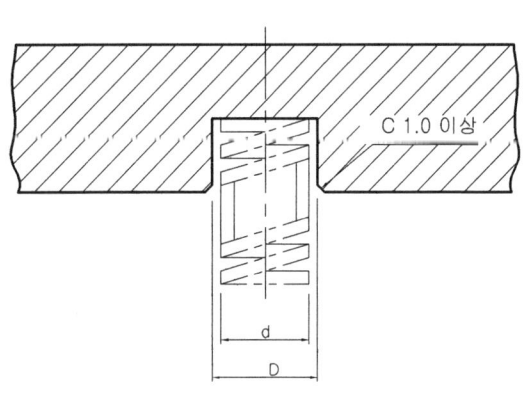

(단위 : mm)

d	D	무두볼트
3	3.4	M4 × P0.7
4	4.4	M5 × P0.8
6	6.7	M8 × P1.25
8	8.5	M10 × P1.5
	9	-
10	(10.5)	(M12 × P1.5)
	12.5	M14 × P1.5
12	(12.5)	(M14 × P1.5)
	14.5	M16 × P1.5
14	16.5	M18 × P1.5

스트리퍼의 설계
CKL3-008-4

스트리퍼용 스프링의 설치법

4) 스프링 설치 상세도(1~5에 적용)

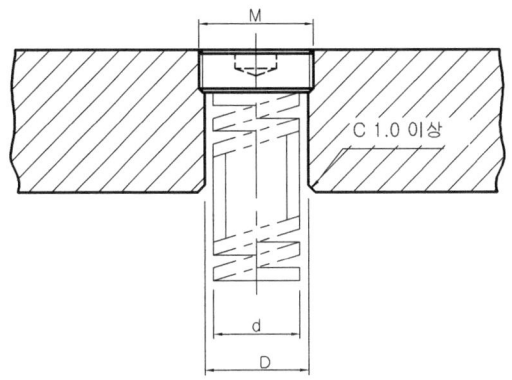

(단위 : mm)

d	D	무두볼트(M)
16	18.5	M20 × P1.5
18	20.5	M22 × P1.5
20	22.5	M24 × P1.5
22	25.5	M27 × P1.5
25	28.5	M30 × P1.5
27	28.5	M30 × P1.5
30	31.5	M33 × P1.5
35	38.5	M40 × P1.5

5) 스프링 설치 상세도(6~10에 적용)

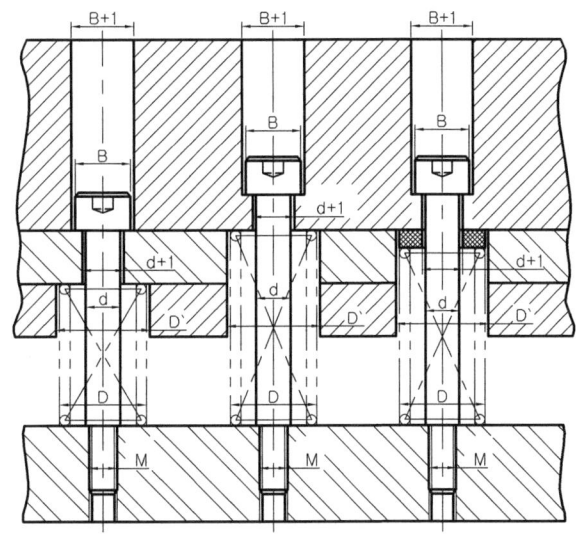

(단위 : mm)

D	D`	d	B	스트리퍼볼트(M)
14	16.5	6.5	10	M5 × P0.8
18	20.5	8	13	M6 × P1.0
20	22.5			
22	25.5	10	16	M8 × P1.25
25	28.5			
27	30	13	18	M10 × P1.5
30	33			
35	38	16	22	M12 × P1.75
40	43			

스트리퍼용 스프링의 설치법

스트리퍼의 설계
CKL3-008-5

6) 스프링 설치 상세도(11~14에 적용)

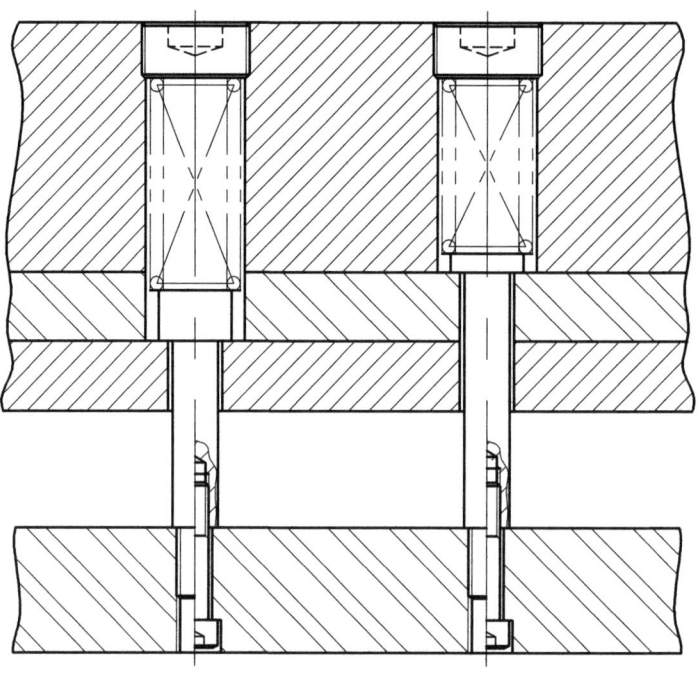

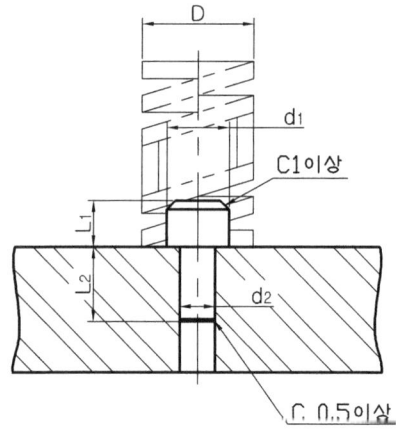

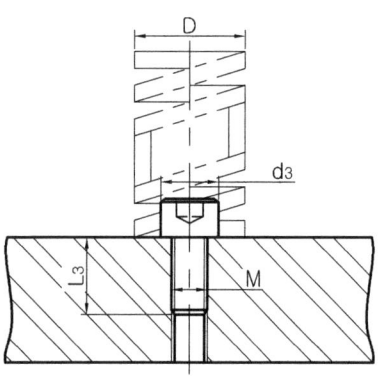

(단위 : mm)

D	d1	d2	L1	L2	M	d3	L3
10	4	2	6	6	-	-	-
12	5	3	8	6	M3 P0.5	5.5	6
14	6	4	10	8	M3 P0.5	5.5	6
16	6	4	10	8	M4 P0.7	7	8
18	8	6	13	10	M4 P0.7	7	8
20	8	6	13	10	M5 P0.8	8.5	10
22	8	6	13	10	M5 P0.8	8.5	10
25	10	8	16	12	M6 P1.0	10	14
27	10	8	16	12	M6 P1.0	10	14
30	13	10	20	15	M8 P1.25	13	14
35	13	10	20	15	M10 P1.5	16	16
40	16	13	20	15	-	-	-
50	20	16	20	20	-	-	-
60	25	20	20	20	-	-	-

스트리퍼의 설계	**스프링의 수축 허용량**
CKL3-009	

1) 편측 스프링 포켓
상대한 플레이트간 거리 S가 S<∅D 일 경우에 사용한다.
(스프링 위치의 안정)

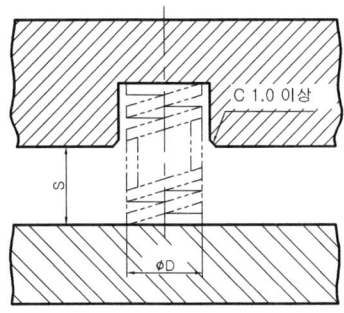

2) 양측 스프링 포켓
S>∅D의 경우에 적합
P는 드릴 구멍이며 포켓 스폿페이싱의 애벌 구멍 가공과 함께 상대 플레이트의 위치 본뜨기 구멍이다.

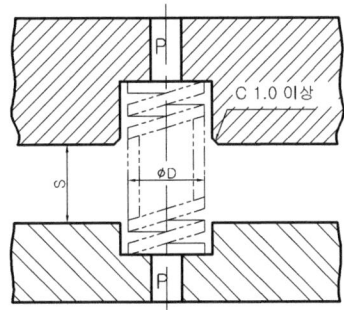

3) 스프링 로케이션 플러그 사용
편측플레이트의 두께가 얇기 때문에 충분한 포켓 스폿 페이싱을 할 수 없을 경우에 사용한다.
압입하여 사용한다.

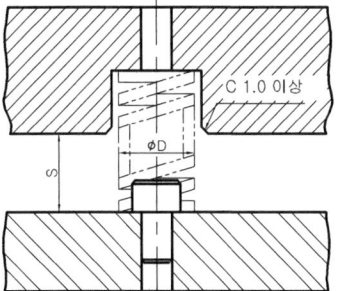

4) 재 연삭을 위한 보정슬래브 사용

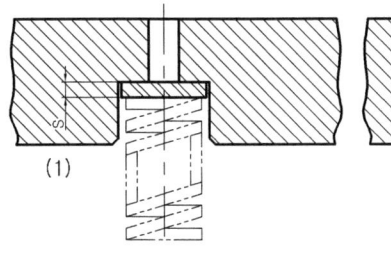
(1)

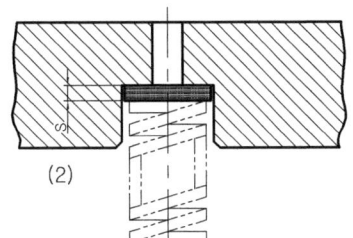
(2)

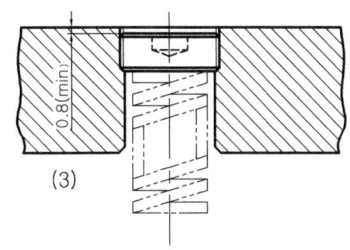
(3)

S = 펀치의 재 연삭량
(1) 1개의 강철판
(2) 여러 가지 두께의 판으로 충당

1개 또는 2개의 멈춤나사 사용으로 스프링의 압력 조정과 재 연삭량을 보정할 수 있다.

5) 스프링 포켓의 치수

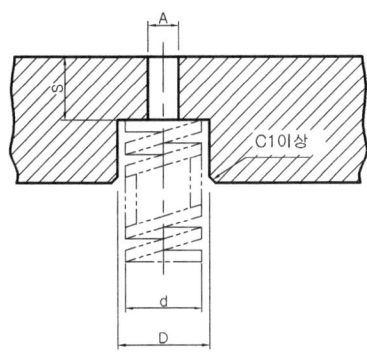

A치수는 드릴 구멍 치수
스프링의 내경보다 작게 한다.

(단위 : mm)

스프링 외경(d)	포켓(D)	S min
6~10	d+1.0	3
10.5~15	d+1.5	5
15.5~20	d+2.0	5
21~25	d+2.5	7
26~30	d+3.0	7
31~35	d+3.5	
36~50	d+3.5	10
51~65	d+3.5	13

배킹 플레이트의 설계	
CKL3-010-1	**배킹 플레이트의 설계 기준**

    배킹 플레이트(backing plate)는 전단시 압력에 의해 펀치 홀더(punch holder) 또는 다이 홀더(die holder)에 파고 들어가는 것을 방지하기 위한 것으로 펀치의 절삭날 면적에 대하여 전단 압력이 큰 경우에 사용한다.
    받침판의 재질은 STC, STS를 사용하며, 경도는 HRC58 이상이며, 두께는 주로 5~12mm이다.

1) 배킹 플레이트의 사용 기준

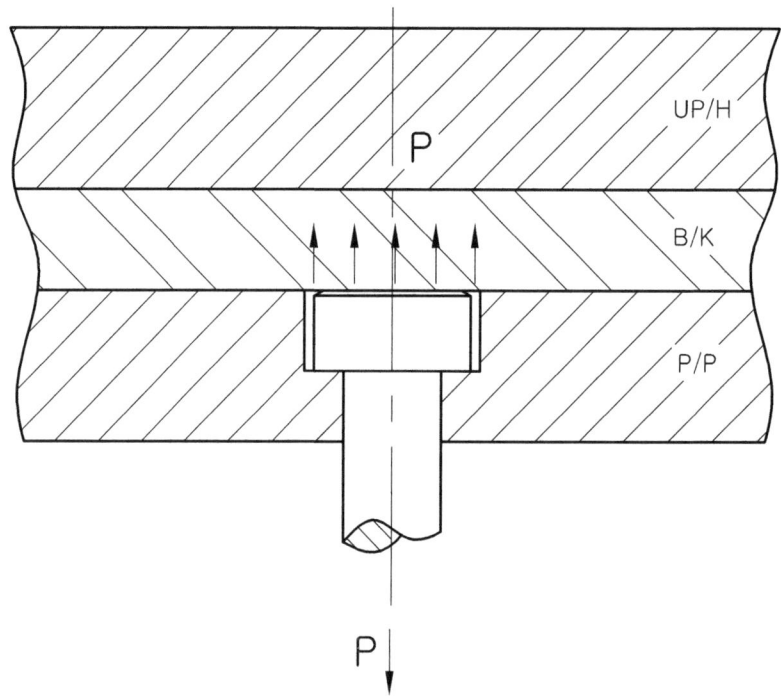

(1) 받침판을 필요로 하는 조건

(단위 : kgf/mm²)

펀치홀더의 재질	주 철	P > 19일 때
	연 강	P > 25일 때

(2) 받침판의 경도

받침판의 재질	P(kgf/mm²)
주 철	12 이하
연 강(미열처리)	16 이하
담금질 강	16 이상

2) 실용 배킹 플레이트의 두께

(1) 부분적 사용

(단위 : mm)

판 두께(t)	받침판 두께	경 도
2 이하	3.5 이상	HRC56~60
2 이상	6.5 이상	

(2) 전면 사용

(단위 : mm)

L 또는 B	~ 125	125~160	160~300
받침판 두께(T)	5~13	8~16	

※ L 또는 B : 받침판의 가로 또는 세로의 길이를 일컬으며, 그 중에서 큰 치수를 선택한다.

배킹 플레이트의 설계	배킹 플레이트의 설계 기준
CKL3-010-2	

3) 배킹 플레이트의 사용 예

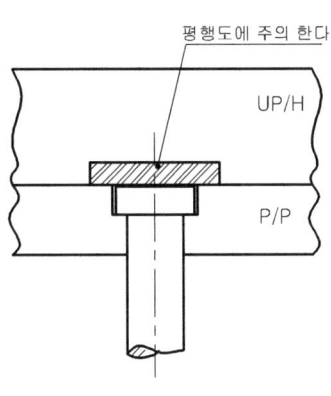

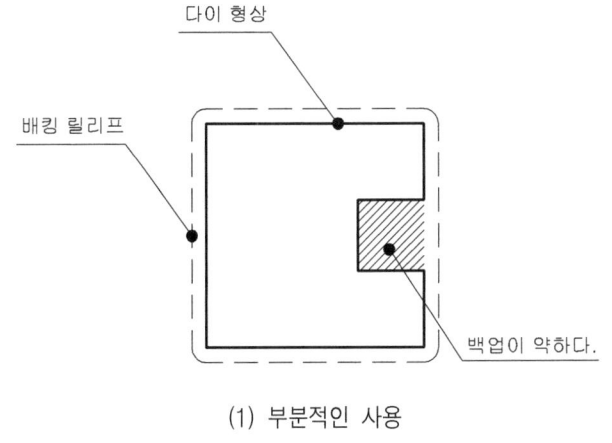

① 펀치용 배킹 플레이트
② 스트리퍼용 배킹 플레이트
③ 다이 배킹 플레이트

4) 다이용 배킹 플레이트의 적용시 주의사항

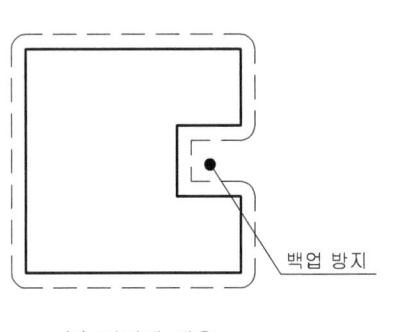

(1) 부분적인 사용　　　　(2) 전면에 적용

배킹 플레이트의 설계 기준

CKL3-010-3 배킹 플레이트의 설계

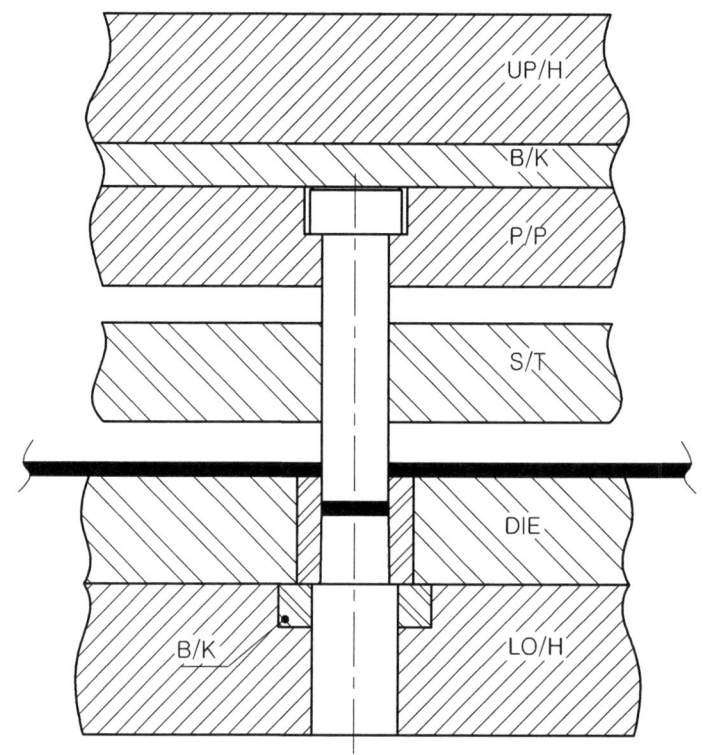

1) 펀치 머리의 압축 응력식

$$\alpha = \frac{P}{A}$$

α : 압축응력(kgf/mm²)
P : 평균 전단 압력(kgf/mm²)
A : 펀치 머리부의 표면적(mm²)

2) 원형 구멍을 뚫을 경우 계산식

그림 (1) .... $P = 4 \cdot t \cdot \tau / d$

그림 (2) .... $P = 4 \cdot t \cdot \tau \cdot d_1 / d_2^2$

3) 원형 다이 인서트의 경우 계산식

$$P = 4 \cdot t \cdot \tau \cdot \frac{d}{(D_2^2 - D_1^2)}$$

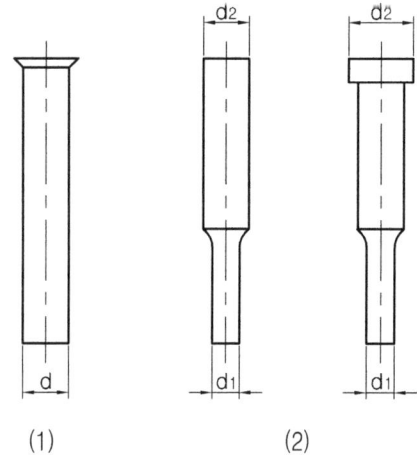

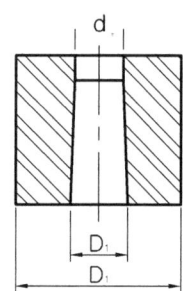

제 **4** 장

부품 설계 기준

6각구멍붙이 볼트의 설계 치수

부품설계기준 CKL4-001

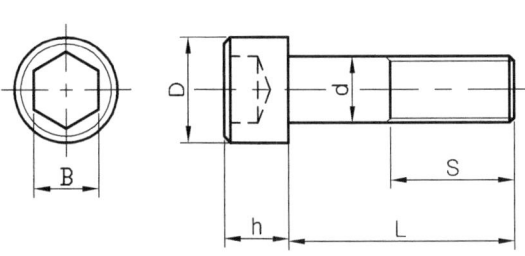
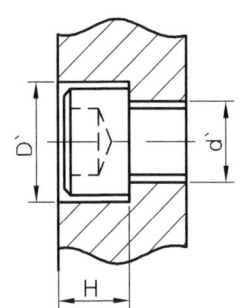

(단위 : mm)

나사호칭	M3	M4	M5	M6	M8	M10	M12	M14	M16	M18	M20
P(피치)	0.5	0.7	0.8	1.0	1.25	1.5	1.75	2	2	2.5	2.5
d	3	4	5	6	8	10	12	14	16	18	20
D	5.5	7	8.5	10	13	16	18	21	24	27	30
H	3	4	5	6	8	10	12	14	16	18	20
d`	3.4	4.5	5.5	6.5	9	11	14	16	18	20	22
D`	6.5	8	9.5	11	14	17.5	20	23	26	29	32
H	3.5	4.5	5.5	7	9	11	13	15	17	20	22
B	2.5	3	4	5	6	8	10	12	14	14	17
S	12	14	16	18	22	26	30	34 40	38 44	42 48	46 52
L		4	8	10	12	14	20	20	25	30	35
		5	10	12	14	16	25	25	30	35	40
		6	12	14	16	20	30	30	35	40	45
		8	14	16	20	25	35	35	40	45	50
		10	16	20	25	30	40	40	45	50	55
		12	20	25	30	35	45	45	50	55	60
		14	25	30	35	40	50	50	55	60	65
		16	30	35	40	45	55	55	60	65	70
		20		40	45	50	60	60	65	70	75
		25		45	50	55	65	65	70	75	80
				50	55	60	70	70	75	80	85
					60	65	75	75	80	85	90
					65	70	80	80	85	90	100
					70	75	85	85	90	100	110
					75	80	90	90	100	110	120
					80	85	100	100	110	120	130
					85	90	110	110	120	130	140
					90	100	120	120	130	140	150
					100	110		130	140	150	160
						120		140	150	160	170
								150	160	170	180

나사호칭	M3	M4	M5	M6	M8	M10	M12	M14	M16	M18	M20
L (M3)	4,5,6,8,10,12,14,16,20										

부품설계기준	무두 볼트, 6각구멍붙이 볼트, 나사의 설계 치수
CKL4-002-1	

1) 6각구멍붙이 무두 볼트

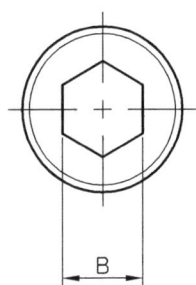
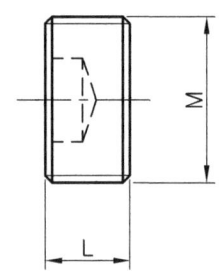

(단위 : mm)

호칭치수(M)	M3	M4	M5	M6	M8	M10	M12	M14	M16	M18	M20	M22	M24	M26	M28	M30	M33
피 치(P)	0.5	0.7	0.8	1.0	1.25	1.5	1.5	1.5	1.5	1.5	1.5	1.5	1.5	1.5	1.5	1.5	1.5
B	1.5	2	2.5	3	4	5	6	6	8	10	10	12	14	14	14	17	17
L	10	10	10	10	10	10	10	10	10	10	12	12	12	12	12	12	12

2) 조임용 볼트 구멍의 위치

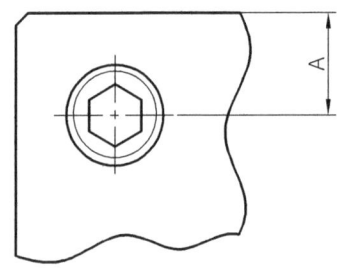
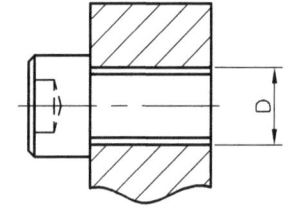

* A의 치수

소 재	A min
연 강	1.13D
담금질강	1.25D

3) 볼트의 조립 길이, 볼트간의 거리

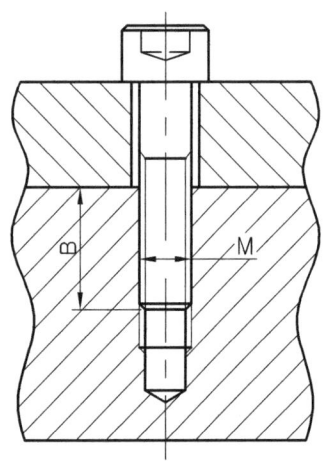

B=1.5M 이상

* 볼트간 거리

(단위 : mm)

플레이트 두 께	사용 볼트	볼트 간 거리
10~19	M6	80
16~25	M8	100
22~34	M10	125
34이상	M12	150

4) 접시머리 볼트

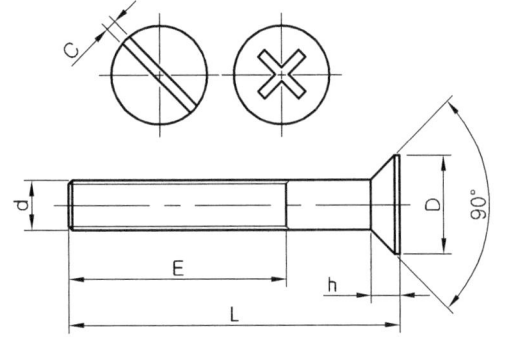 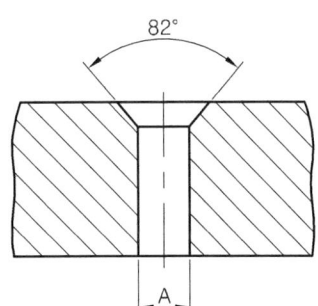 

(단위 : mm)

d	피치	D	h	c	&	A	L
M2	0.4	4	1.2	0.6	8	2.25	5, 6, 8, 10, 12, 14, 20
M3	0.5	6	1.75	0.8	12	3.25	6, 8, 10, 12, 16, 20, 25, 32
M4	0.7	8	2.3	1.0	16	4.3	8, 10, 12, 16, 20, 25, 32, 36, 40, 45, 50
M5	0.8	10	2.8	1.2	20	5.3	10, 12, 16, 20, 25, 32, 36, 40, 45, 50
M6	1.0	12	3.4	1.2	25	6.5	12, 16, 20, 25, 32, 36, 40, 45, 50
M8	1.25	16	4.4	1.6	30	8.5	16, 20, 25, 32, 36, 40, 45, 50, 56, 63

5) 냄비머리 볼트

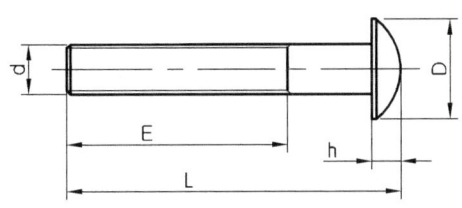 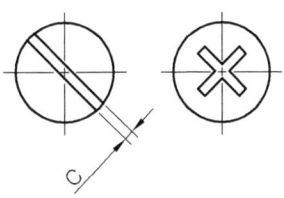 

(단위 : mm)

d	피치	D	h	c	&	A	L
M2	0.4	3.5	1.3	0.6	8	2.25	4, 5, 6, 8, 10, 12, 14, 20
M3	0.5	5.5	2.0	0.8	12	3.25	5, 6, 8, 10, 12, 16, 20, 25, 32, 36, 40
M4	0.7	7	2.6	1.0	16	4.3	6, 8, 10, 12, 16, 20, 25, 32, 36, 40, 45, 50
M5	0.8	9	3.3	1.2	20	5.3	8, 10, 12, 16, 20, 25, 32, 36, 40, 45, 50
M6	1.0	10.5	3.9	1.2	25	6.5	8, 10, 12, 16, 20, 25, 32, 36, 40, 45, 50
M8	1.25	14	5.2	1.6	30	8.5	10, 12, 16, 20, 25, 32, 36, 40, 45, 50, 56, 63

부품설계기준	스트리퍼 볼트의 설계
CKL4-003	

1) 스트리퍼 볼트의 종류

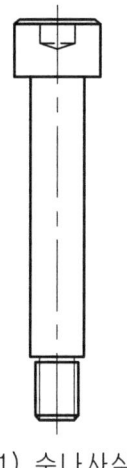
(1) 수나사식

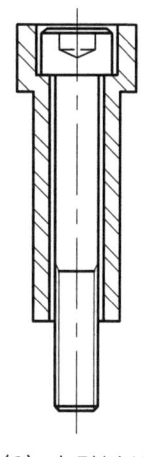
(2) 슬리브식

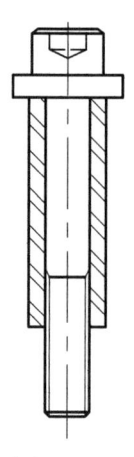
(3) 강관형

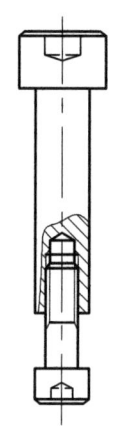
(4) 암나사식

2) 수나사식 스트리퍼 볼트

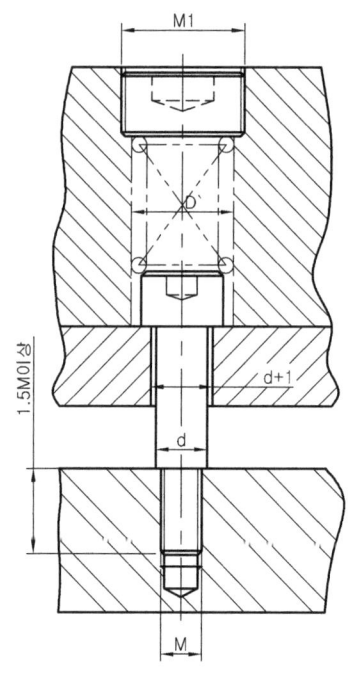
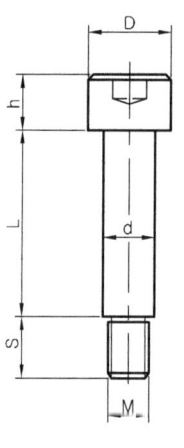

(단위 : mm)

d	D	h	S	M	D`	M1	사용 스프링 외경
6.5	10	5	10	M5 × P0.8	12.5	M14 × P1.5	⌀12, ⌀10
8	13	6	10	M6 × P1.0	14.5	M16 × P1.5	⌀14, ⌀12
10	16	8	12	M8 × P1.25	18.5	M20 × P1.5	⌀18, ⌀16
13	18	10	15	M10 × P1.5	22.5	M24 × P1.5	⌀22, ⌀20, ⌀18
16	22	10	18	M12 × P1.75	25.5	M27 × P1.5	⌀25, ⌀22

스트리퍼 볼트의 설계

3) 슬리브식 스트리퍼 볼트

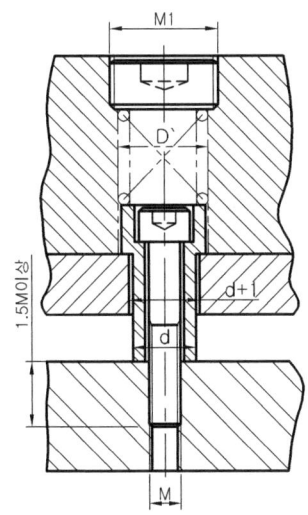
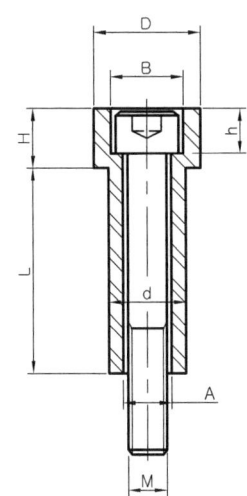

(단위 : mm)

d	D	H	M	A	B	h	D`	M1	사용 스프링 외경
8	12	8	M4 × P0.7	4.5	8	4	14.5	M16 × P1.5	⌀14, ⌀12
10	16	10	M5 × P0.8	5.5	9.5	5	18.5	M20 × P1.5	⌀18, ⌀16
13	20	11	M6 × P1.0	6.5	11	6	22.5	M24 × P1.5	⌀22, ⌀20, ⌀18
16	23	13	M8 × P1.25	8.5	14	8	25.5	M27 × P1.5	⌀25, ⌀22
20	27	15	M10 × P1.5	10.5	17.5	10	28.5	M30 × P1.5	⌀27, ⌀25

4) 강관형 스트리퍼 볼트

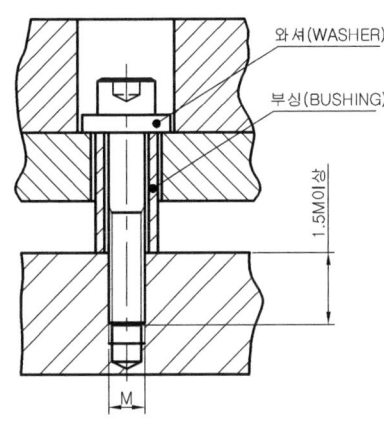

(1) 부싱   (2) 와셔

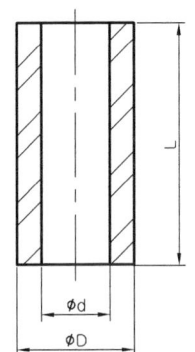
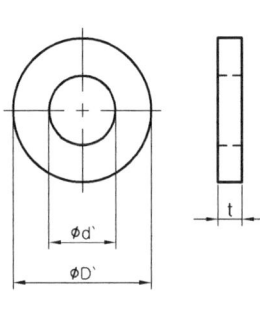

(단위 : mm)

⌀D	⌀D`	⌀d $^{+0.3}_{+0.1}$	⌀d` $^{+0.3}_{+0.1}$	t	L
8	13	5	5	5	10~35
10	15	6	6	5	10~60
13	18	8	8	5	15~70
16	21	10	10	5	25~80

| 부품설계기준 CKL4-005 | 스트리퍼 볼트의 설계, 탭핑 가공을 위한 드릴 치수 |

5) 조합형 스트리퍼 볼트

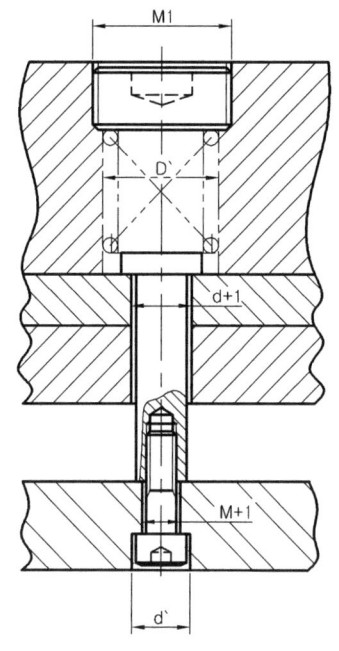
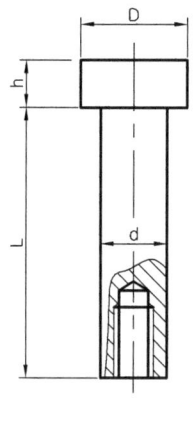
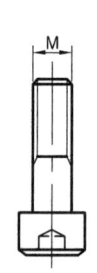

(단위 : mm)

d	D	h	M	d`	D`	M1	사용 스프링 외경
10	16	6	M5 × P0.8	9.5	18.5	M20 × P1.5	⌀18, ⌀16
13	18	7	M6 ×P1.0	11	22.5	M24 × P1.5	⌀22, ⌀20, ⌀18
16	24	9	M8 × P1.25	14	25.5	M27 × P1.5	⌀25, ⌀22
20	27	11	M10 ×P1.5	17.5	28.5	M30 × P1.5	⌀27, ⌀25

6) 탭핑 작업을 위한 드릴경 결정

(단위 : mm)

나사의 호칭치수	피 치	드릴 직경		나사의 호칭치수	피 치	드릴 직경	
		정밀급	보통급			정밀급	보통급
3.0	0.5	2.5	2.55	18	2.5	15.5	15.7
3.5	0.6	2.9	2.95	20	2.5	17.5	17.8
4	0.7	3.3	3.35	22	2.5	19.5	19.8
5	0.8	4.2	4.25	24	3.0	21	21.3
6	1.0	5	5.1	27	3	24	24.3
8	1.25	6.75	6.8	30	3.5	26.5	26.8
10	1.5	8.5	8.6	33	3.5	29	29.4
12	1.75	10.25	10.4	36	4.0	32	32.5
14	2.0	12	12.2	39	4.0	35	35.5
16	2	14	15.2	42	4.5	37.5	38

부품설계기준	스트리퍼 가이드 핀 및 부시
CKL4-006	

1) 가이드 핀

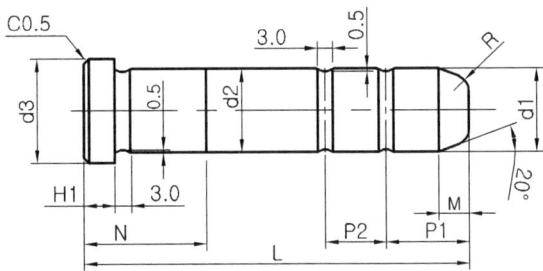
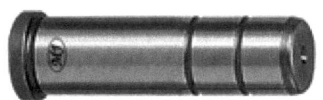

(단위 : mm)

d1	d2	d3	H1	R	M	L
∅8	$d1^{+0.012}_{+0.006}$	11	5	2	-	40, 50, 60, 70, 80
∅10		13	5	2	-	40, 50, 60, 70, 80, 90, 100
∅13	$d1^{+0.015}_{+0.007}$	16	5	2	-	50, 60, 70, 80, 90, 100, 110, 120
∅15		20	6	3	6	50, 60, 70, 80, 90, 100, 110, 120, 130
∅20		25	8	3	6	60, 70, 80, 90, 100, 110, 120, 130, 140
∅25	$d1^{+0.017}_{+0.006}$	30	8	3	7	70, 80, 90, 100, 110, 120, 130, 140
∅30		35	8	3	7	70, 80, 90, 100, 110, 120, 130, 140

2) 가이드 부시

(1) A-TYPE   (2) B-TYPE

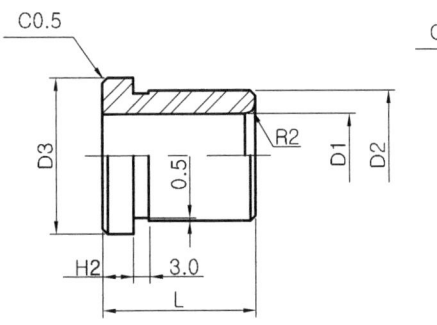
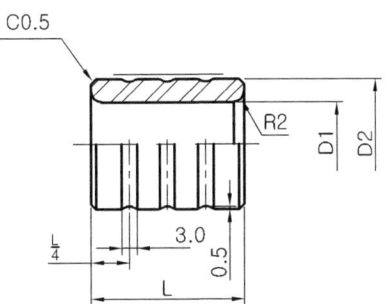

(단위 : mm)

D1	D2	D3	H2	L
∅8	12	15	5	10, 13, 16, 20
∅10	14	18	5	10, 13, 16, 20, 25
∅13	18	23	5	13, 16, 20, 25
∅16	25	30	6	16, 20, 25, 30
∅20	30	35	8	20, 25, 30, 35
∅25	35	40	8	25, 30, 35, 40
∅30	42	47	10	30, 35, 40, 35

스트리퍼 가이드 핀 및 부시

부품설계기준 CKL4-007

3) 가이드 핀 및 부시 구멍의 형상

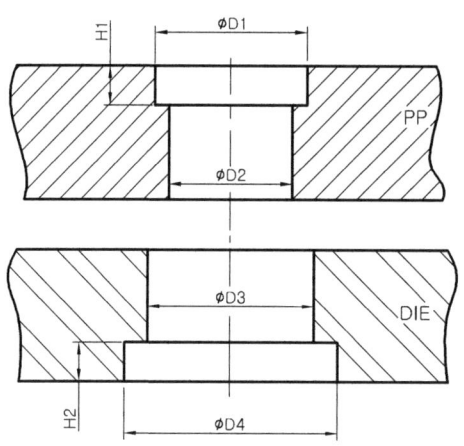

(단위 : mm)

호칭치수	D1	D2	H1	D3	D4	H2
⌀8	12	8	5	12	16	5
⌀10	14	10	5	14	20	5
⌀13	17	13	5	18	25	5
⌀15	22	15	6	25	31	6
⌀20	27	20	8	30	36	8
⌀25	32	25	8	35	41	8
⌀30	37	30	10	42	48	10

4) 사용 예

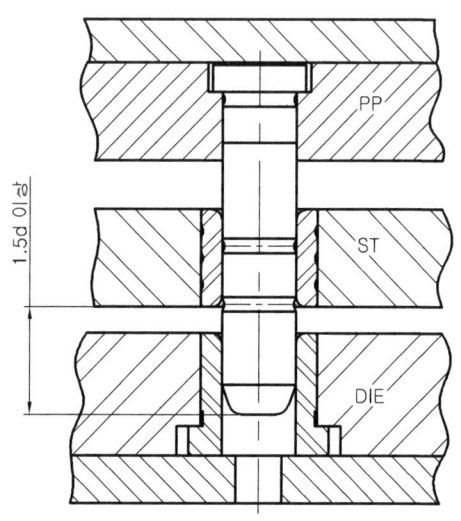
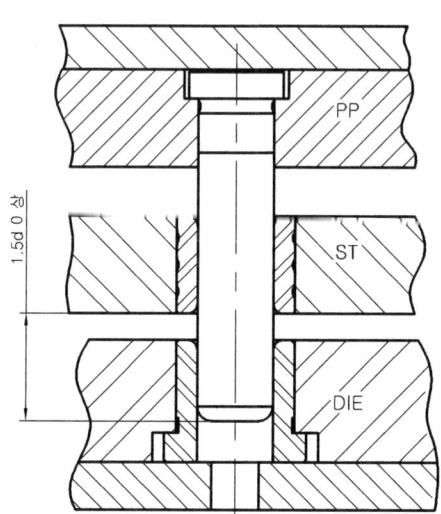

① N은 판 두께보다 0.5~1mm정도 짧게 한다.
② 부시의 길이 L은 판 두께보다 0.1~0.2정도 짧게 한다.
③ 가이드 핀의 길이가 짧아 돌출량이 1.5d 이하의 경우에는 M의 각을 없애고 R만 준다.

피어싱 및 버링 펀치

1) 피어싱 펀치의 종류

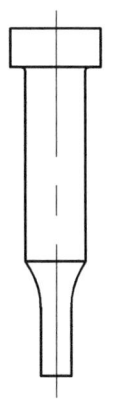
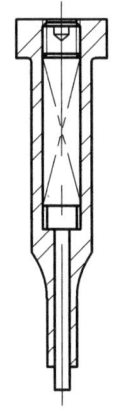
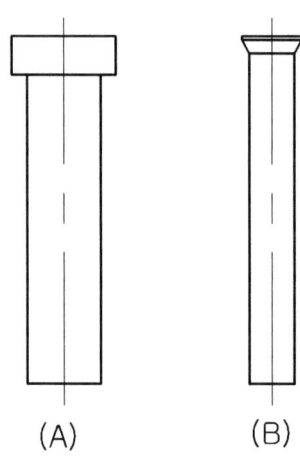

(1) SHOULDER PUNCH   (2) EJECTOR PUNCH   (3) STRAIGHT PUNCH

2) SHOULDER PUNCH

- 피어싱 펀치는 ⌀4보다 작을 때는 SHOULDER PUNCH를 사용하고, ⌀4이상일 때에는 STRAIGHT PUNCH를 사용함을 원칙으로 하며, 금형 또는 피 가공재의 재질, 재료의 두께 등에 따라서 예외를 적용한다.
- 스크랩의 상승을 방지하기 위해서는 EJECTOR PUNCH를 사용한다.

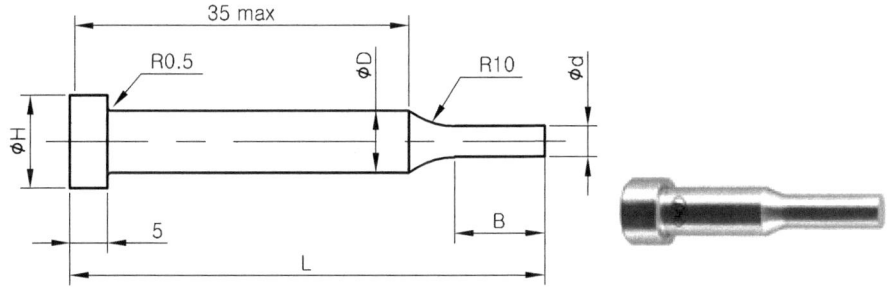

(단위 : mm)

호칭치수(⌀d)	D	H	L	B
1.00 ~ 2.99	3	5	40, 50, 60, 70, 80	8, 13, 19
1.00 ~ 3.99	4	7	40, 50, 60, 70, 80	8, 13, 19
2.00 ~ 4.99	5	8	40, 50, 60, 70, 80	8, 13, 19, 25
2.00 ~ 5.99	6	9	40, 50, 60, 70, 80	8, 13, 19, 25
3.00 ~ 7.99	8	11	50, 60, 70, 80, 90, 100	13, 19, 30
3.00 ~ 9.99	10	13	50, 60, 70, 80, 90, 100	13, 19, 30
6.00 ~ 12.99	13	16	50, 60, 70, 80, 90, 100	13, 19, 30
10.00 ~ 15.99	16	19	60, 70, 80, 90, 100	19, 25, 40
13.00 ~ 19.99	20	23	60, 70, 80, 90, 100	19, 25, 40
18.00 ~ 24.99	25	28	60, 70, 80, 90, 100	19, 25, 40

피어싱 및 버링 펀치

3) 피어싱 펀치의 종류

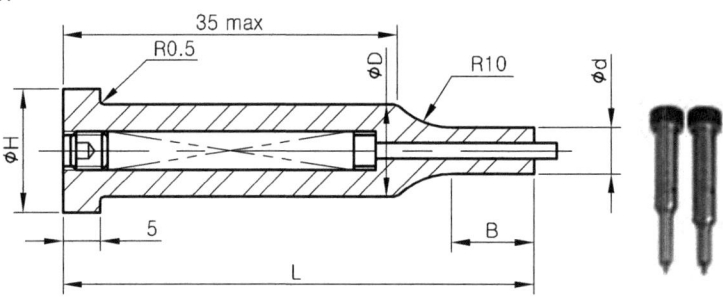

(단위 : mm)

호칭치수(Ød)	D	H	L	B
1.00 ~ 3.99	4	7	40, 50, 60, 70, 80	8, 13, 25
2.00 ~ 4.99	5	8	40, 50, 60, 70, 80	8, 13, 25
2.00 ~ 5.99	6	9	40, 50, 60, 70, 80	8, 13, 25
3.00 ~ 7.99	8	11	40, 50, 60, 70, 80	13, 19, 30
3.00 ~ 9.99	10	13	40, 50, 60, 70, 80	13, 19, 30
6.00 ~ 12.99	13	16	40, 50, 60, 70, 80	13, 19, 30
10.00 ~ 15.99	16	16	60, 70, 80, 90, 100	19, 25, 40
13.00 ~ 19.99	20	19	60, 70, 80, 90, 100	19, 25, 40
18.00 ~ 24.99	25	23	60, 70, 80, 90, 100	19, 25, 40

4) STRAIGHT PUNCH(A)

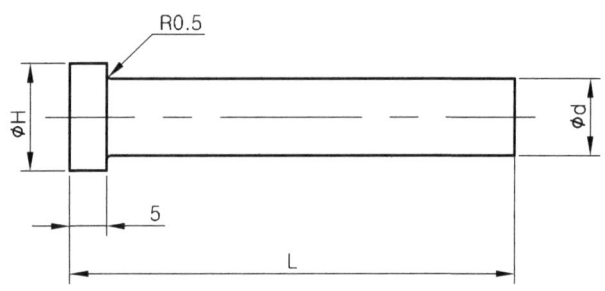

(단위 : mm)

호칭치수(Ød)	H	L
2.00 ~ 2.99	5	40, 50, 60, 70, 80
3.00 ~ 3.99	7	40, 50, 60, 70, 80
4.00 ~ 4.99	8	40, 50, 60, 70, 80
5.00 ~ 5.99	9	40, 50, 60, 70, 80
6.00 ~ 7.99	11	40, 50, 60, 70, 80
8.00 ~ 9.99	13	40, 50, 60, 70, 80
10.00 ~ 12.99	16	40, 50, 60, 70, 80, 90, 100, 110, 120
13.00 ~ 15.99	19	40, 50, 60, 70, 80, 90, 100, 110, 120
16.00 ~ 19.99	23	40, 50, 60, 70, 80, 90, 100, 110, 120
20.00 ~ 24.99	28	40, 50, 60, 70, 80, 90, 100, 110, 120

피어싱 및 버링 펀치

부품설계기준 CKL4-008-3

5) STRAIGHT PUNCH(B)

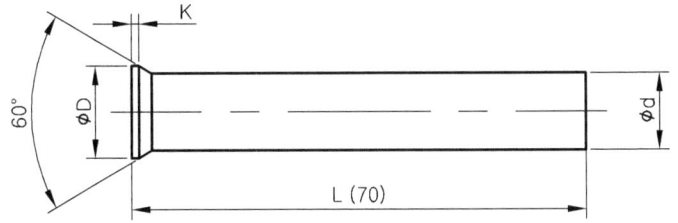
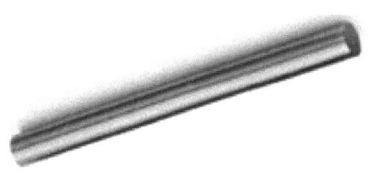

※ L 치수는 다른 펀치 길이와 동일한 길이로 절단 가공하여 사용한다.
머리의 형상은 토치로 가열한 후 망치를 이용하여 만들고 상단부는 평행이 되도록 연삭가공한다.

(단위 : mm)

호칭치수(∅d)	K	∅D	호칭치수(∅d)	K	∅D
1.00	0.5	1.8	4.10	0.5	5.5
1.10		2.0	4.20		5.5
1.20		2.0	4.30		5.5
1.30		2.2	4.40		5.5
1.40		2.2	4.50		6.0
1.50		2.5	4.60		6.0
1.60		2.5	4.70		6.0
1.70		2.5	4.80		6.0
1.80		2.8	4.90		6.5
1.90		2.8	5.00		6.5
2.00		3.2	5.10		6.5
2.10		3.2	5.20		6.5
2.20		3.2	5.30		6.5
2.30		3.5	5.40		6.5
2.40		3.5	5.50		7.0
2.50		4.0	5.60		7.0
2.60		4.0	5.70		7.0
2.70		4.0	5.80		7.0
2.80		4.0	5.90		7.0
2.90		4.0	6.00		8.0
3.00		4.5	6.50		9.0
3.10		4.5	7.00		9.0
3.20		4.5	7.50		10.0
3.30		4.5	8.00		10.0
3.40		4.5	8.50		11.0
3.50		5.0	9.00		11.0
3.60		5.0	9.50		11.0
3.70		5.0	10.00		12.0
3.80		5.0	10.50		12.0
3.90		5.5	11.00		13.0
4.00		5.5	11.50		13.0

부품설계기준	피어싱 및 버링 펀치
CKL4-008-4	

6) 버링 펀치(Burring punch)

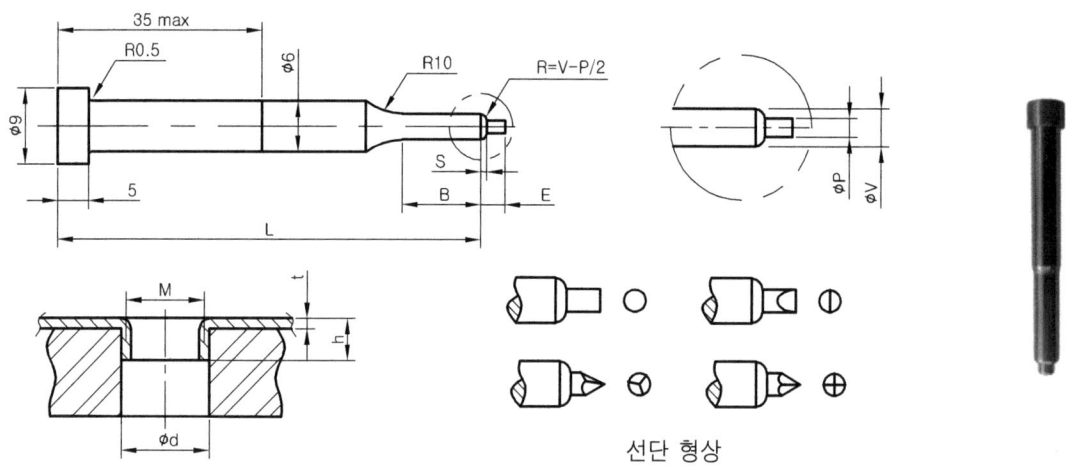

선단 형상

(단위 : mm)

M	L	V	P	B	S	E	M×P		d : 다이 내경, h : 버링 높이, 피가공재 : SPCC(실험치)					
								t	0.6	0.8	1.0	1.2	1.6	2.0
2.6		2.22	1.5	6	2	2.7	M2.6 × 0.45	∅d	3.12	3.34	3.72			
		2.25						h	1.30	1.47	1.77			
		2.32						∅d	3.15	3.37	3.75			
								h	1.30	1.50	1.80			
								∅d	3.22	3.44	3.82			
								h	1.35	1.60	1.82			
		2.35						∅d	3.25	3.47	3.85			
								h	1.35	1.60	1.82			
3.0	41 51 61 71	2.59	1.9			3.6	M3.0 × 0.5	∅d	3.49	3.79	3.99	4.39		
								h	1.30	1.55	1.75	2.05		
		2.63						∅d	3.53	3.83	4.03	4.43		
								h	1.35	1.60	1.75	2.07		
		2.72				3.7		∅d	3.62	3.92	4.12	4.52		
								h	1.37	1.60	1.77	2.10		
		2.76						∅d	3.66	3.96	4.16	4.56		
								h	1.40	1.65	1.80	2.15		
4.0		3.39	2.4	8	3	3.9	M4.0 × 0.7	∅d	4.29	4.59	4.79	5.07	5.79	
								h	1.50	1.77	2.00	2.17	2.60	
		3.44						∅d	4.34	4.64	4.84	5.12	5.84	
								h	1.50	1.77	2.00	2.20	2.65	
		3.64				4.1		∅d	4.54	4.84	5.04	5.32	6.04	
								h	1.60	1.8/5	2.07	2.27	2.70	
		3.69						∅d	4.59	4.89	5.09	5.37	6.09	
								h	1.63	1.90	2.10	2.30	2.73	
5.0		4.33	2.8		4	5.4	M5.0 × 0.8	∅d			5.83	6.01	6.57	7.33
								h			2.27	2.47	2.85	3.50
		4.38						∅d			5.88	6.06	6.62	7.38
								h			2.30	2.52	2.90	3.52
		4.62				5.6		∅d			6.12	6.30	6.86	7.62
								h			2.42	2.65	3.00	3.62
		4.67						∅d			6.17	6.35	6.91	7.67
								h			2.45	2.70	3.05	3.65

부품설계기준	소형 피어싱 펀치 선단 지름과 다이 구멍 표준 치수
CKL4-009	

1) 소형 피어싱 펀치의 적용

- 펀치 지름(P) = d + e
  (e : 피어싱 후 판 구멍 지름의 수축 여유)
- 다이 구멍 지름(D) = P + C2
  (C2 : 피어싱에 필요한 양쪽 클리어런스)
- 끼워맞춤 기호
  j6 : 펀치 지름의 제작허용공차
  H7 : 다이 구멍 지름의 제작허용공차
  d : 피어싱 구멍치수(도면치수)

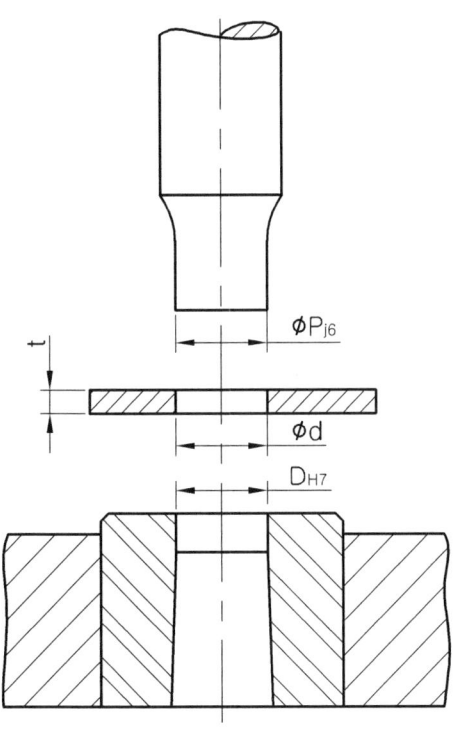

(단위 : mm)

치수구분		j6	H7
초과	이하		
-	3	± 0.003	+0.010 / 0
3	6	± 0.004	+0.012 / 0
6	10	± 0.0045	+0.015 / 0
10	18	± 0.0055	+0.018 / 0
18	30	± 0.0065	+0.021 / 0

2) 판 두께 (t)에 따른 수축여유(e)와 클리어런스(C2)의 표준 값

(단위 : mm)

t	e	C2	t	e	C2
0.1	0.01	0.02	1.2	0.055	0.14
0.2	0.017	0.03	1.4	0.06	0.16
0.3	0.02	0.04	1.6	0.07	0.18
0.4	0.025	0.055	2.0	0.08	0.22
0.5	0.03	0.07	2.5	0.09	0.25
0.6	0.035	0.08	3.0	0.10	0.28
0.8	0.04	0.10	3.5	0.10	0.31
1.0	0.05	0.12	4.0	0.11	0.35

부품설계기준	
CKL4-010-1	**피어싱 가능한 편치의 길이와 지름 최소 임계 치수**

1) 편치의 최대 이용 길이 계산

좌굴(buckling)에 대해서는 오일러(Euler)의 공식이 응용된다.

$$L = \pi \sqrt{\frac{nEI}{P}} \text{ (mm)}$$

여기서   L : 좌굴을 일으키지 않는 편치의 최대 길이

     E : 종탄성 계수(Kgf/mm^2), 연강의 경우 2.1×10^4(Kgf)

     P : 블랭킹력(Kgf)

     I : 편치의 단면 2차 모멘트

       단면의 직경이 d인 원형 편치의 경우 ..... $I = \frac{\pi}{64}d^4 \fallingdotseq 0.05d^4$

       단면이 b×h인 사각형 편치의 경우 .... $I = \frac{bh^3}{12}$

     n : 편치 선단 조건에 따른 계수

       스트리퍼(stripper)가 있는 경우   n=2

       스트리퍼(stripper)가 없는 경우   n=1

2) 원형 편치의 최소 직경 계산

일반적으로 소재를 전단하기 위한 편치의 전단력에 의하여 편치에 압축력이 생기므로 편치의 전단력과 압축력은 동일하다.

(1) 편치의 전단력

$$P = \ell \cdot t \cdot \tau = \pi \cdot d \cdot t \cdot \tau \text{ (Kgf)} \quad \cdots\cdots\cdots ①$$

(2) 편치에 생기는 압축력

$$P = A\sigma_P = \frac{\pi}{4}d^2\sigma_P \text{ (Kgf)} \quad \cdots\cdots\cdots ②$$

(3) ①과 ②식에서 편치의 최소 직경은

$$d = \frac{4t\tau}{\sigma_P} \text{ (mm)}$$

여기서   P : 전단력 (Kgf)

     t : 소재의 두께 (mm)

     τ : 소재의 전단 응력 (Kgf/mm^2)

     d : 편치의 직경 (mm)

     σ_P : 편치의 압축 응력 (Kgf/mm^2)

| 부품설계기준 CKL4-010-2 | **피어싱 가능한 펀치의 길이와 지름 최소 임계치수** |

1) 피어싱 가능한 최소 펀치의 직경

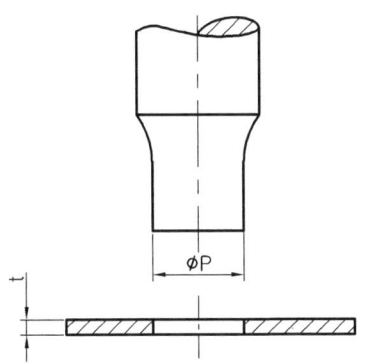

(단위 : mm)

재료의 인장강도 σ_b(kg/mm²)	해당 판의 재질	P와 t의 관계	
		t=1.2mm까지	t=1.2mm이상
25	동, 알루미늄	P=0.45×t	P=0.60×t
36	황동, 청동	P=0.65×t	P=0.80×t
48	동(연질)	P=0.85×t	P=1.00×t
60	동(경질)	P=1.00×t	P=1.20×t

- 펀치의 재질이 SK, STS, STD, SKH의 경우에는 위 표의 t 계수에 각각 1.3, 1.2, 1.1을 곱하여 사용한다.

2) 소형 피어싱 펀치의 사용 예

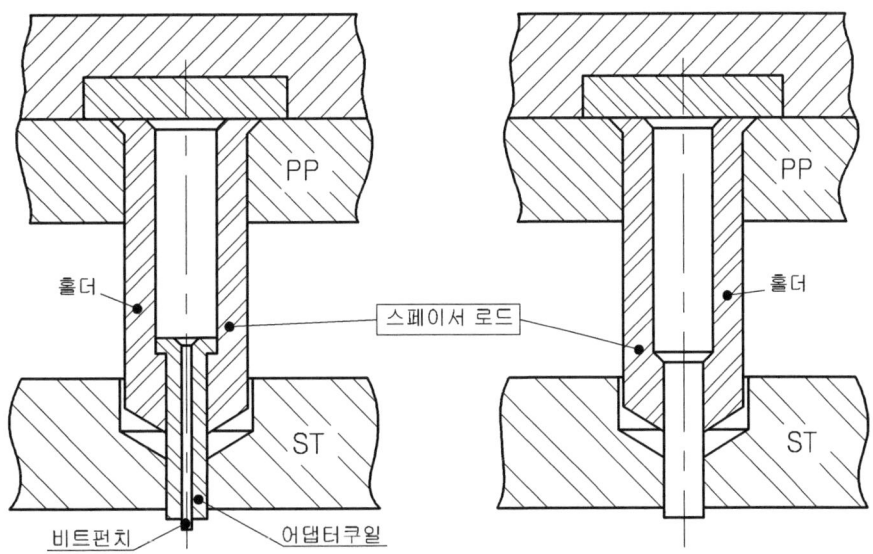

(a) 피어싱 지름 : 0.4~1.5mm   (b) 피어싱 지름 : 1.3~12mm

비트 펀치의 구조

부품설계기준	
CKL4-011	

펀치의 고정방법

1) 펀치 고정법의 종류

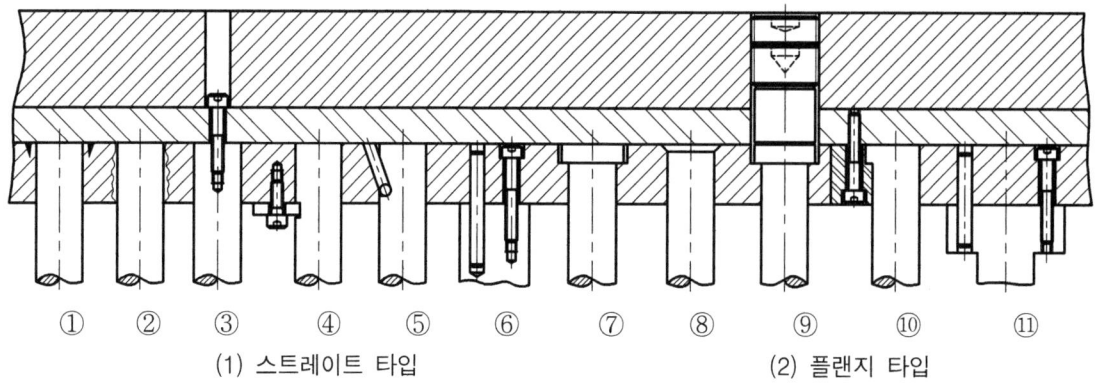

① ② ③ ④ ⑤ ⑥ ⑦ ⑧ ⑨ ⑩ ⑪

(1) 스트레이트 타입   (2) 플랜지 타입

2) 펀치 고정법의 특징

고정법의 종류		고 정 방 법	특 징
①	코킹법	펀치 플레이트의 구멍을 랩 다듬질하고, 펀치 플레이트를 코킹하여 고정한다.	펀치 플레이트의 가공 정밀도는 낮아도 좋다. 펀치를 수직으로 고정하기 어렵고 재현성이 나쁘다.
②	접착제 고정	펀치와 펀치 플레이트의 틈에 접착제를 붙여서 고정한다.	펀치 플레이트를 가공, 고정하기 쉽다. 펀치 유지의 신뢰성과 펀치의 교환에 문제가 있다.
③	볼트 고정	펀치 플레이트에서 위치와 수직도를 보증하여 나사 뽑기 고정으로 한다.	정밀도, 뽑기 고정의 신뢰성이 높다. 가는 펀치, 초경합금의 펀치는 곤란하다.
④	클램프 고정	정밀도를 좋게 다듬질한 펀치 플레이트에 펀치를 삽입하여 홈 부를 클램프로 고정한다.	가는 펀치, 초경 펀치의 제거가 용이하다. 인선측에서 펀치의 제거가 가능하다.
⑤	볼 고정	펀치 플레이트 안에 스프링으로 유지하는 강구를 조립하여 펀치의 홈에 꽂아 넣는다.	볼을 핀으로 밀어 올려 원터치로 펀치의 탈착이 가능. 가공하기 어려우나 전용의 것을 구입하여 사용한다.
⑥	다우얼 핀과 볼트 고정	펀치 플레이트에 꽂아 넣지 않고 다우얼 핀으로 위치 결정하고 볼트로 고정한다.	펀치 플레이트의 고정이 간단하며, 펀치가 짧아도 좋다. 단면이 큰 펀치에 한정한다.
⑦	머리부로 고정	스터드부에서 위치와 수직을 유지하고 머리부 뽑기로 고정한다.	일형 펀치의 표준 타입이고, 뽑기 고정의 신뢰성이 높다. 가이드부가 짧아지는 단점이 있다.
⑧	테이퍼 머리부로 고정	머리부가 테이퍼이며 (7)과 같다.	머리부를 헤딩(Heading)으로 만들기 쉽고, 뽑기 고정의 신뢰성도 높다. 보통 작은 펀치에 사용한다.
⑨	누르기 나사 고정	펀치 플레이트와 펀치의 형상은 (7)과 같고 고정을 모두 볼트로 한다.	펀치 플레이트를 분해하지 않고 펀치를 제거할 수 있다.
⑩	키 고정	펀치 플레이트와 일부를 볼트로 고정하고 펀치의 머리부를 받는다.	펀치 플레이트와 스트리퍼의 틈이 작은 경우에 사용한다.
⑪	다우얼 핀과 볼트 고정	펀치에 큰 플레이트를 붙여서 이 부분을 다우얼 핀과 볼트로 고정한다.	펀치 플레이트의 가공이 용이하고 비교적 큰 펀치에 사용한다.

부품설계기준
CKL4-012-1

파일럿의 설계 기준

파일럿(Pilot, Pilot pin)의 지름과 재료의 파일럿 구멍과의 틈새는 재료의 두께와 정밀도 등급에 따라 결정하며, 파일럿의 선단 형식은 크게 분류하면 다음의 두 가지가 있다.

1) 포탄형

포탄형 부분의 R은 R10이 표준이지만 작은 지름의 경우에는 지름의 2~3배. 중·대형의 경우에는 지름과 같은 1R도 사용한다.

2) 원추형(테이퍼형)

원추형은 일정한 각도이고 소형품의 고속용에 사용하는 것이 바람직하다. 테이퍼부와 원통부의 연결을 매끄럽게 하기 위하여 0.2 ~ 0.3D 정도 크기의 R을 붙인다.

테이퍼의 크기는 작을수록 재료의 위치를 수정하기 쉽지만 테이퍼부의 길이가 길어지며, 프레스의 스트로크, 피가공 판재의 재질, 파일럿 구멍의 지름, 가공 속도 등을 고려하여 각도를 결정한다.

3) 파일럿과 파일럿 구멍의 틈새(C)

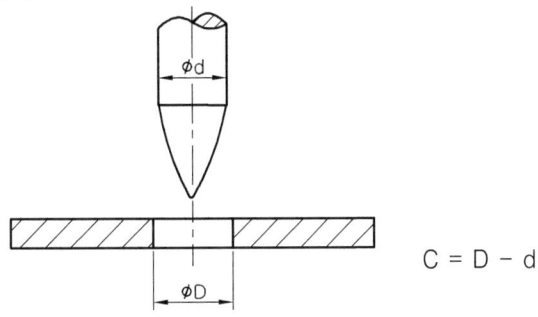

$$C = D - d$$

(단위 : mm)

t(소재 두께)		0.2	0.3	0.5	0.8	1.0	1.2	1.5	2.0	3.0
C	정밀급	0.01	0.01	0.02	0.02	0.02	0.02	0.03	0.04	0.05
	일반급	0.02	0.02	0.03	0.03	0.04	0.04	0.05	0.06	0.07

4) 파일럿의 돌출량과 가이드부 길이

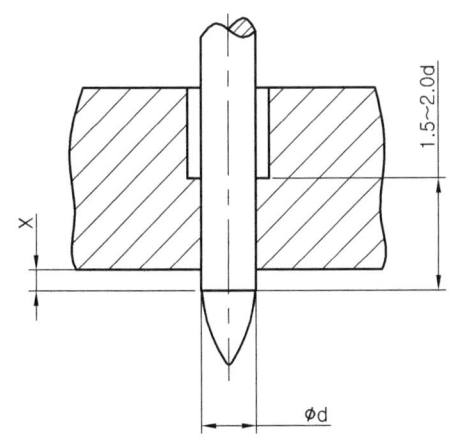

$0.3t < X < 1.5t$

t : 피 가공 판재의 두께

부품설계기준	
CKL4-012-2	**파일럿의 설계 기준**

5) 파일럿 핀의 종류

파일럿 핀은 프레스 가공에서 위치 결정의 중요한 역할을 하며, 많은 제품의 결함이 이 파일럿 핀의 설계 잘못에 있다. 특히 순차 이송 금형에서 정확한 가공 소재의 위치를 결정하며 제품의 형식에 따라 트랜스퍼 금형에도 응용된다. 파일럿 핀은 형식에 따라서 직접식과 간접식이 있다.

(1) 직접 파일럿 방식

제품에 있는 구멍을 이용하여 위치를 결정하는 방식으로, 블랭킹 펀치에 파일럿 핀을 내장하여 타발 직전에 제품의 위치를 결정하도록 한다.

(2) 간접 파일럿 방식

가공 소재에서 스크랩(Scrap)이 되는 부분에 구멍을 가공하여 독립적인 파일럿 핀으로 위치를 결정하는 것으로, 직접식과는 다르게 다이에 같은 치수의 구멍이 있다.

① 직접 파일럿 방식　　　　　　　　② 간접 파일럿 방식

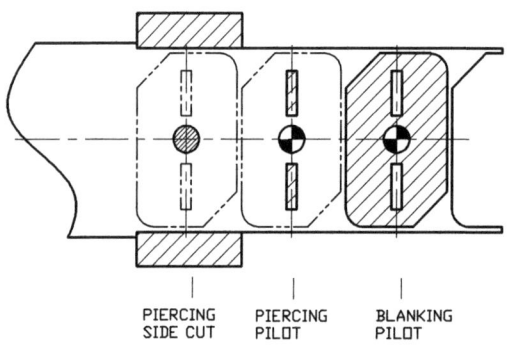 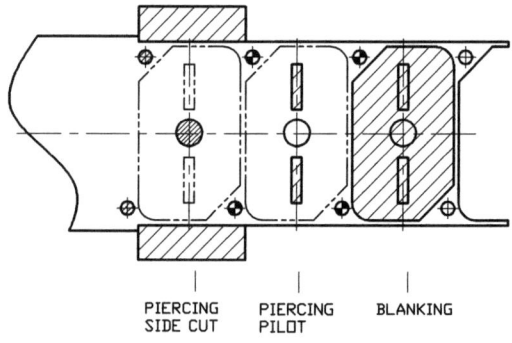

6) 간접 파일럿 선택 기준

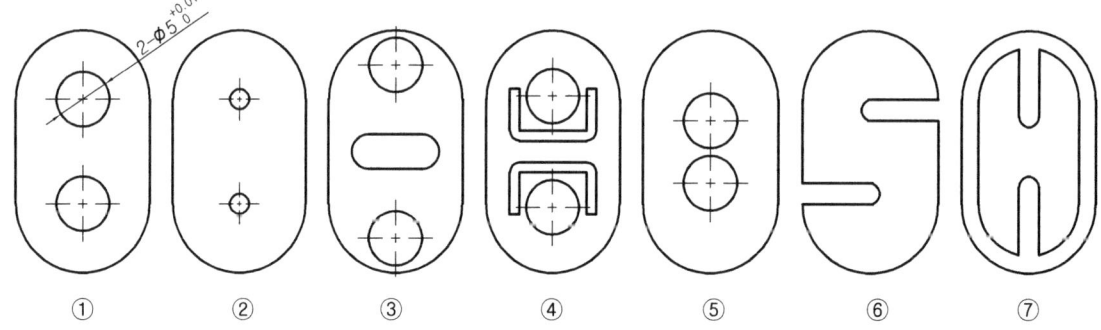

① 제품 구멍의 치수 공차 및 형상이 정밀한 경우는 파일럿 핀이 가공 소재의 위치를 결정할 때 구멍이 변형되는 일이 있으며, 특히 얇은 소재일 경우에 심하게 발생된다.

② 구멍의 직경이 너무 작은 경우에 파일럿 핀을 사용하면 핀의 파손 및 편심되어 정확한 위치 결정이 되지 않는다.

③, ④ 파일럿 구멍이 지나치게 제품의 윤곽에 근접해있거나, 구멍간의 거리가 지나치게 근접되어 있으면 전단 펀치의 강도 및 상대 정도의 저하와 거스러미의 휨으로 인하여 정확한 위치 결정이 되지 않는다.

⑤ 제품에 막힌 구멍이 없거나, 다른 구멍과 거리가 근접해 있는 경우

⑥, ⑦ 제품의 구멍이 복잡한 형상일 경우에도 파일럿 핀에 의하여 굽힘 및 비틀림이 발생할 수 있으므로 직접 파일럿 핀을 사용하지 못한다.

부품설계기준	파일럿의 설계 기준
CKL4-012-3	

7) 파일럿 핀의 설계

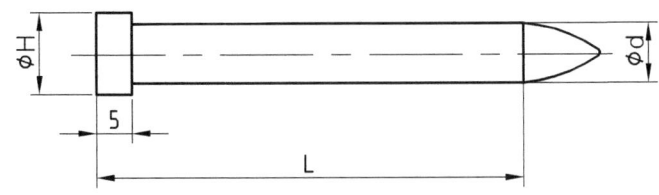 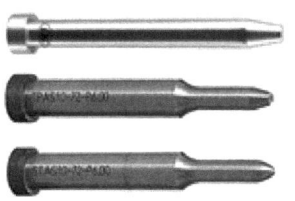

(단위 : mm)

ØH	Ød	L
5	2.00~2.99	42, 52, 62, 72
7	3.00~3.99	42, 52, 62, 72
8	4.00~4.99	42, 52, 62, 72
9	5.00~5.99	42, 52, 62, 72
11	6.00~7.99	42, 52, 62, 72
13	8.00~9.99	42, 52, 62, 72

(1) 일반형

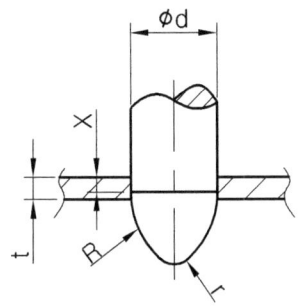

- 파일럿 지름 Ø 20mm까지 적용
- R = P
- r = 1/4 × R
- 최소 안내 길이 X = (1/2~2/3)×t ······공통

(2) 15° 원뿔형

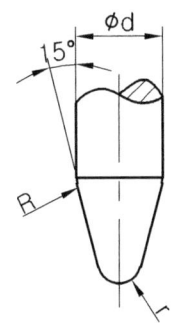

- 제작이 쉽다.
- 작은 파일럿이나 연하고 얇은 판재에 사용
- R = 1/4 × R
- r ≈ R

(3) 30° 원뿔형

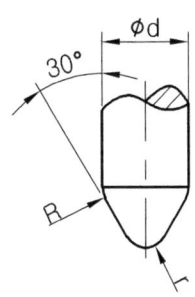

- R = 1/4 × R
- r ≈ R

(4) 45° 원뿔형

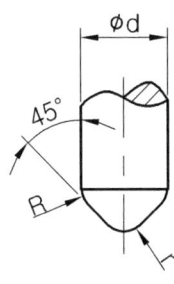

- R = 1/4 × R
- r ≈ R

파일럿의 설계 기준

8) 파일럿 핀의 지름과 가이드 길이의 결정

파일럿 핀은 일반적으로 3~12mm의 범위에서 주로 사용하며, 정확한 위치를 유지할 수 있는 변위량은 0.1mm 정도이다. 즉, 파일럿 핀에 의하여 가공 소재의 위치 변동을 0.1mm 정도 시킬 수 있다.

(1) 직접 파일럿 방식

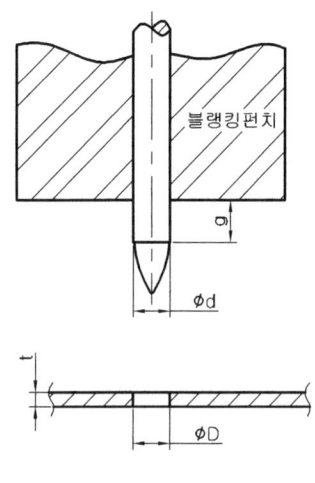

(2) 간접 파일럿 방식

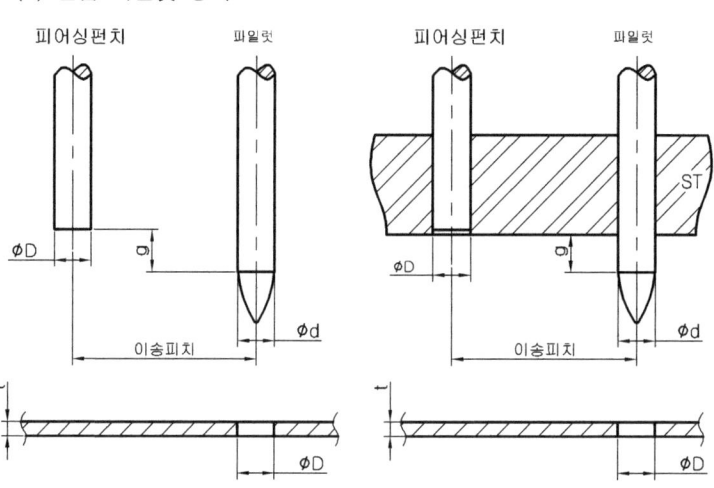

(3) 파일럿 핀의 지름 결정

$$\varnothing d = \varnothing D - (0.03 \sim 0.05 \times t)$$

여기서 $\varnothing d$: 파일럿 핀의 직경(mm)
$\varnothing D$: 피어싱 펀치의 직경(mm)
t : 가공 소재의 두께(mm)

(4) 판 두께에 대한 가이드 길이

(단위 : mm)

판 두께(t)	가이드 길이(g)	허용틈새(D-d)
0.2	3t	0.02
0.3	2.5t	
0.5	2t	0.03
0.8	1.5t	
1.0	1.2t	0.04
1.2	1.0t	
1.5	0.9t	0.05
2.0	0.8t	0.06
3.0	0.7t	0.07
4.0	0.6t	0.08
5.0	0.5t	0.10

예제] t = 0.8mm이고 D = 8mm일 때 파일럿의 지름(d)와 가이드 길이(g)는 얼마인가?

해설] 표에서 t = 0.8mm일 때, 직경(d) = D − 허용틈새 = 8 − 0.03 = 7.97mm
표에서 t = 0.8mm일 때, 가이드 길이(g) = 1.5t = 1.5 × 0.8 = 1.2mm

부품설계기준	**파일럿의 설치 기준**
CKL4-013-1	

(1), (2) : 피어싱 펀치와 마찬가지로 조립한다.

(3), (4) : 펀치 플레이트에 조립하지만 스프링으로 받도록 되어 있다.

이 형식은 피 가공 판재가 두껍고 파일럿으로 위치를 수정하지 못할 때에 파손 방지의 목적으로 사용한다.

(5)~(7) : 스트리퍼에 조립한 형식이고, 스트리퍼에 나오는 량은 항상 일정하게 할 수 있지만 상승시에 재료가 붙어 올라가기 쉬우므로 그에 대한 대책이 필요하다.

(8) : 상승시의 재료가 붙어 올라가는 문제를 해결 가능한 대책으로 Ejector Bushing을 설치한다.

(9)~(14) : 블랭킹 또는 드로잉 가공의 트리밍 펀치에 조립하고 제품의 구멍 또는 드로잉부의 내경을 이용하여 위치 결정을 하고 그대로 펀칭하는 경우에 사용한다.

1) 간접 파일럿 설치 유닛

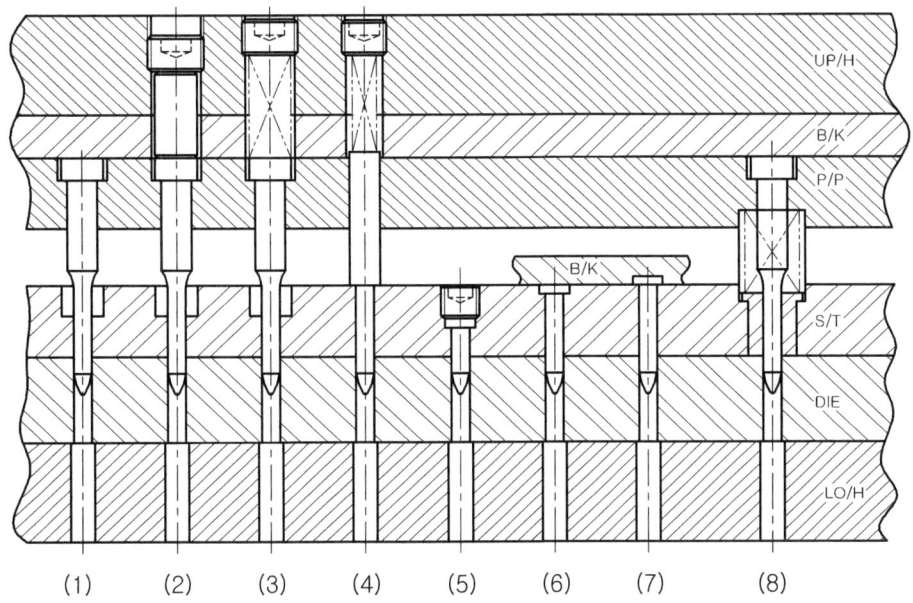

2) 직접 파일럿 설치 유닛

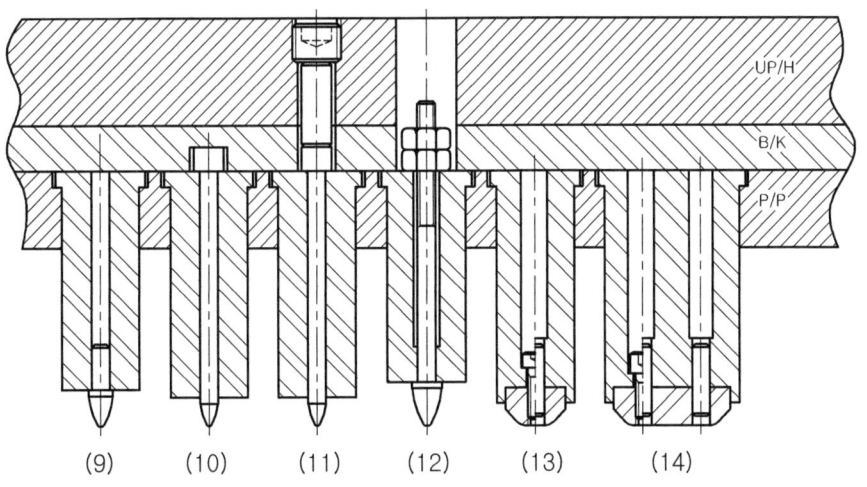

부품설계기준	파일럿의 설치 기준
CKL4-013-2	

1) 간접 파일럿 설치 상세도((1), (2)에 적용)

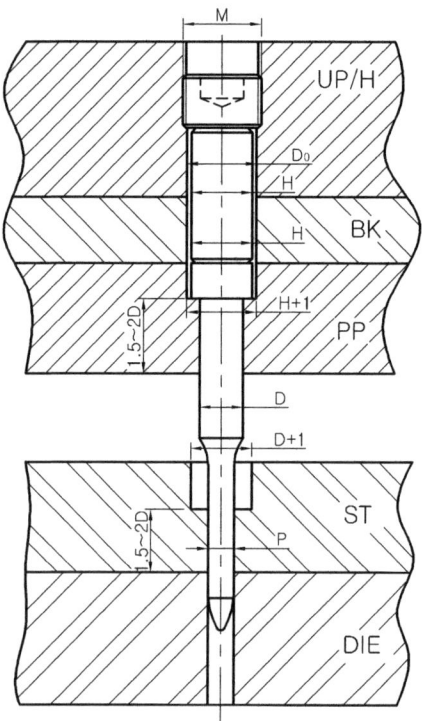

(단위 : mm)

D	H	D₀	M
4	7	8.5	M10 P1.5
5	8	8.5	M10 P1.5
6	9	10.5	M12 P1.5
8	11	12.5	M14 P1.5
10	13	14.5	M16 P1.5
13	16	16.5	M18 P1.5
16	19	20.5	M22 P1.5
20	23	25.5	M27 P1.5
25	28	31.5	M33 P1.5

2) 간접 파일럿 설치 상세도((3)에 적용)

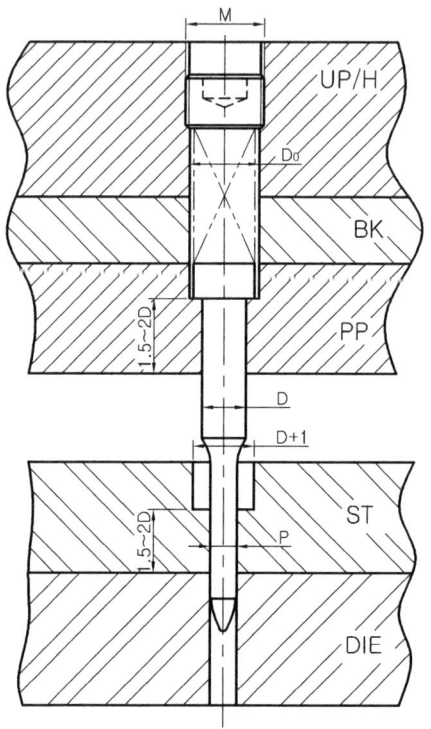

(단위 : mm)

D	스프링 지름	D₀	M
4	8.0	8.5	M10 P1.5
5	8.0	8.5	M10 P1.5
6	10.0	10.5	M12 P1.5
8	12.0	12.5	M14 P1.5
10	14.0	14.5	M16 P1.5
13	16.0	16.5	M18 P1.5
16	20.0	20.5	M22 P1.5
20	25.0	25.5	M27 P1.5
25	30.0	31.5	M33 P1.5

부품설계기준	파일럿의 설치 기준
CKL4-013-3	

3) 간접 파일럿 설치 상세도((4)에 적용)

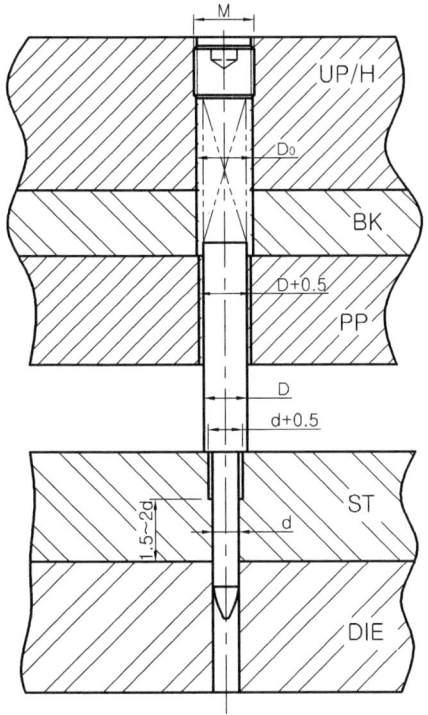

(단위 : mm)

D	D₀	M	스프링 지름
3	4.3	M5 P0.8	4.0
4	5.1	M6 P1.0	5.0
5	6.8	M8 P1.25	6.0
6	6.8	M8 P1.25	6.0
8	8.5	M10 P1.5	8.0
10	10.5	M12 P1.5	10.0
13	14.5	M16 P1.5	14.0
16	16.5	M18 P1.5	16.0

4) 간접 파일럿 설치 상세도((5)~(7)에 적용)

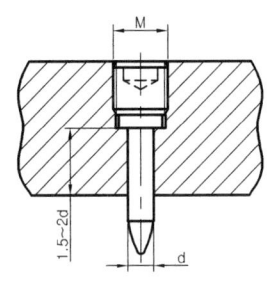 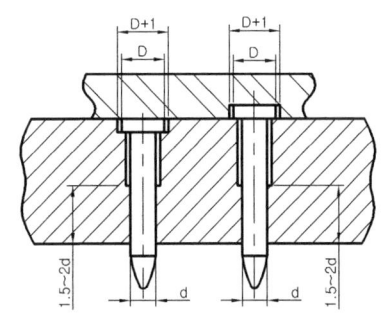

(단위 : mm)

d	D	M
2.00~2.99	5	M8 P1.25
3.00~3.99	7	M10 P1.5
4.00~4.99	8	M10 P1.5
5.00~5.99	9	M12 P1.5
6.00~7.99	11	M14 P1.5
8.00~9.99	13	M16 P1.5
10.00~13.00	16	M18 P1.5

부품설계기준	
CKL4-013-4	**파일럿의 설치 기준**

5) 간접 파일럿 설치 상세도((8)에 적용)

(1) 설치 예

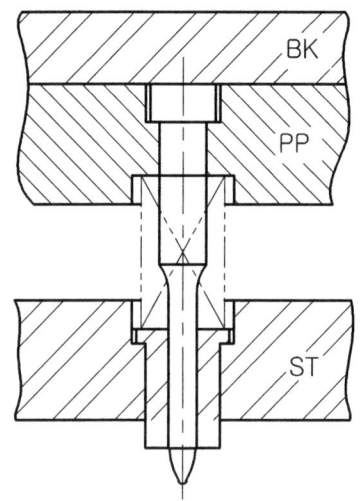

(2) ØD=4, 5

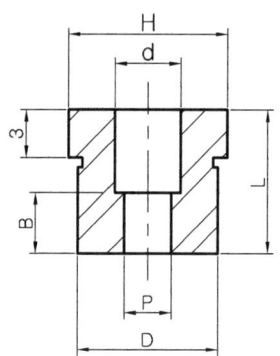

(3) ØD=6, 8, 10

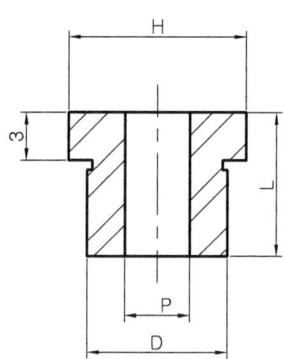

- 순차이송 금형에서 얇은 재료 가공시 파일럿 펀치에 재료가 물리는 것을 방지함.
- 사용 부위 : 가공 재료의 두께가 얇을 때
  벤딩과 같은 변형 예상 부위
  소재 안내판이 없는 부위

(단위 : mm)

P	D	L	B	d	H
1.00~2.00	4	10	2	2.4	5
1.00~3.00	5		4	3.2	6
2.50~4.00	6		10	-	9
3.00~6.00	8				11
5.00~8.00	10				13

6) 직접 파일럿 설치 상세도((9)~(14)에 적용)

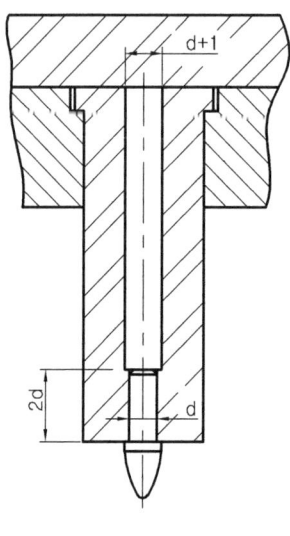

① (9), (12)에 적용

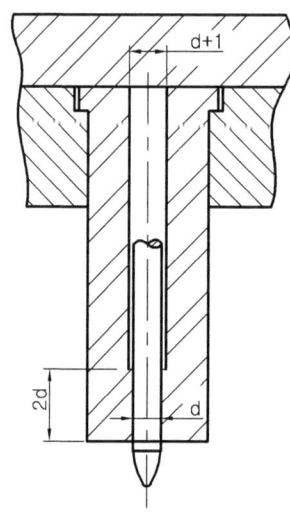

② (10), (11)에 적용

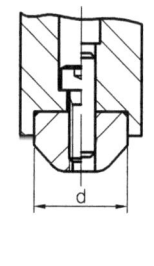
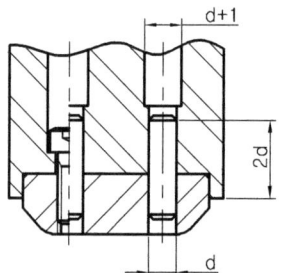

③ (13), (14)에 적용

부품설계기준	**MIS FEED SENSOR UNIT**
CKL4-014-1	

금형 안에 미스피드 검출 장치를 넣을 경우 미스를 검출한 후 1회 펀칭하는 경우가 많으므로 완전한 미스피드 검출법이라 할 수 없다. 그러나 자동화를 고려할 경우에는 반드시 설치하여 미스 피드한 다음, 다수의 미스 펀칭을 방지하고 다이의 파손을 방지할 수 있다.

1) 미스피드 센서 유닛 사용 예

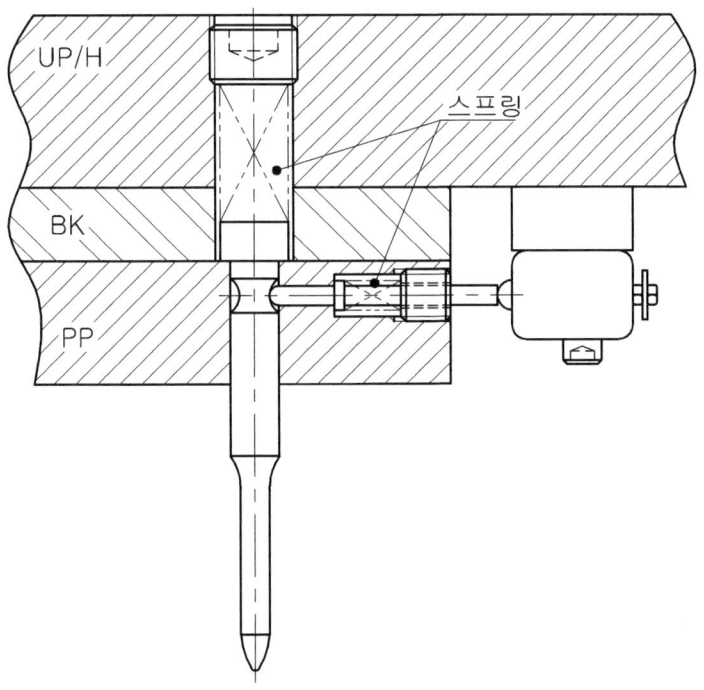

2) 미스 피드 핀

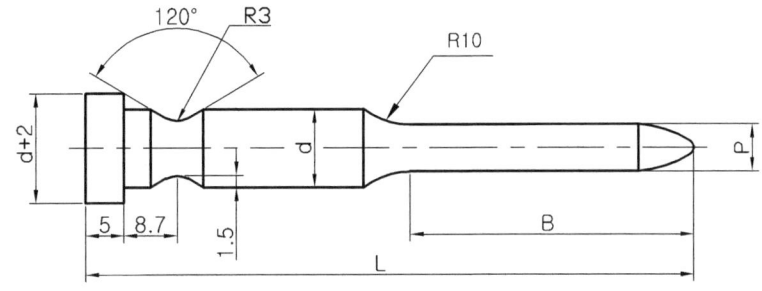

(단위 : mm)

d	L	P	B
5	50, 60, 70, 80, 90, 100	2.00~4.97	10, 15, 27
6	50, 60, 70, 80, 90, 100	2.00~5.97	
8	50, 60, 70, 80, 90, 100	3.00~7.97	15, 21, 32
10	50, 60, 70, 80, 90, 100, 110	2.00~9.97	

MIS FEED SENSOR UNIT

부품설계기준 CKL4-014-2

3) 릴레이션 핀 및 플러그

  (1) 릴레이션 핀 및 릴레이

    재질 : STC3   경도 : HRC59

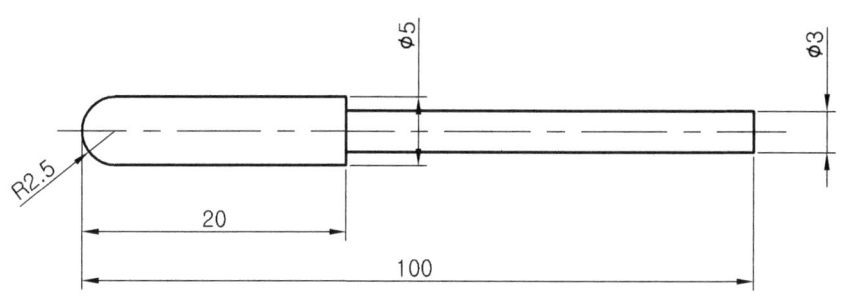

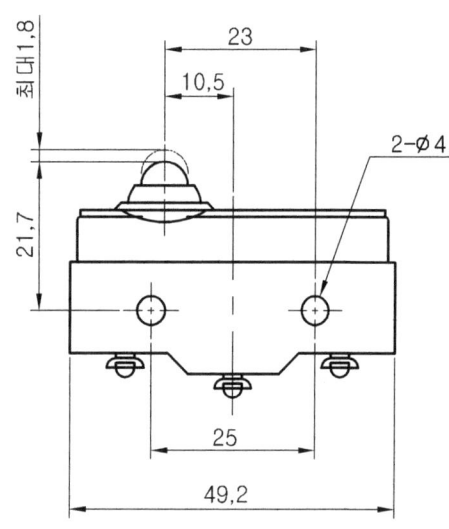
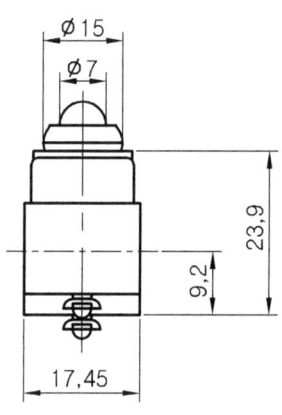

  (2) 플러그

    재질 : SM45C   경도 : HRC34 ~ 43

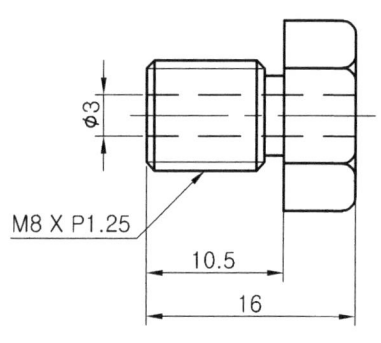
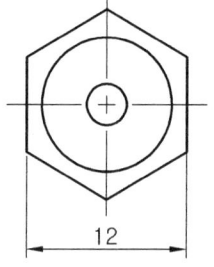

부품설계기준
CKL4-014-3

MIS FEED SENSOR UNIT

4) 미스피드 검출 유닛(접촉식)

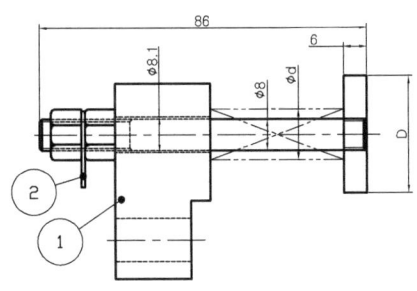
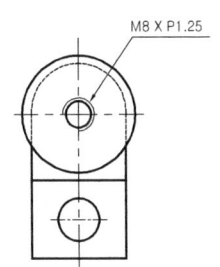

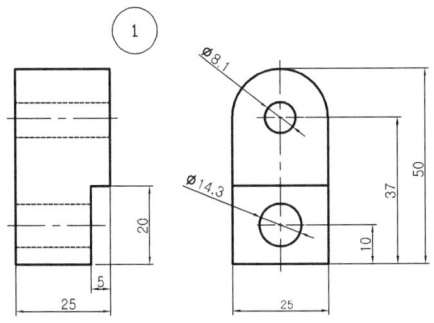
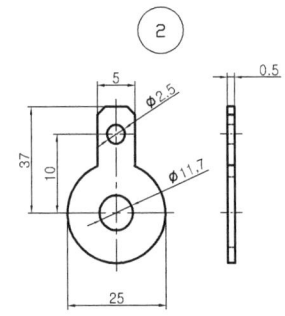

(단위 : mm)

| D | 스프링(d) ||
	d - L	선경
16		1.0
20	13 - 40	1.1
30		1.4

5) 미스피드 검출 유닛(접촉식) 사용 예

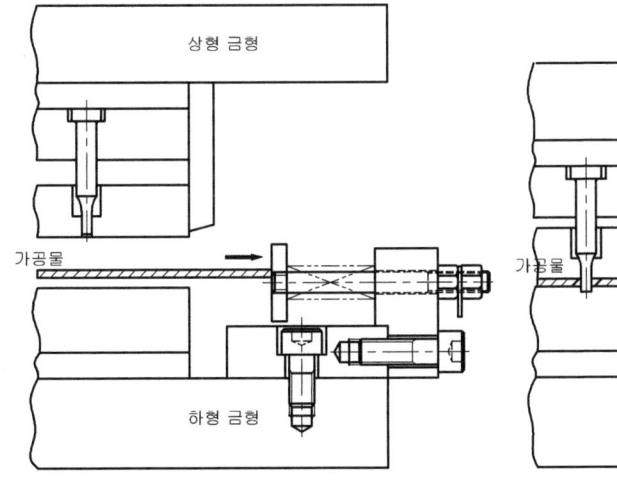
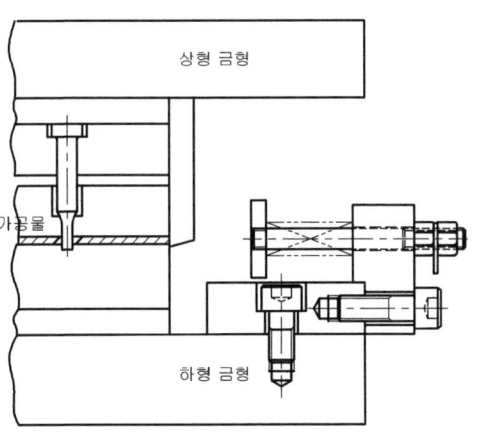

• 가공물에 전기가 흐르고 있고 센서에 닿으면 ON 상태가 된다.
• 가공물이 전단되면 OFF 상태가 된다.

부품설계기준	
CKL4-015	**스크랩 컷(Scrap cut) 설치 설계**

　연속하여 금형 밖으로 나오는 스크랩은 그대로 말아서 제거하는 방법과 1피치 단위로 작게 컷하는 방법이 있다. 컷하는 방법에는 전용의 스크랩 커터(Scrap cuter)를 프레스 기계 밖에 별도로 설치하는 방법과 금형 내에 조립하는 방법이 있다. 그림은 금형에 조립하는 스크랩 컷 유닛이다.

　(1)과 (2)는 하형에 고정 날을 설치하고, 상형에 가동 날을 설치한 가장 일반적인 예이고 스크랩은 금형의 뒤쪽으로 배출된다. 스크랩과 제품의 배출이 혼합되어 배출되지 않도록 설치에 유의한다. 또한 스크랩 컷은 전단가공이며 전단시 날에 횡 방향의 힘이 작용하여 클리어런스가 커지게 되기 쉬우므로 그 대책이 중요하다.

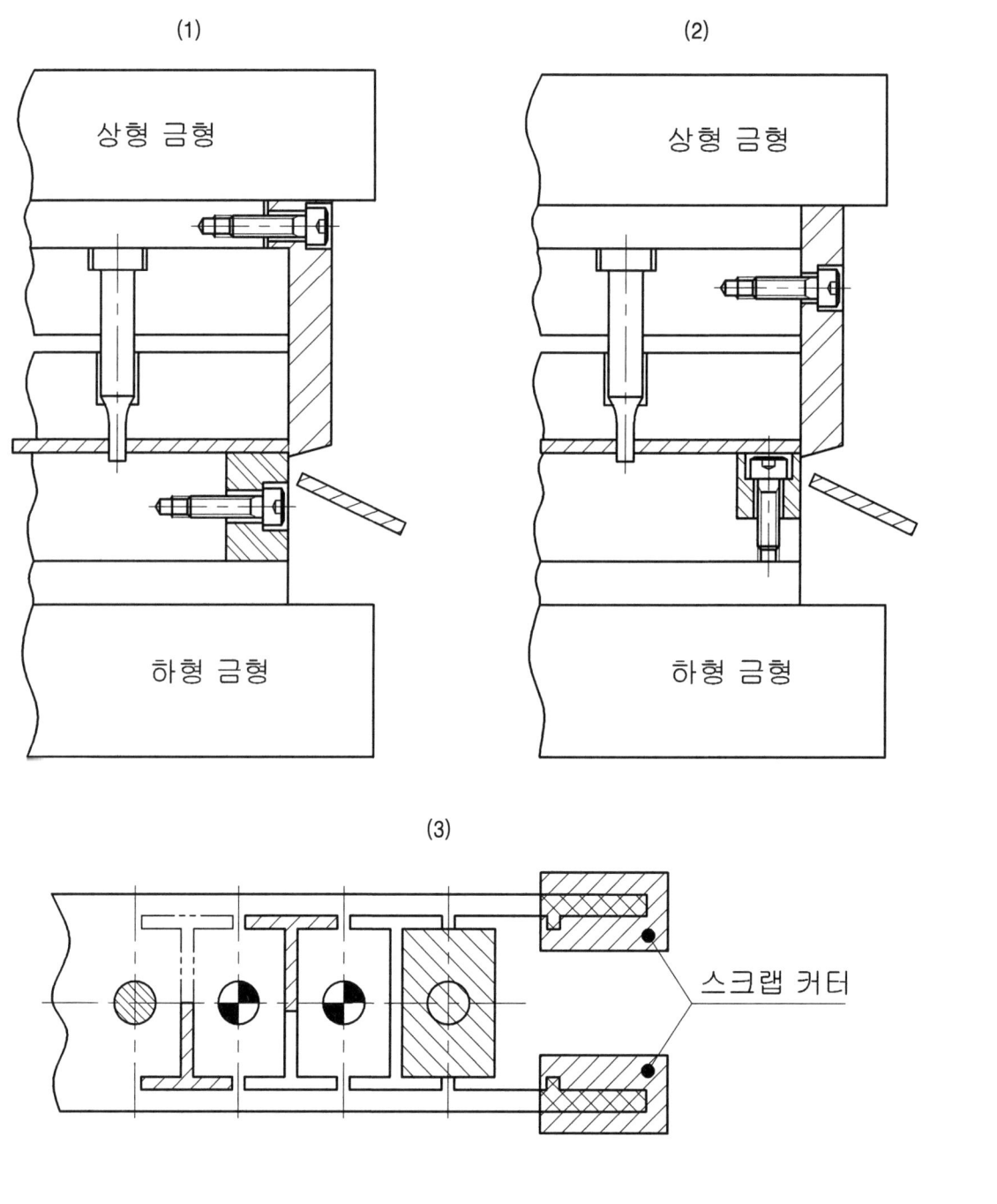

사이드 커터(Side cutter) 펀치의 설계

부품설계기준 CKL4-016-1

사이드 커터(Side cutter)는 가장 정확한 소재의 이송 제한 장치인 동시에 가장 정확한 소재의 안내 장치로써, 노치 스톱 장치(notch stopper)라고도 한다. 주로 4~12(mm) 정도의 두께를 가진 펀치로 가공 소재의 가장자리에 1.5~4(mm) 정도 깊이로 노칭 가공을 하는 것이며, 가공 소재의 이송은 사이드 커터가 노칭 가공한 거리만큼 정확히 이송된다. 즉, 노칭 가공된 모서리를 안내판에 조립된 스토퍼(Stopper)까지 정확하게 이송된다.

1) 사이드 커터의 적용

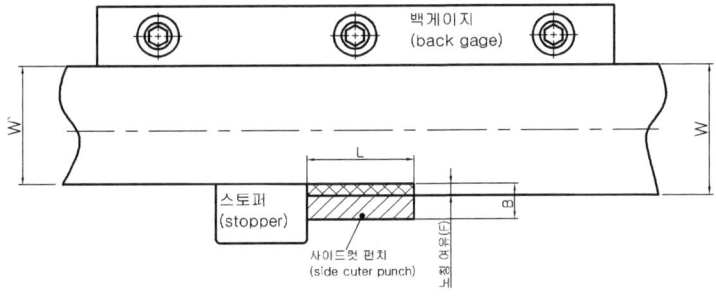

2) 사이드 커터의 표준 치수

   (1) 평 펀치

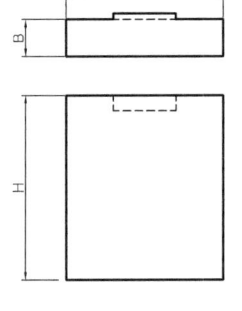 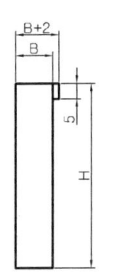

(단위 : mm)

사이드 컷 길이 (이송 피치) L	폭(B)	펀치 높이(H)
~ 10	6	50 ~ 70
10 ~ 20	8	60 ~ 80
20 ~ 50	10	60 ~ 80
50 이상	12	60 ~ 80

   (2) 힐(heel) 펀치

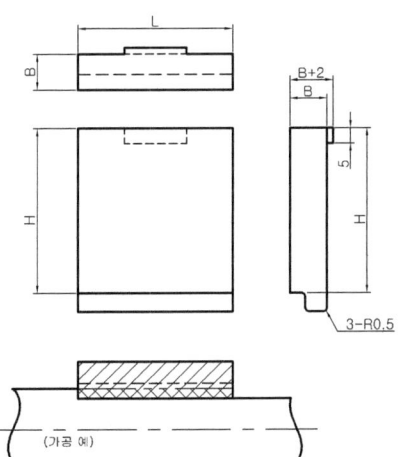 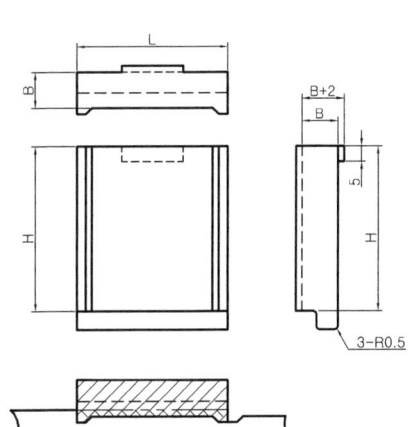

| 부품설계기준 | 사이드 커터(Side cutter) 펀치의 설계 |
| CKL4-016-2 | |

1) 트리밍 여유 (F)

① 판 두께(t) ⇒ 이송피치(L) ⇒ 노칭 여유(F)의 순서를 구한다.

② 소재 폭(W)와 이송피치(L) 치수의 차가 대단히 큰 경우에는 1.5t 이상으로 하여 전단 가공에 의해 뒤틀림이 발생되지 않도록 한다.

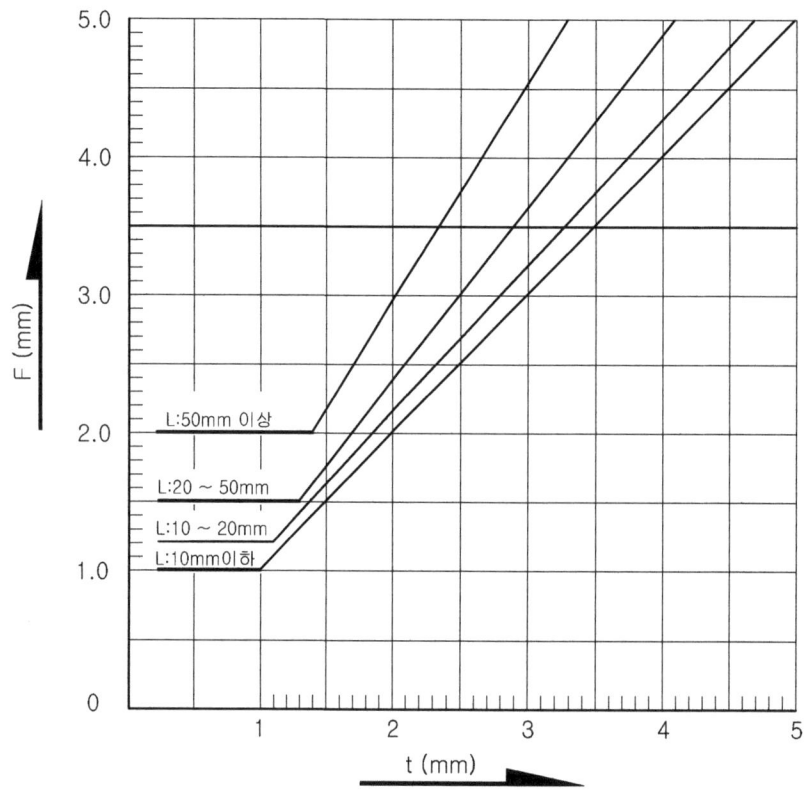

2) 사이드 커터의 배치

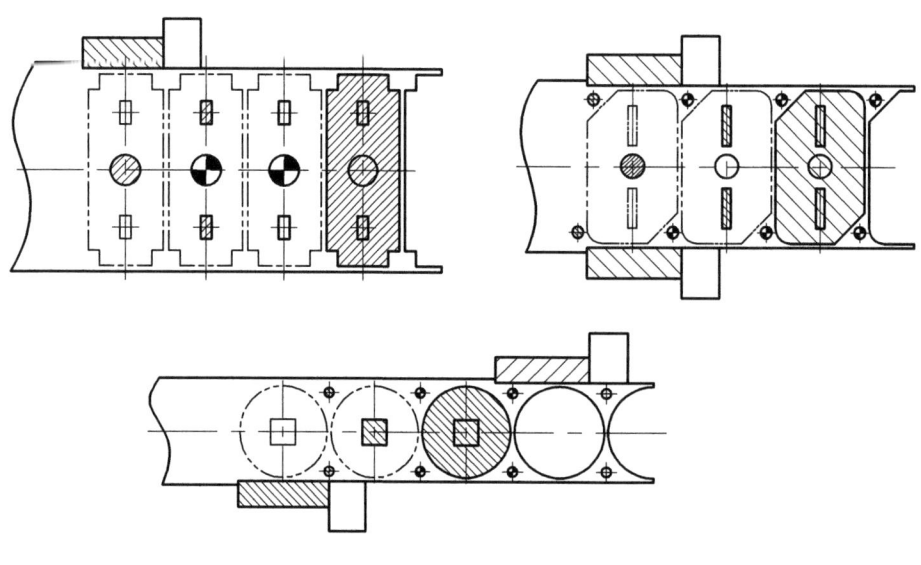

사이드 커터(Side cutter) 펀치의 설계

3) 백업 힐(back up heel)과 힐 펀치(heel punch)의 설계

(1) 평 펀치 (2) 힐 펀치

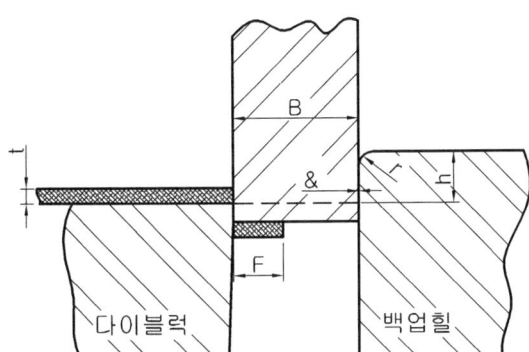
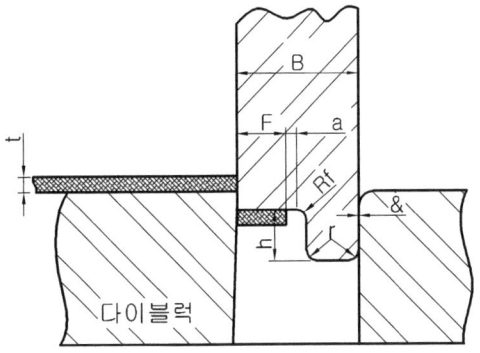

(3) 날 끝 부분의 기준 치수
① 리드 반지름(안내 반지름) r : 펀치의 크기에 정 비례하여 ········ r = 0.5 ~ 1.0 mm
② 틈새(&) : 억지 끼움 정도의 접촉으로 한다.
③ 필렛 반지름(Rf) : 가벼운 작업 ········ Rf = 0.5 ~ 0.8 mm
　　　　　　　　　　무거운 작업 ········ Rf = 0.8 ~ 1.5 mm
④ 치수(a) : 소재 폭 W 치수 불균형의 최대 공차 Rf를 가한 값으로 한다.

(4) 힐 높이의 최소 값(h)

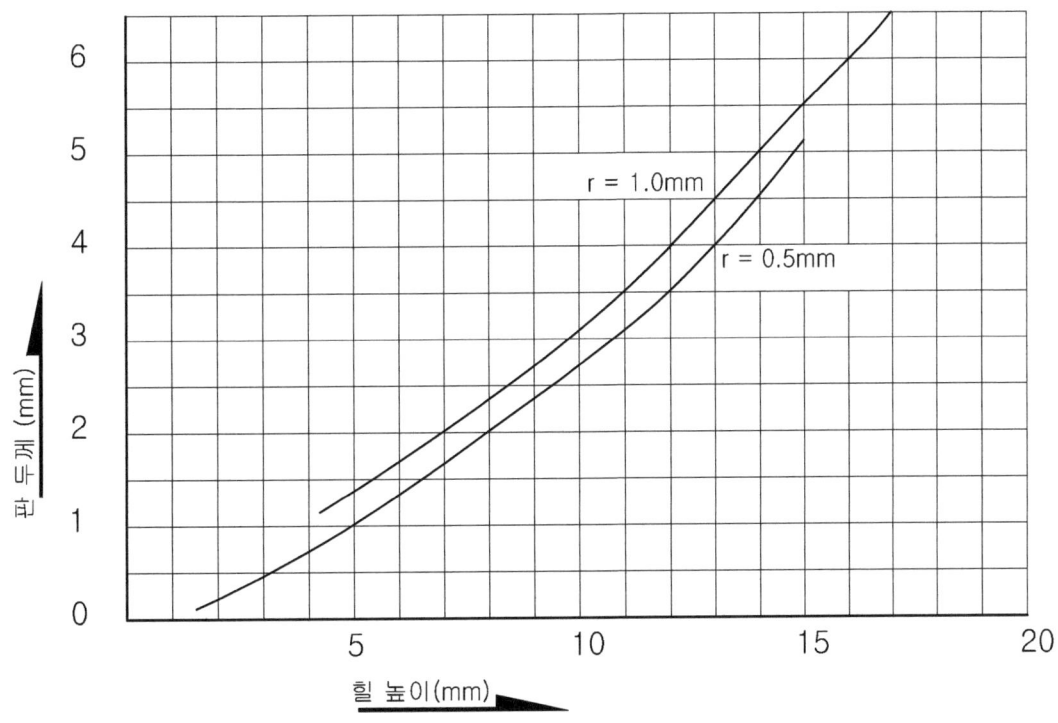

부품설계기준	
CKL4-016-4	

사이드 커터(Side cutter) 펀치의 설계

4) 사이드 커터의 이음부에 발생되는 지느러미(Flash)의 대책

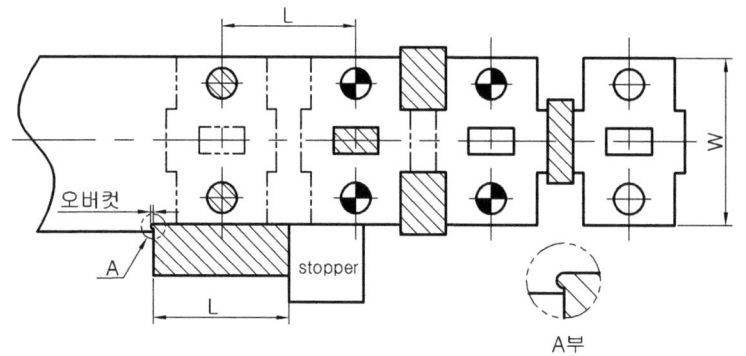

(1) 오버 컷 방법
최종 스테이션에서 전단, 분단으로 완성되며 소재 폭 W를 그대로 제품 치수로 하는 경우 선택

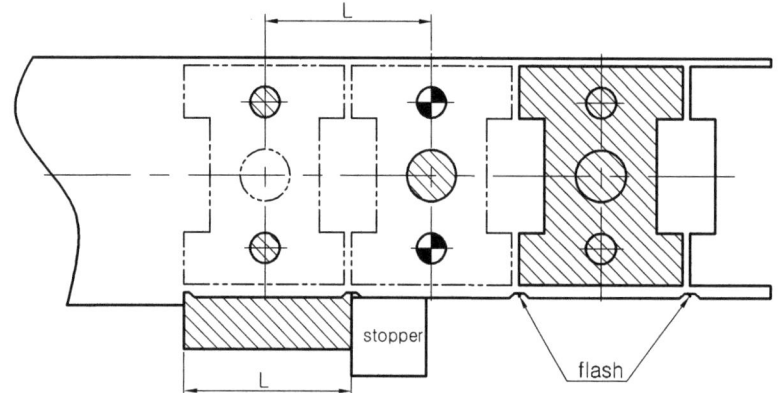

(2) 업셋 컷 방법
최종 스테이션에서 블랭킹할 경우 사용하며, 플래시가 러닝 스토퍼에 걸리지 않도록 한다.

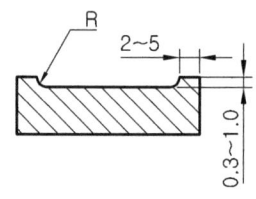

5) 오버 컷 치수의 결정

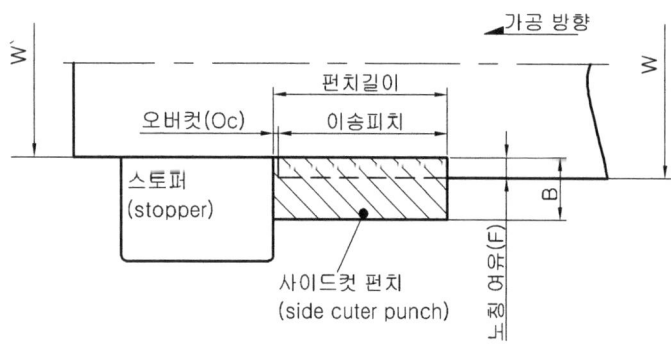

오버 컷(over cut) Oc의 치수
(단위 : mm)

판 두께(t)		0.2	0.4	0.8	1.5	3.0
파일럿 직경	3	0.05	0.08	0.13	-	-
	5	0.08	0.13	0.2	0.25	-
	6.5	0.1	0.2	0.25	0.35	-
	8	0.12	0.2	0.25	0.4	-
	10	0.13	0.2	0.3	0.5	0.75
	13	0.15	0.25	0.38	0.75	0.8
	19	0.15	0.25	0.4	0.8	1.0

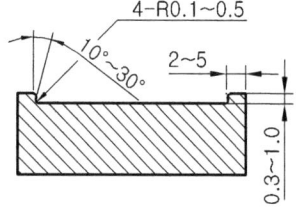 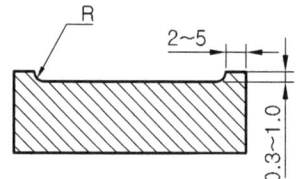

사이드 커터 후 스크랩의 상승을 방지하는 효과가 있다.

부품설계기준	스트로크 엔드 블록
CKL4-017	

스트로크 엔드 블록은 제품 타발 시에는 스트로크를 유지시키고 금형의 보관시 미드 블록으로 한계를 설정하여 장시간 보관에 의한 각종 밀핀 및 스프링의 장력이 저하하는 것을 방지한다.

1) 사용 예

(1) 스트로크 조정 시

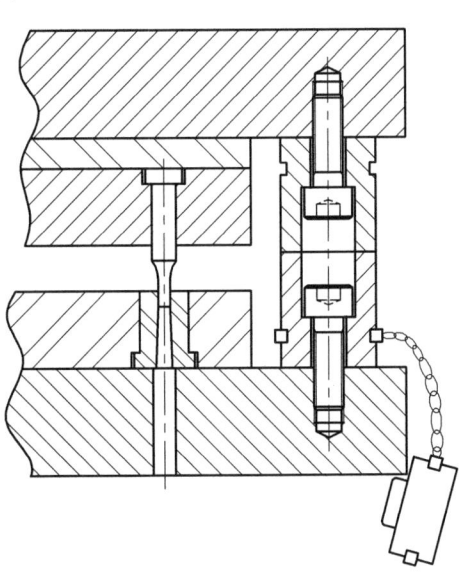

(2) 금형 보관 시

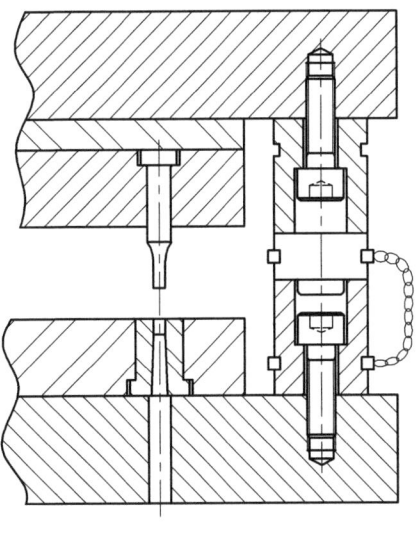

2) 스트로크 엔드 블록의 치수 결정

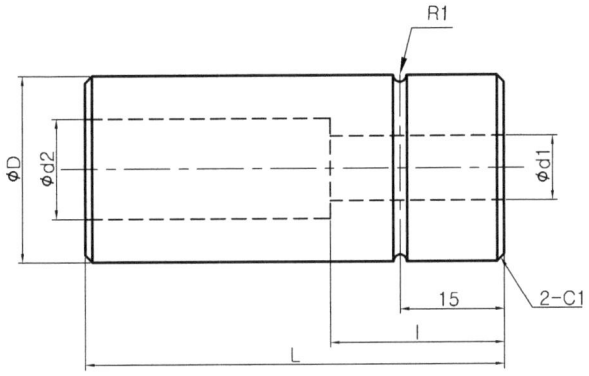

(단위 : mm)

ØD	Ød1	Ød2	l	L
16	5.5	9		
18	5.5	9		
20	7	11		
25	9	14		동시 연마
32	9	14		
38	11	17		
50	13	20		
60	13	20		

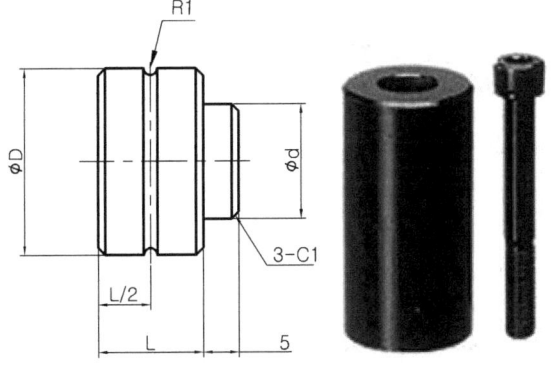

(단위 : mm)

ØD	Ød	L
16	8.5	
18	8.5	
20	10	
25	13	동시 연마
32	13	
38	16	
50	18	
60	18	

부품설계기준	
CKL4-018-1	

다이 부시의 설계

피어싱은 다이의 파손을 방지하고 수정, 수리시 빠른 대처를 위해 피어싱 부시를 사용한다.

재질 : STD 11,   경도 : HRC60 ~ HRC63 정도

1) 다이 부시 설치 유닛

① 원통형 : 제작이 용이하며, 수리시 다이 면으로 뽑기가 가능하다.

② 머리붙이형 : 작업 중 부시의 상 방향 이탈을 방지하며, 머리부가 있어 전단 압력이 큰 경우에 적합하다.

③ 원통 회전 방지형 : 이형 구멍을 가공할 경우 회전을 방지하기 위한 키 핀이 있다.

④ 머리붙이 회전 방지형 : 머리부에 회전을 방지하기 위한 면이 있으며, 이형 구멍 가공에 사용한다.

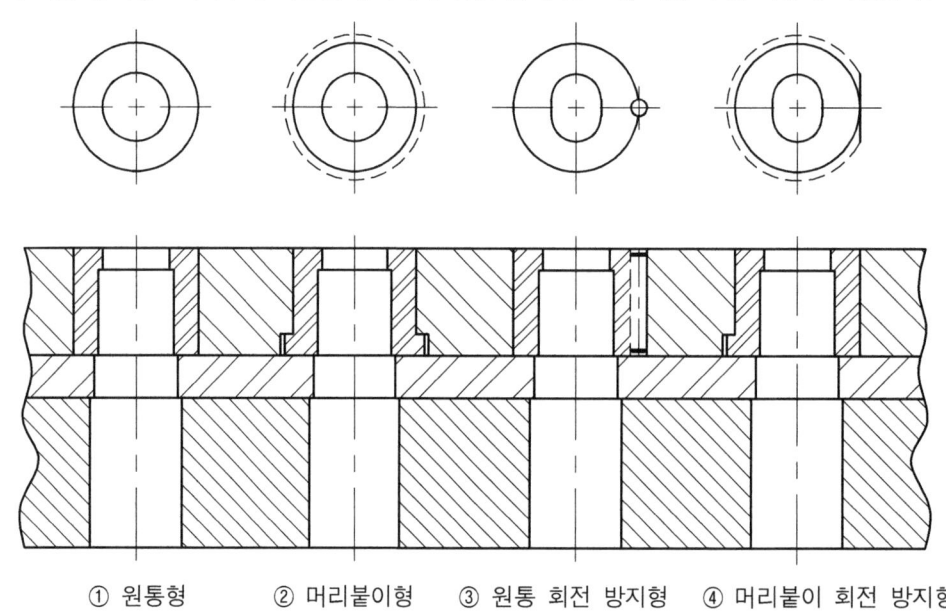

① 원통형   ② 머리붙이형   ③ 원통 회전 방지형   ④ 머리붙이 회전 방지형

2) 다이 부시 설계 기준

(단위 : mm)

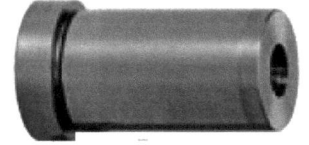

D	L	Ød	B	P
6	(16) 20	1.00 ~ 3.00	3	3.4
8		1.00 ~ 4.00	4	4.4
10		2.00 ~ 6.00	6	6.4
13	22	3.00 ~ 8.00		8.4
16	25	5.00 ~ 10.00		10.6
20	28	7.00 ~ 12.00		12.6
25	30	10.00 ~ 16.00		16.6
32	32	15.00 ~ 20.00	8	20.6
38	35	19.00 ~ 26.00		26.6
45	40	25.00 ~ 35.00		36.0
50		33.00 ~ 40.00		41.0
56		38.00 ~ 45.00		46.0

다이 부시의 설계

3) 원형 다이 부시 설치 상세도(①, ②)

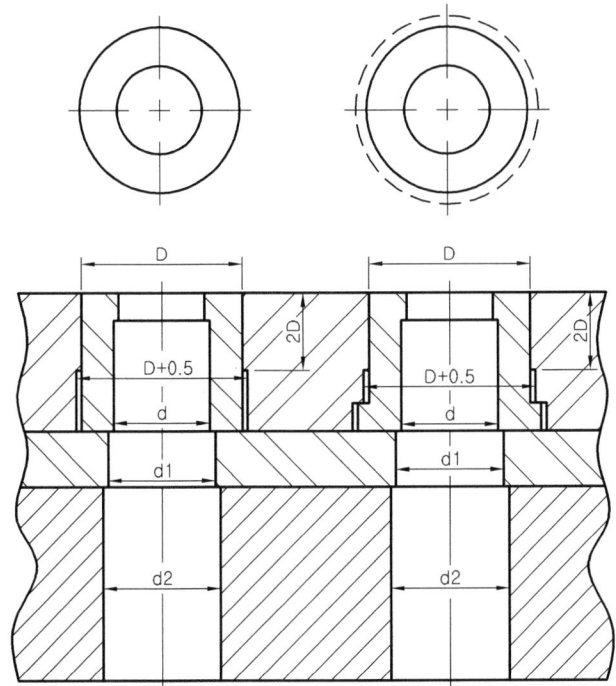

① 원통형　　② 머리붙이형

(단위 : mm)

ØD	Ød	Ød1	Ød2
6	3.4	4.5	5.5
8	4.4	5.5	6.5
10	6.4	7.5	8.5
13	8.4	9.5	10.5
16	10.6	11.5	12.5
20	12.6	13.5	15
22	14.6	16	18
25	16.6	18	20
32	20.6	23	25
38	26.6	30	32
45	36	38	40
50	41	43	45
56	46	48	50

4) 이형 다이 부시 설치 상세도(③, ④)

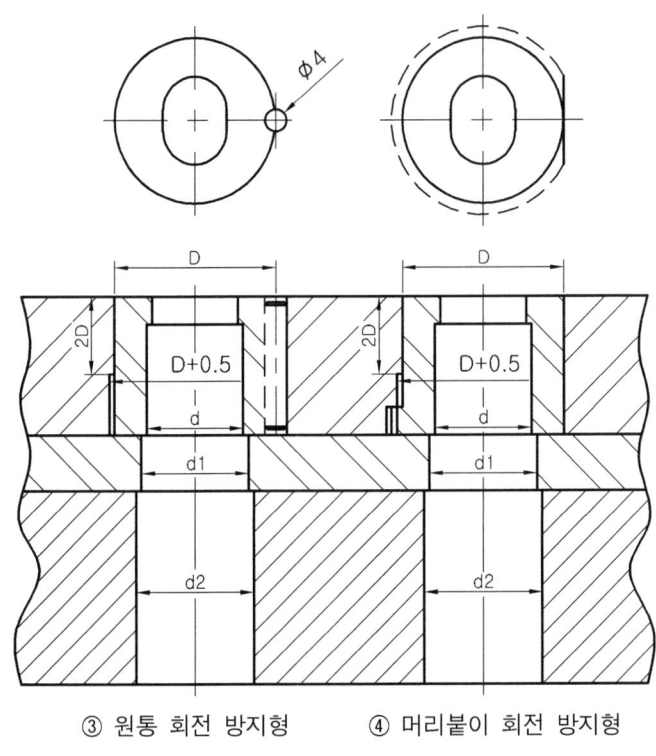

③ 원통 회전 방지형　　④ 머리붙이 회전 방지형

(단위 : mm)

ØD	Ød	Ød1	Ød2
10	6.4	7.5	8.5
13	8.4	9.5	10.5
16	10.6	11.5	12.5
20	12.6	13.5	165
22	14.6	16	18
25	16.6	18	20
32	20.6	23	25
38	26.6	30	32
45	36	38	40
50	41	43	45
56	46	48	50

부품설계기준	
CKL4-019-1	

재료 가이드 유닛

재료의 가이드에는 판 가이드와 가이드 핀 두 종류가 있다. 판 가이드는 형 제작 공수가 크므로, 핀 가이드로 할 수 없는 양단을 전단 제거하는 것과 같은(센터 캐리어) 레이아웃의 경우에만 사용을 한다.

1) 폭 방향 가이드의 종류

(1) 고정 핀 가이드 방식

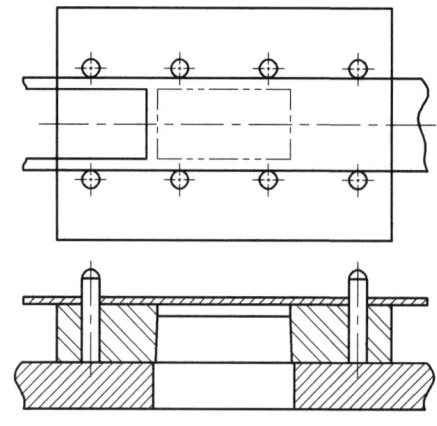

(2) 가동 핀 가이드 방식

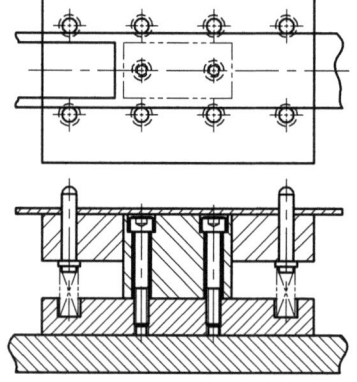

(3) 터널형 판 가이드 방식

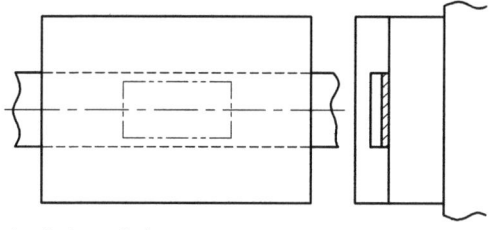

(5) 리프터 핀 가이드 방식

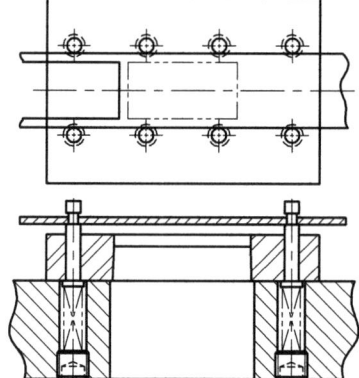

(4) 판 가이드 방식

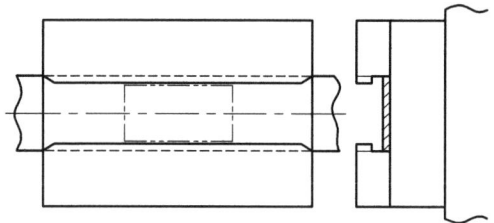

2) 폭 방향 가이드의 설치

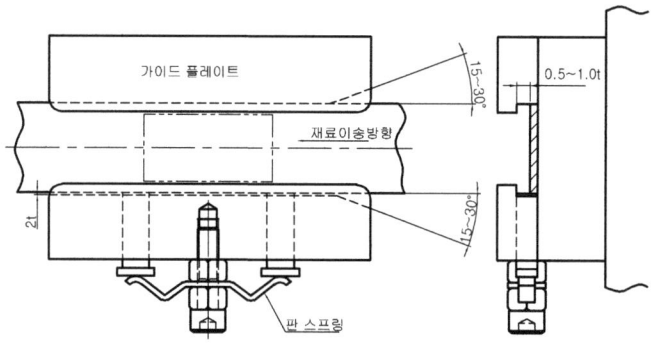

재료 가이드 유닛

3) 판 가이드의 설계

(1) 판 가이드의 설치 예

① 다이세트 고정형

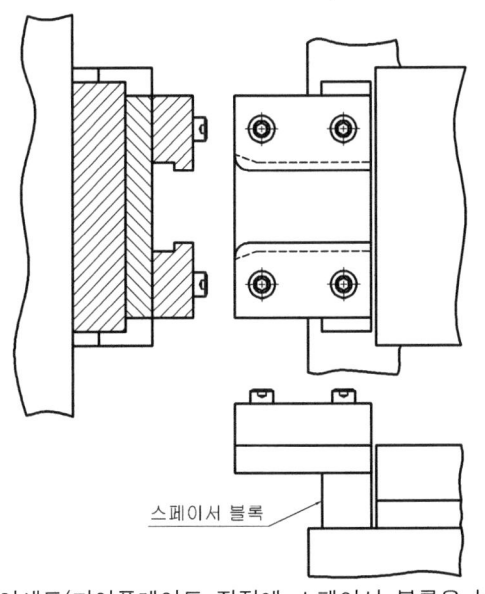

스페이서 블록

- 다이세트(다이플레이트 직전에 스페이서 블록을 놓는다)에 볼트로 고정
- 금형의 내부 레이아웃에 간섭을 받지 않는다.

② 다이 플레이트 고정형

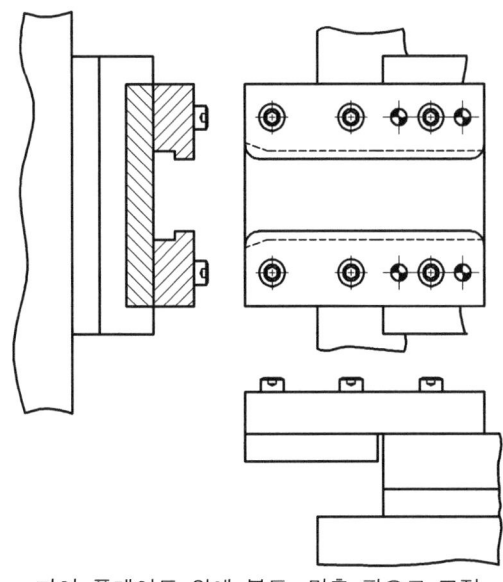

- 다이 플레이트 위에 볼트, 맞춤 핀으로 고정
- 금형 내부 레이아웃에 가공부가 필요하다.
- 장착시에 재현성이 뛰어남.

(2) 판 가이드의 치수 설정

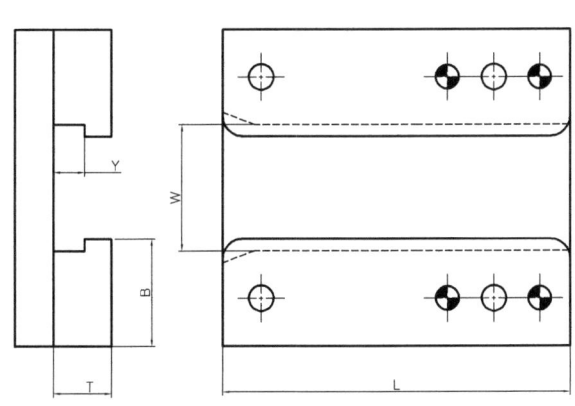

① W 치수(재료 가이드 폭)의 결정
　재료 폭 + 재료 폭 공차 + a(장착 정확도의 공차)
② Y 치수(홈 높이)의 결정
　재료 리프트 업 양 + 판 두께 +a
③ T 치수(재료 가이드 플레이트 높이)의 결정
　②의 홈 높이로부터 결정한다. 단 T = Y + 5
④ L 치수(재료 가이드 플레이트의 길이)의 결정
　피더와 다이 플레이트와의 거리, 재료의 폭, 판 두께 등을 고려하여 결정 한다.
- 다이세트 고정형은 전장, 다이 플레이트 고정형은 다이 플레이트로부터 돌출량을 기준으로 전장(L)을 구한다.
⑤ B 치수(재료 가이드 플레이트의 폭)의 결정
　다이 플레이트나 금형 전체의 밸런스, 서브 가이드 핀으로 부터의 간섭 등을 고려하고, 볼트, 맞춤핀이 장착되는 위치를 확인하여 결정한다.

부품설계기준	재료 가이드 유닛
CKL4-019-3	

(3) 다이 세트 고정형

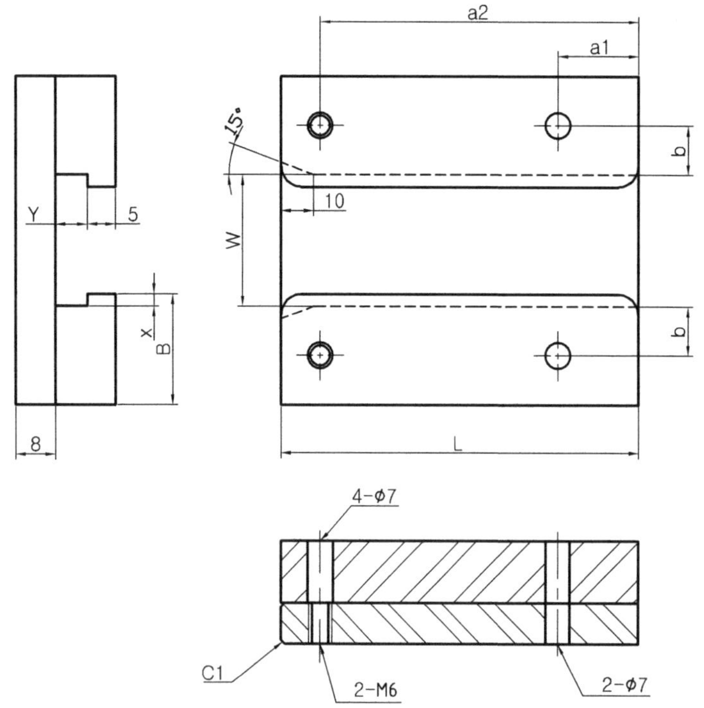

(단위 : mm)

L	a1	a2
60		45
80	10	65
100		75

(단위 : mm)

L	B	Y	W	b	x
60	13	1 ~ 30	10 ~ 160	5	3
80	16			7	3
100	20			8	5

(4) 다이 플레이트 고정형

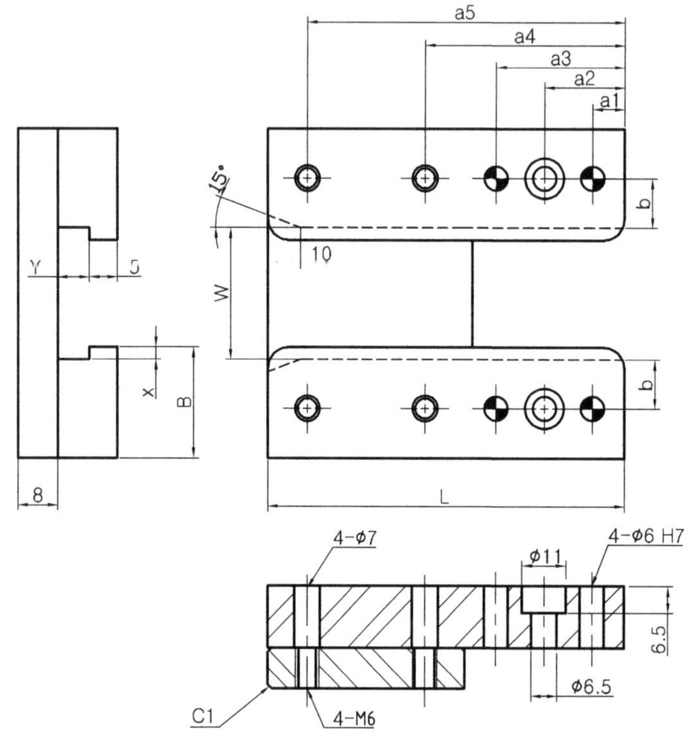

(단위 : mm)

L	a1	a2	a3	a4	a5
100					85
120	8	20	32	50	105
140					115

(단위 : mm)

L	B	Y	W	b	x
100	13	1 ~ 30	10 ~ 160	5	3
120	16			7	3
140	20			8	5

재료 가이드 유닛

부품설계기준 CKL4-019-4

4) 가이드 리프터의 설계

Guide Lifter는 소재를 들어 올려주는 기능과 폭 방향의 재료의 위치를 결정하고 안내하는 기능을 한다.

Side cutter가 없는 구역에 설치하며, 재료를 들어올려주는 높이는 일반적으로 5mm 정도로 하며, 판 가이드와 병용하여 사용하기도 한다.

(1) 가이드 리프터의 종류 및 설치

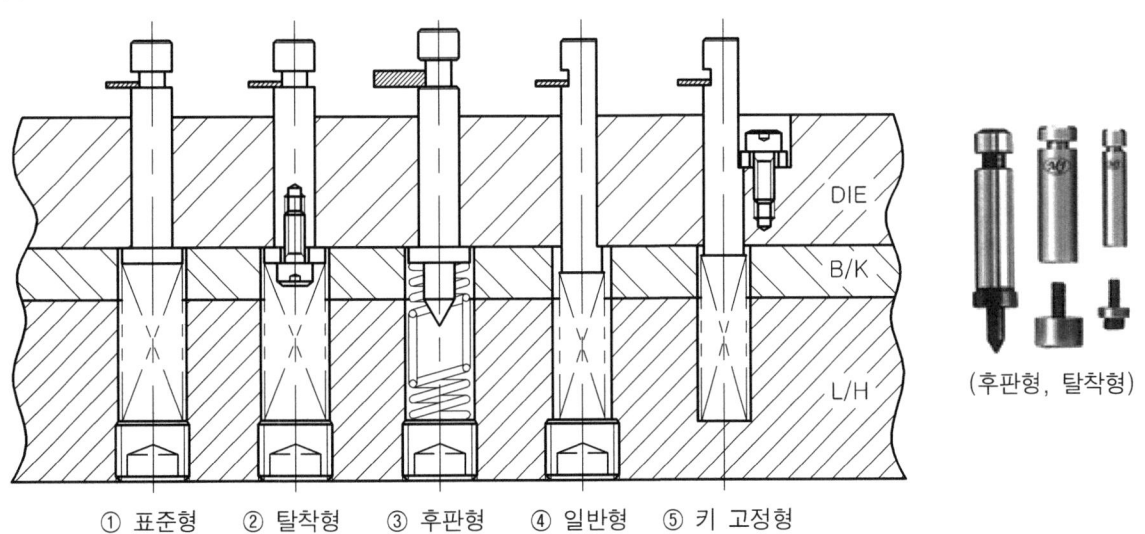

① 표준형　② 탈착형　③ 후판형　④ 일반형　⑤ 키 고정형

(후판형, 탈착형)

(2) 표준형 가이드 리프터

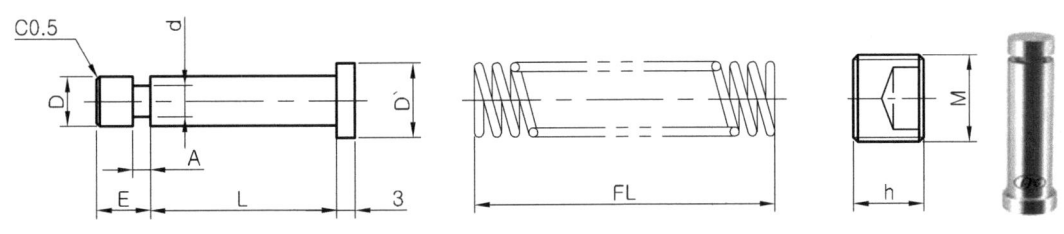

(단위 : mm)

호칭치수 (D)	d	D`	E	A	L	FL	M	h
4	2.0	6	5	0.5~1.0	20, 22, 25, 28, 30, 33, 36, 40		M8×P1.25	8
6	3.6	8		0.5~1.6	20, 22, 25, 28, 30, 33, 36, 40		10×1.5	
8	5.0	10	7	1.0~2.0	22, 25, 28, 30, 33, 36, 40, 45, 50	30	12×1.5	10
10	6.0	13		1.6~2.5	25, 28, 30, 33, 36, 40, 45, 50, 55	~	16×1.5	
13	7.0	16		2.0~3.6	25, 30, 33, 36, 40, 45, 50, 55	100	20×1.5	
16	8.0	19	12	2.0~4.0	30, 33, 36, 40, 45, 50, 55, 60, 65		22×1.5	12
20	10	23		3.6~5.0	30, 33, 36, 40, 45, 50, 55, 60, 65		27×1.5	

※ 수동 이송 가공의 경우에는 원활한 소재의 이송을 위해 "A"의 치수는 소재 두께의 1.5~3t 정도로 한다.

부품설계기준	**Lifter Pin 및 Stripper Ejecter Pin(밀핀, 털핀)**
CKL4-020-1	

주로 프로그레시브 금형 등에서 재료를 다이 상면에서 들어 올려 이송을 용이하게 하고, 스트립의 전체적인 수평 상태를 유지하며, 끝 피치에서는 제품의 슬라이딩 낙하를 원활하게 하기 위해 리프터를 설치한다.

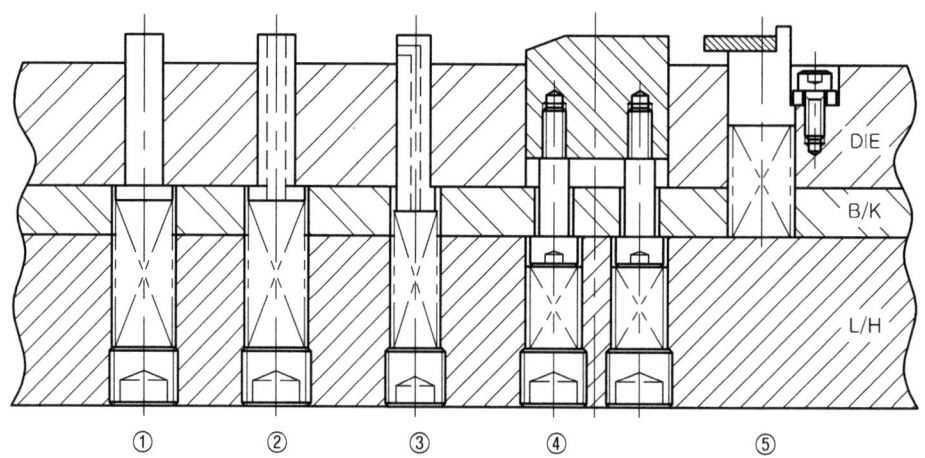

① 가장 일반적인 리프터 유닛이며, 트랜스퍼 가공, 로봇 이송 등의 금형에도 사용한다.
② 파일럿 초벌 구멍이 있는 리프터 유닛으로서 파일럿부에서 재료를 받아 변형을 방지하고 파일럿을 확실하게 하기 위한 것이다.
③ 가동식의 에어 노즐을 겸한 형태로 전단 완성된 제품 등을 금형 밖으로 불어낸다.
④ 각형 리프터로 가이드 리프터를 할 수 없는(센터 캐리어) 경우에 전체적인 레이아웃의 밸런스를 맞추어 줄 뿐만 아니라 마지막 공정의 파팅 전단 가공에 의해 얻어진 제품을 금형 밖으로 슬라이딩시킨다.
⑤ 가이드 리프터의 응용으로서 센터 캐리어와 같이 굽힘할 구역을 전단 가공한 경우에 재료의 리프팅이나 가이드를 겸할 수 있다.

1) Lifter Pin(일반형)

(1) Ød : 8~20용

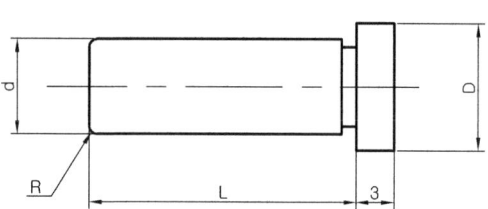

(2) Ød : 4~6용

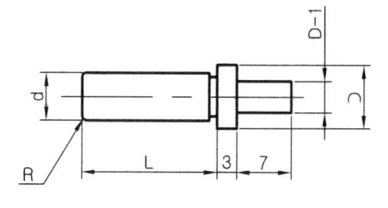 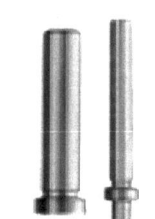

(단위 : mm)

d	D	R	L
4	6	0.3	10, 15, 20, 22, 25, 28, 30, 33, 36, 40
6	8		10, 15, 20, 22, 25, 28, 30, 33, 36, 40
8	10	0.5	15, 20, 22, 25, 28, 30, 33, 36, 40, 45, 50
10	13		20, 25, 28, 30, 33, 36, 40, 45, 50
13	16	2.0	20, 25, 28, 30, 33, 36, 40, 45, 50, 60
16	19		30, 33, 36, 40, 45, 50, 60, 70
20	23		30, 33, 36, 40, 45, 50, 60, 70

Lifter Pin 및 Stripper Ejecter Pin(밀핀, 털핀)

2) Lifter Pin(파일럿 릴리프형)

(1) Ød : 8~20용

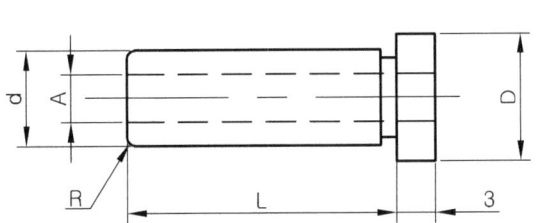

(2) Ød : 4~6용

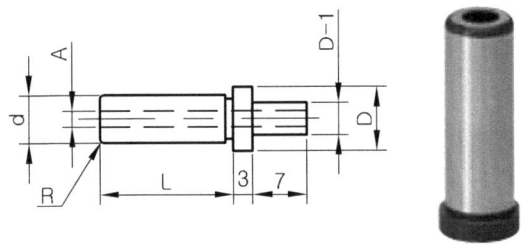

(단위 : mm)

d	D	R	L (0.1mm 단위)	A
4	6	0.3	20.0~50.0	1.0 ~ 2.3 (0.1mm 단위)
6	8		`20.0~50.0	1.4 ~ 3.5 (0.1mm 단위)
8	10	0.5	20.0~50.0	3.2 3.5 3.8 4.1 4.4 4.7 5.0 5.3
10	13		20.0~60.0	4.4 4.7 5.0 5.3 5.8 6.3 6.8
13	16		20.0~60.0	7.3 7.8 8.3 8.8 9.3
16	19		20.0~60.0	2.0 ~ 11.5 (0.5mm 단위)
20	23		20.0~60.0	2.0 ~ 15.5 (0.5mm 단위)

3) Stripper Ejector Pin(털핀)

　스트리퍼 이젝터 핀의 역할은 금형 타발 시 스트리퍼보다 재료를 먼저 잡아줌으로서 재료의 유동을 억제하고 벤딩 부위에서 스트리퍼에 달라붙지 않도록 털어주는 역할과 마지막 제품 파팅시는 제품을 취출하는 역할을 하므로, 금형에 사용을 원칙으로 하며 가급적 하형의 밀핀 위치와 동일한 위치에 오도록 한다.(얇은 재료 전단시 스트립의 변형 방지)

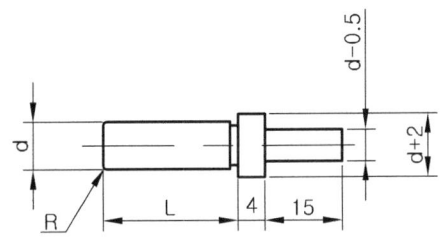

(단위 : mm)

d	4, 6, 8, 10, 13, 16, 20
L	10, 15, 20, 22, 25, 28, 30, 33, 35, 36, 40, 45, 50, 55, 60

* 설치 예

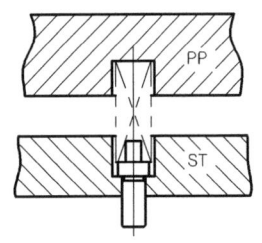

4) Air Hole Lifter Pin

Air Hole Lifter Pin은 다이 플레이트에서 에어를 취출하는 핀으로 타발시에는 다이 속으로 들어가고 금형이 열리면 스프링에 의해 올라와 압축 공기를 이용하여 파팅된 제품을 밖으로 취출하는 장치이다.

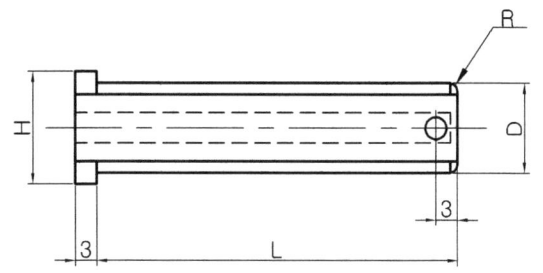
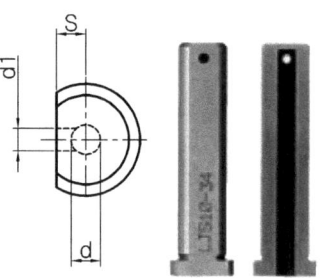

(단위 : mm)

D	H	d	d1	S	R	L
4	6	2.0	1.5	1.75	0.3	25, 28, 30, 34, 40
6	8	2.5	1.5	2.0	0.3	25, 28, 30, 34, 40
8	10	3.5	2.0	3.0	0.5	25, 28, 30, 34, 40
10	13	3.5	2.0	4.0	0.5	25, 28, 30, 34, 40

5) 블록 리프터(Block Lifter)

(1) A : 16~40   (2) A : 50~80   (3) 사용 예

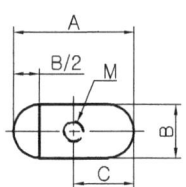
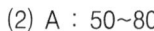
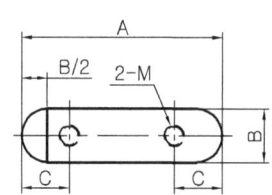
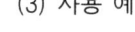
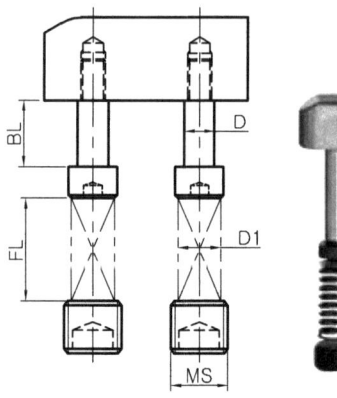

(단위 : mm)

C\B\A	8 / 16	10 / 20	15 / 30	20 / 40	10 / 50	15 / 60	15 / 70	20 / 80	T	BL	M	D	D1	FL	MS
8	○	○							16, 20, 22, 25, 28	15, 20, 25, 30, 35, 40	5	6.5	10	30, 35, 40, 45	12
10		○	○		○				16, 20, 22, 25, 28	15, 20, 25, 30, 35, 40	5	6.5	10	30, 35, 40, 45	12
13				○	○	○			16, 20, 22, 25, 28	15, 20, 25, 30, 35, 40	5	6.5	10	50, 55, 60, 70	16
16				○		○	○		16, 20, 22, 25, 28	15, 20, 25, 30, 35, 40	6	8	13	50, 55, 60, 70	16
20						○	○	○	16, 20, 22, 25, 28	15, 20, 25, 30, 35, 40	6	8	13	50, 55, 60, 70	16

부품설계기준	스프링 플런저, 볼 플런저
CKL4-021	

Spring plunger 및 BALL plunger는 타발시 Scrap이 펀치에 달라붙는 것을 털어주는 Knock out의 역할과 Lifter pin을 설치하기 어려운 곳에 설치하여 제품을 스트립 업 하는 기능 등을 한다. 특히 펀치의 하면에 달라붙어 올라오는 것을 예방하는데 효과가 크다.

1) 스프링 플런저

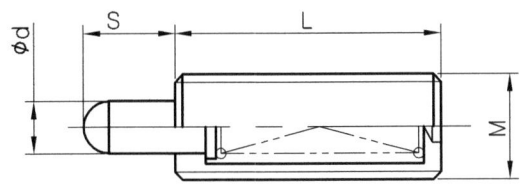 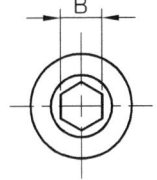 

(단위 : mm)

Ød	M × P	S	L	B
2.5	6 × 1.0	3.0	25	2
3.2	8 × 1.25	5.0	27	2.5
3.8	10 × 1.5	10	43	3
5.5	12 × 1.75	10	43	4
8.0	16 × 2.0	15	60	5
10	20 × 2.5	15	60	6

2) 볼 플런저

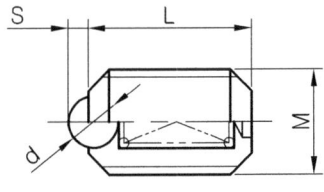 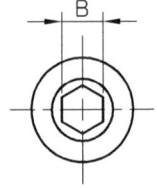 

(단위 : mm)

사용 예

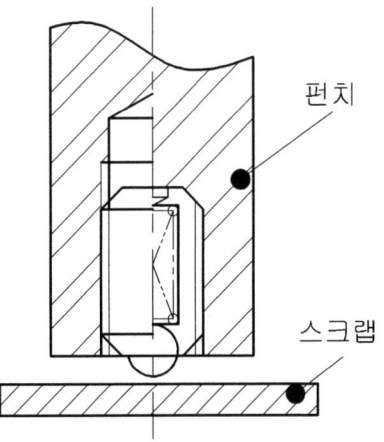

금속볼		수지볼		L	M × P	B
d	S	d	S			
1	0.2	-	-	5	M2 × P0.4	0.9
1.5	0.5	-	-	7	M3 × P0.5	1.5
2.5	0.8	2.4	0.8	9	M4 × P0.7	2
3	0.8	3.2	0.8	12	M5 × P0.8	2.5
3		3.2		13	M6 × P1.0	3
4	1	4	1	15	M8 × P1.25	4
5	1.2	4.8	1.2	16	M10 × P1.5	5
7	1.8	7.1	1.8	20	M12 × P1.75	6
9.5	2.5	9.5	2.5	25	M16 × P2.0	8

펀치

스크랩

부품설계기준	
CKL4-022	

맞춤 핀(Dowel Pin)

맞춤 핀은 금형 부품의 분해 조립, 위치 결정, 다이 스러스트를 받을 때 이동 방지용으로 사용하며, 스트레이트 맞춤 핀과 테이퍼 맞춤 핀이 있고, 각각 나사 붙은 것과 나사 없는 것이 있다. 프레스 금형에서는 주로 스트레이트형 맞춤 핀을 사용한다. 상형에 맞춤 핀을 사용할 때는 작업 중 진동에 의해 맞춤 핀의 낙하가 발생할 수 있다.
그에 대한 대책이 요구되며, 맞춤 핀 낙하 방지용 스프링 플러그를 사용하면 효과적이다.

1) 스트레이트 맞춤 핀(Dowel Pin)

(단위 : mm)

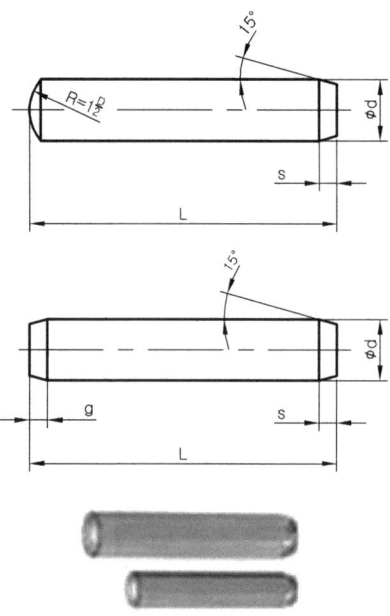

Ød	S	g	L
1.0	1.0	0.2	6,8,10
1.5			6,8,10
2.0			6,8,10,15,20
2.5	1.5	0.5	6,8,10,15,20,25,30
3.0			6,8,10,15,20,25,30,35,40
4.0			6,8,10,15,20,25,30,35,40,45,50
5.0	2		8,10,15,20,25,30,35,40,45,50
6.0			8,10,15,20,25,30,35,40,45,50,55,60
8.0	2.5	1.0	10,15,20,25,30,35,40,45,50,55,60,65,70,80
10.0			15,20,25,30,35,40,45,50,55,60,65,70,80
12.0			20,25,30,35,40,45,50,55,60,65,70,80
13.0			30,40,50,60,70,80
16.0	3.0		40,50,60,70,80
20.0			50,60,70,80

2) 탭 붙이 스트레이트 맞춤 핀(Dowel Pin)

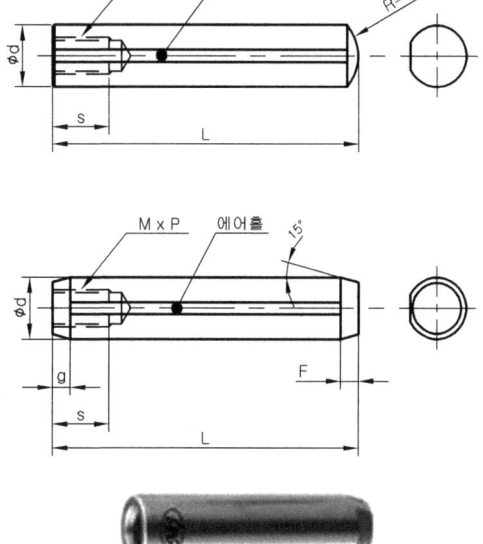

(단위 : mm)

Ød	S	F	g	L
5	6	1.5	0.5	10, 15, 20, 25, 30
6				10, 15, 20, 25, 30, 35, 40, 50
8	8	2.0	0.7	15, 20, 25, 30, 35, 40, 50, 60, 70, 80
10	10	2.5		15, 20, 25, 30, 35, 40, 50, 60, 70, 80
12				20, 30, 40, 50, 60, 70, 80
13	15		1.0	40, 50, 60, 70, 80
16		3.0		40, 50, 60, 70, 80
20	18			50, 60, 70, 80

제 5 장

다이 세트의 설계 기준

다이세트설계기준	생크(Shank)의 설계
CKL5-001	

소형 금형의 상형을 프레스 램에 고정시키기 위하여 금형의 펀치 홀더(상홀더)에 고정시킨 봉상의 자루 부분을 생크라 하며, 중·대형의 금형에서는 사용하지 않고 직접 볼트나 치공구를 사용하여 상형을 고정한다.

생크의 재료는 일반적으로 기계 구조용 강(SM20C)을 사용하고, 펀치와 일체로 된 경우에는 특수강을 사용한다.

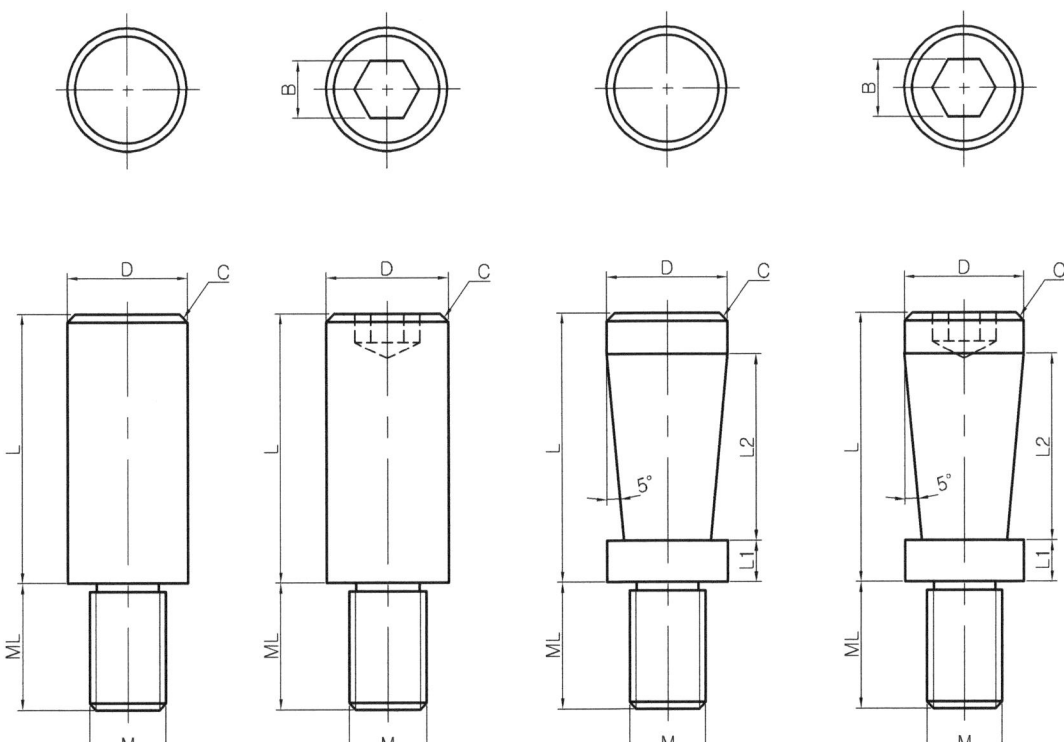

(단위 : mm)

호칭 치수 D	L	ML	M	C	B	L1	L2
25	50	25, 30 35, 40	M18 × P1.5	2	12	10	28
25			M22 × P1.5				
32	55				17	12	30
38	60	30, 60	M30 × P2.0	3		13	32
50	65					15	

다이세트설계기준	
CKL5-002	**표준 다이 세트**

다이 세트 상부에는 상 홀더(punch holder)와 가이드 부시(guide bush), 하부에는 하 홀더(die holder) 및 가이드 포스트(guide post)로 구성되어 있다. 다이 세트의 재질은 GC20 또는 SM45C로 제작한다.

1) 다이 세트의 사용 목적

    (1) 금형의 장착 탈착이 용이하다.
    (2) 펀치와 다이 사이의 클리어런스가 일정하게 유지되므로 정도 높은 제품이 얻어진다.
    (3) 금형의 설치 및 작업이 능률적이다.
    (4) 가공 중 분력에 의한 파손, 운반 및 보관 중 파손이 적다.
    (5) 금형의 두께가 다소 얇아도 된다.
    (6) 금형의 수명이 연장된다.

2) 다이 세트의 종류

	강제 볼 가이드	강제 플레인 가이드	주철 볼 가이드	주철 플레인 가이드
	SBR	SBB	FBR	FBB
	SCR	SCB	FCR	FCB
	SDR	SDB	FDR	FDB
	SFR	SFB	-	-

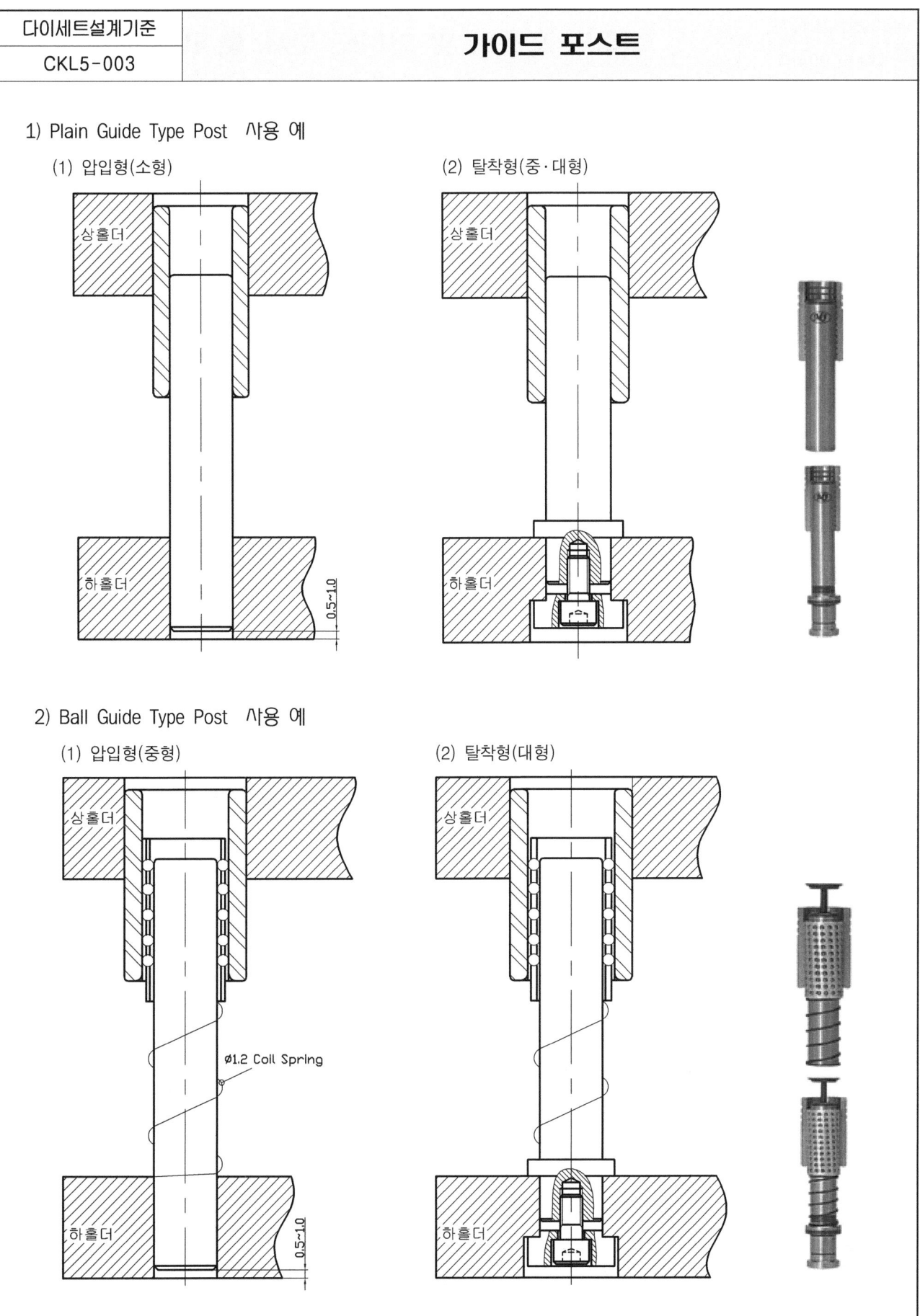

가이드 포스트 및 가이드 부시, 볼 리테이너

1) Guide Post

   (1) A-Type(압입형)

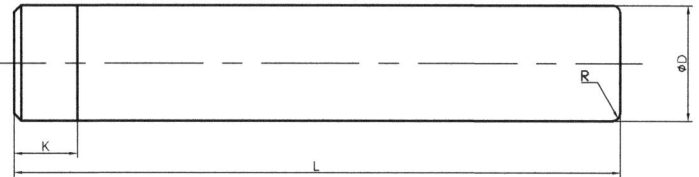

   (2) B-Type(탈착형)

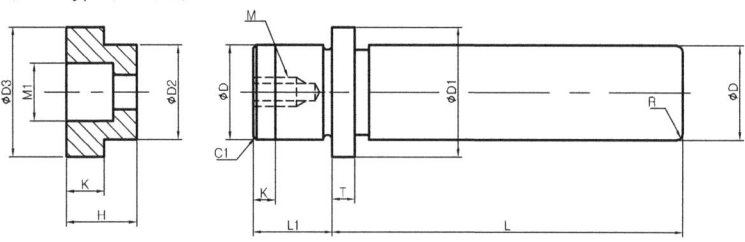

(단위 : mm)

D	D1	T	L1	M	D2	D3	K	H	M1	R	L (5mm단위)
22	30	6	25	M8 × 20	21.5	30	7	14	M8 C/B	3	80 ~ 180
25	36	8			24.5	35				3	80 ~ 180
28	38	10			27.5	36				4	100 ~ 220
32	44	10	30	M10 × 20	31.5	42	8	16	M10 C/B	4	100 ~ 220
38	50	12			37.5	48				5	100 ~ 220
45	59	12	35		44.5	55				5	100 ~ 250

2) Guide Bush

   (1) A-Type(Plain Guide 용)   (2) B-Type(Ball Guide 용)

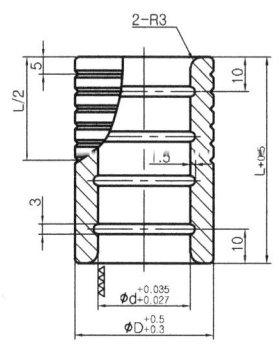
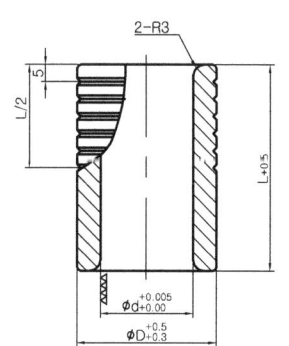

(단위 : mm)

포스트 ∅	d	D	d1	D1	L	Ball 외경
22	22	34	28	40	60, 80	3
25	25	37	31	45	60, 80	3
28	28	42	36	50	60, 80	4
32	32	46	40	55	80, 100	4
38	38	54	48	64	80, 100	5
45	45	64	55	74	100, 120	5

다이세트설계기준 CKL5-004-2
가이드 포스트 및 가이드 부시, 볼 리테이너

3) Ball Retainers

재질 : Al 5052S 또는 POM 수지

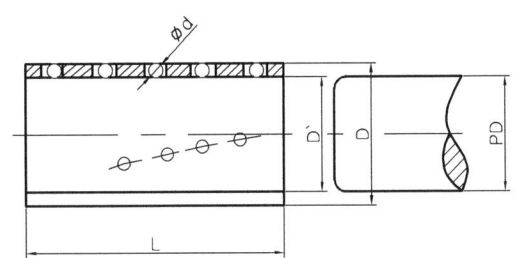
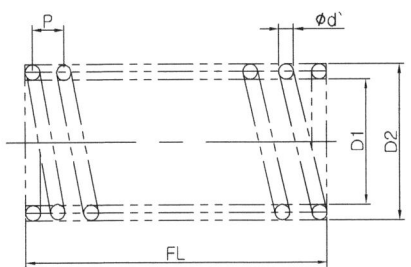

(단위 : mm)

적용 포스트 (PD)	D	D`	Ød	L	D2	D1	Ød`	P	FL 5mm단위
22	27.5	22.5	3	50, 60	27	25	1.0	12	25 ~ 50
25	30.5	25.5	3	60, 75	30	27.8	1.1	13	25 ~ 60
28	35.5	28.5	4	60, 75	35	32.6	1.2	15	25 ~ 60
32	39.5	32.5	4	75, 90	39	36	1.5	15	35 ~ 70
38	47.5	38.5	5	75, 90	47	43.4	1.8	18	35 ~ 70
45	54.5	45.5	5	90, 110	54	50	2.0	20	45 ~ 80

4) 스프링 길이 FL의 선정 기준

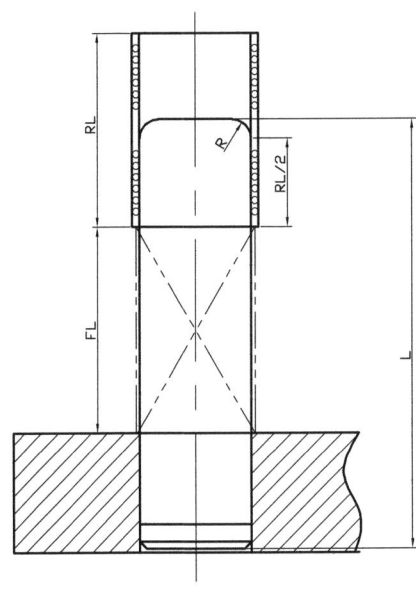
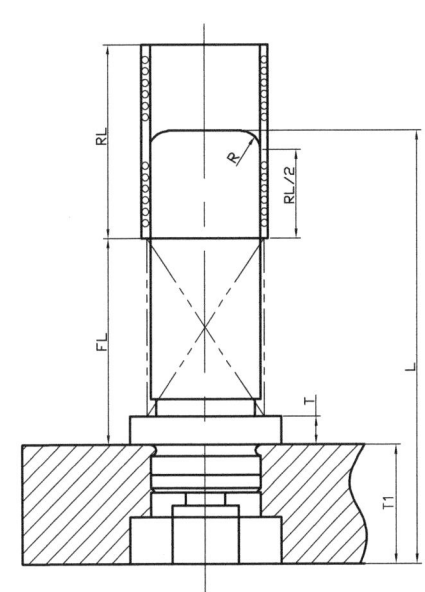

- 압입식 : L − T1 + R + RL/2
- 탈착식 : L − T + R + RL/2

　　여기서　　L : 포스트 길이　　T : 플랜지 두께
　　　　　　　T1 : 다이 홀더의 두께　　R : 포스트의 R
　　　　　　　R : 포스트의 R　　RL : 리테이너의 길이

다이세트설계기준	표준 다이 세트의 설계
CKL5-005-1	

1) 강제 Plain Guide 다이 세트(SBB형)

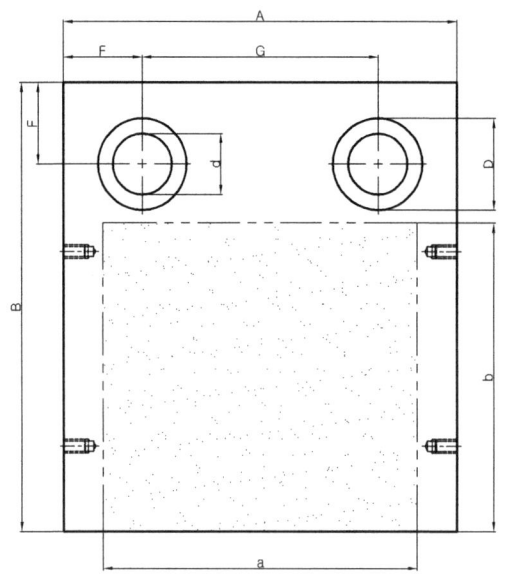
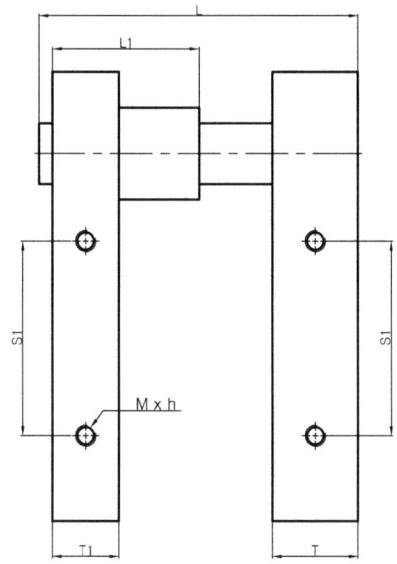

(단위 : mm)

번호	호칭치수 a	호칭치수 b	A	B	F	G	T1	T	d	D	L1	L (5mm단위)	S1	M x h	중량 (Kg)
1	80	80	125	140	30	65	30	35	22	34	60		-	-	10
2	100		140			80							-	-	11
3	125		160			100							-	-	12
4	160		200			140							-	-	15
5	200		250	150	35	180	35	40	25	37	60		125	M10 × 20	23
6	250		300			230									28
7	100	100	140	160	30	80	30	35	22	34	60	80 ~ 180	-	-	12
8	125		160			100							-	-	14
9	160		200			130									20
10	180		220	160	35	150	35	40	25	37	60		135	M10 × 20	22
11	200		250			180									25
12	230		280			210									27
13	250		300			230									29
14	300		350			280									34
15	125	125	160	200	35	90	35	40	25	37	60		80	M10 × 20	20
16	160		200			130									25
17	180		220			150									27
18	200		250			180									30
19	230		280			210									34
20	250		300			230									36
21	300		350			280									42
22	350		420		40	340	40	50	28	42	70	100 ~ 220	175		61
23	400		480			400									70
24	160	160	200	220	35	130	35	40	25	37	60	80 ~ 180	80	M10 × 20	27
25	180		220			150									30
26	200		250			180								M12 × 25	33
27	230		280			210									37
28	250		300			230									40

다이세트설계기준	표준 다이 세트의 설계
CKL5-005-2	

2) 강제 Plain Guide 다이 세트(SBB형)

(단위 : mm)

번호	호칭치수 a	호칭치수 b	A	B	F	G	T1	T	d	D	L1	L (5mm단위)	S1	M x h	중량 (Kg)
29	300	160	350	230	40	270	40	50	32	46	80	100 ~ 220	90	M12 × 25	59
30	350	160	420	230	40	340	40	50	32	46	80	100 ~ 220	90	M12 × 25	70
31	400	160	480	230	40	400	40	50	32	46	80	100 ~ 220	90	M12 × 25	80
32	450	160	550	230	40	470	40	50	32	46	80	100 ~ 220	90	M12 × 25	91
33	180	180	220	250	35	150	35	40	25	37	60	80 ~ 180	110	M12 × 25	33
34	200	180	250	250	35	180	35	40	25	37	60	80 ~ 180	110	M12 × 25	38
35	230	180	280	250	35	210	35	40	25	37	60	80 ~ 180	110	M12 × 25	42
36	250	180	300	250	40	220	40	50	32	46	80	100 ~ 220	90	M12 × 25	55
37	300	180	350	250	40	270	40	50	32	46	80	100 ~ 220	90	M12 × 25	64
38	350	180	420	250	40	340	40	50	32	46	80	100 ~ 220	90	M12 × 25	76
39	400	180	480	250	40	400	40	50	32	46	80	100 ~ 220	90	M12 × 25	86
40	200	200	250	280	40	170	40	50	32	46	80	100 ~ 220	120	M12 × 25	51
41	250	200	300	280	40	220	40	50	32	46	80	100 ~ 220	120	M12 × 25	61
42	300	200	350	280	40	270	40	50	32	46	80	100 ~ 220	120	M12 × 25	71
43	350	200	420	280	40	340	40	50	32	46	80	100 ~ 220	120	M12 × 25	85
44	400	200	480	280	40	400	40	50	32	46	80	100 ~ 220	120	M12 × 25	97
45	450	200	550	280	50	450	45	60	38	54	90	100 ~ 220	100	M12 × 25	139
46	500	200	600	280	50	500	45	60	38	54	90	100 ~ 220	100	M12 × 25	151
47	230	230	280	300	40	200	40	50	32	46	80	100 ~ 220	140	M12 × 25	61
48	250	230	300	300	40	220	40	50	32	46	80	100 ~ 220	140	M12 × 25	65
49	300	230	350	300	40	270	40	50	32	46	80	100 ~ 220	140	M12 × 25	77
50	350	230	420	300	40	340	40	50	32	46	80	100 ~ 220	140	M12 × 25	91
51	400	230	480	300	50	380	45	60	38	54	90	100 ~ 220	120	M12 × 25	129
52	250	250	300	320	40	220	40	50	32	46	80	100 ~ 220	160	M12 × 25	70
53	300	250	350	320	40	270	40	50	32	46	80	100 ~ 220	160	M12 × 25	81
54	350	250	420	320	40	340	40	50	32	46	80	100 ~ 220	160	M12 × 25	97
55	400	250	480	350	40	380	40	50	32	46	80	100 ~ 220	160	M12 × 25	141
56	450	250	550	350	40	450	40	50	32	46	80	100 ~ 220	150	M12 × 25	161
57	500	250	600	350	40	500	40	50	32	46	80	100 ~ 220	150	M12 × 25	176
58	550	250	650	350	40	550	40	50	32	46	80	100 ~ 220	150	M12 × 25	190
59	300	300	350	400	50	250	45	60	38	54	90	100 ~ 220	200	M12 × 25	118
60	350	300	420	400	50	320	45	60	38	54	90	100 ~ 220	200	M12 × 25	141
61	400	300	480	400	50	380	45	60	38	54	90	100 ~ 220	200	M12 × 25	161
62	450	300	550	400	50	450	45	60	38	54	90	100 ~ 220	200	M12 × 25	184
63	500	300	600	400	50	500	45	60	38	54	90	100 ~ 220	200	M16 × 30	201
64	550	300	650	420	55	540	50	60	45	64	100	100~250	190	M16 × 30	241
65	350	350	420	450	50	320	45	60	38	54	90	100 ~ 220	250	M12 × 25	159
66	400	350	480	450	50	380	45	60	38	54	90	100 ~ 220	250	M12 × 25	181
67	450	350	550	450	50	450	45	60	38	54	90	100 ~ 220	250	M16 × 30	207
68	500	350	600	450	55	490	50	60	45	64	100	100~250	220	M16 × 30	238
69	550	350	650	450	55	540	50	60	45	64	100	100~250	220	M16 × 30	257

다이세트설계기준 CKL5-006-1

표준 다이 세트의 설계

1) 강제 Plain Guide 다이 세트(SCB형)

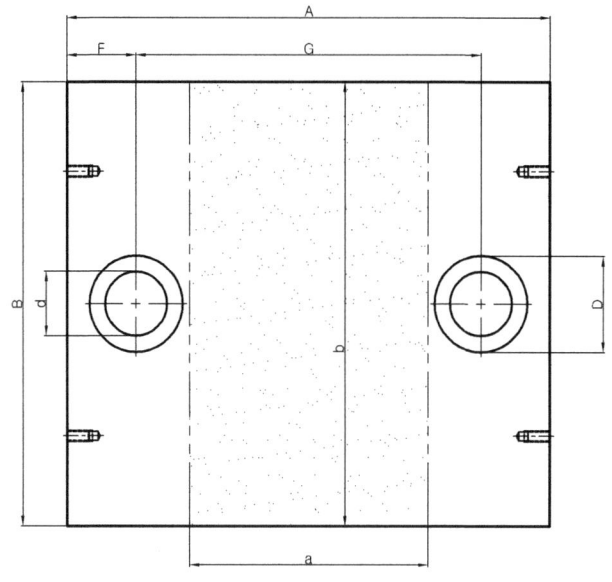
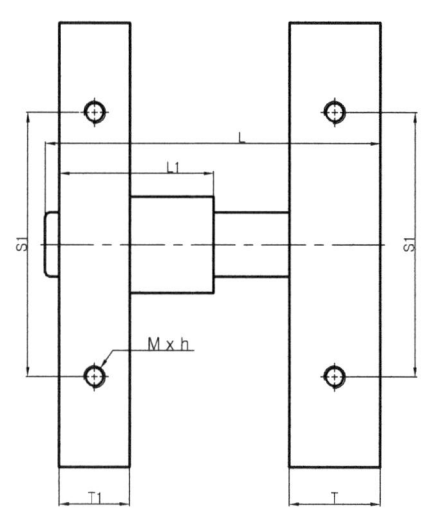

(단위 : mm)

번호	호칭치수 a	호칭치수 b	A	B	F	G	T1	T	d	D	L1	L (5mm단위)	S1	M x h	중량 (Kg)
1	80	80	190	80	30	130	30	35	22	34	60		-	-	8
2	100		210			150							-	-	9
3	125		230			170							-	-	10
4	160		280			220							-	-	12
5	200		320		35	250	35	40	25	37	60		-	-	16
6	250		380			310							-	-	19
7	100	100	210	100	30	150	30	35	22	34	60		-	-	11
8	125		230			170							-	-	12
9	160		280			210							-	-	17
10	180		300			230						80 ~ 180	-	-	19
11	200		320		35	250	35	40	25	37	60		70	M12 × 25	20
12	230		350			280									22
13	250		380			310									23
14	300		420			350									26
15	125	125	250	125	35	180	35	40	25	37	60		-	-	19
16	160		280			210									22
17	180		300			230									23
18	200		320			250							80	M12 × 25	25
19	230		350			280									27
20	250		380			310									29
21	300		420			350									32
22	350		500		40	420	40	50	28	42	70	100 ~ 220			46
23	400		550			470									50
24	160	160	280	160	35	210	35	40	25	37	60	80 ~ 180	90	M12 × 25	27
25	180		300			230									29
26	200		320			250									31
27	230		350			280									34
28	250		380			310									37

다이세트설계기준	표준 다이 세트의 설계
CKL5-006-2	

2) 강제 Plain Guide 다이 세트(SCB형)

(단위 : mm)

번호	호칭치수 a	호칭치수 b	A	B	F	G	T1	T	d	D	L1	L (5mm단위)	S1	M x h	중량 (Kg)
29	300	160	450	160	40	370	40	50	32	46	80	100 ~ 220	90	M12 × 25	52
30	350	160	500	160	40	420	40	50	32	46	80	100 ~ 220	90	M12 × 25	58
31	400	160	550	160	40	470	40	50	32	46	80	100 ~ 220	90	M12 × 25	64
32	450	160	600	160	40	520	40	50	32	46	80	100 ~ 220	90	M12 × 25	69
33	180	180	300	180	35	230	35	40	25	37	60	80 ~ 180	110	M12 × 25	33
34	200	180	320	180	35	250	35	40	25	37	60	80 ~ 180	110	M12 × 25	35
35	230	180	350	180	35	280	35	40	25	37	60	80 ~ 180	110	M12 × 25	38
36	250	180	400	180	40	320	40	50	32	46	80	100 ~ 220	110	M12 × 25	52
37	300	180	450	180	40	370	40	50	32	46	80	100 ~ 220	110	M12 × 25	59
38	350	180	500	180	40	420	40	50	32	46	80	100 ~ 220	110	M12 × 25	65
39	400	180	550	180	40	470	40	50	32	46	80	100 ~ 220	110	M12 × 25	71
40	200	200	350	200	40	270	40	50	32	46	80	100 ~ 220	120	M12 × 25	51
41	250	200	400	200	40	320	40	50	32	46	80	100 ~ 220	120	M12 × 25	58
42	300	200	450	200	40	370	40	50	32	46	80	100 ~ 220	120	M12 × 25	65
43	350	200	500	200	40	420	40	50	32	46	80	100 ~ 220	120	M12 × 25	72
44	400	200	550	200	40	470	40	50	32	46	80	100 ~ 220	120	M12 × 25	79
45	450	200	650	200	50	550	45	60	38	54	90	100 ~ 220	120	M12 × 25	110
46	500	200	700	200	50	600	45	60	38	54	90	100 ~ 220	120	M12 × 25	118
47	230	230	380	230	40	300	40	50	32	46	80	100 ~ 220	130	M12 × 25	63
48	250	230	400	230	40	320	40	50	32	46	80	100 ~ 220	130	M12 × 25	66
49	300	230	450	230	40	370	40	50	32	46	80	100 ~ 220	130	M12 × 25	75
50	350	230	500	230	50	420	40	50	32	46	80	100 ~ 220	130	M12 × 25	83
51	400	230	600	230	50	500	45	60	38	54	90	100 ~ 220	130	M12 × 25	116
52	250	250	400	250	40	320	40	50	32	46	80	100 ~ 220	150	M12 × 25	72
53	300	250	450	250	40	370	40	50	32	46	80	100 ~ 220	150	M12 × 25	81
54	350	250	500	250	40	420	40	50	32	46	80	100 ~ 220	150	M12 × 25	90
55	400	250	600	250	50	500	45	60	38	54	90	100 ~ 220	150	M12 × 25	126
56	450	250	650	250	50	550	45	60	38	54	90	100 ~ 220	150	M12 × 25	136
57	500	250	700	250	50	600	45	60	38	54	90	100 ~ 220	150	M12 × 25	147
58	550	250	750	250	50	650	45	60	38	54	90	100 ~ 220	150	M12 × 25	157
59	300	300	500	300	50	400	45	60	38	54	90	100 ~ 220	180	M12 × 25	126
60	350	300	550	300	50	450	45	60	38	54	90	100 ~ 220	180	M12 × 25	138
61	400	300	600	300	50	500	45	60	38	54	90	100 ~ 220	180	M12 × 25	151
62	450	300	650	300	50	550	45	60	38	54	90	100 ~ 220	180	M12 × 25	163
63	500	300	700	300	50	600	45	60	38	54	90	100 ~ 220	180	M12 × 25	176
64	550	300	750	300	55	640	50	60	45	64	100	100~250	180	M16×30	199
65	350	350	550	350	50	450	45	60	38	54	90	100 ~ 220	210	M12 × 25	161
66	400	350	600	350	50	500	45	60	38	54	90	100 ~ 220	210	M12 × 25	176
67	450	350	650	350	50	550	45	60	38	54	90	100 ~ 220	210	M12 × 25	190
68	500	350	700	350	55	590	50	60	45	64	100	100~250	210	M16 × 30	216
69	550	350	750	350	55	640	50	60	45	64	100	100~250	210	M16 × 30	231

다이세트설계기준 CKL5-007-1
표준 다이 세트의 설계

1) 강제 Plain Guide 다이 세트(SDB형)

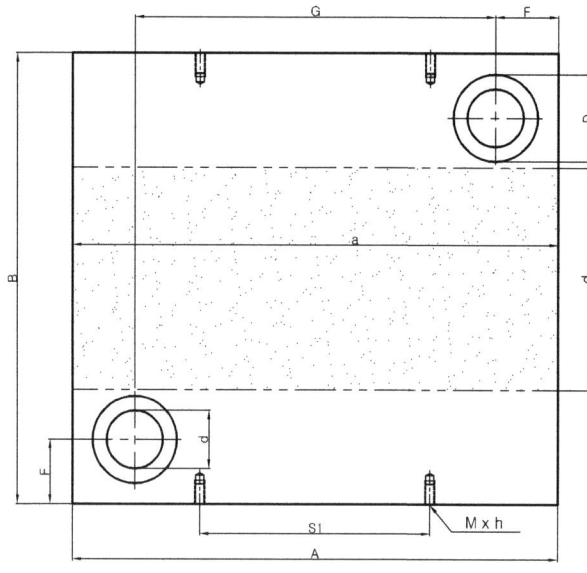
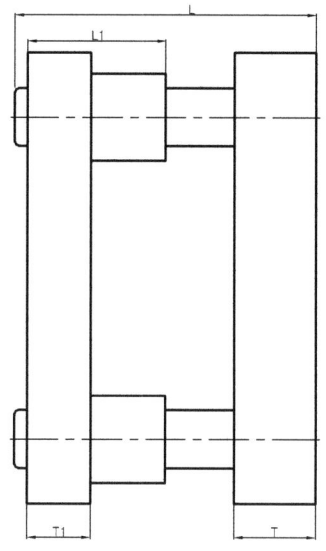

(단위 : mm)

번호	호칭치수 a	호칭치수 b	A	B	F	G	T1	T	d	D	L1	L (5mm단위)	S1	M x h	중량 (Kg)
1	80	80	80	190	30	20	30	35	22	34	60		-	-	8
2	100		100			40							-	-	10
3	125		125			65							-	-	13
4	160		160			100							-	-	16
5	200		200	200	35	130	35	40	25	37	60		80	M10 × 20	25
6	250		250			180							110		30
7	100		100	210	30	40	30	35	22	34	60	80 ~ 180	-	-	11
8	125		125			65							-	-	14
9	160		160			90							135	M10 × 20	22
10	180	100	180			110							155		24
11	200		200	220	35	130	35	40	25	37	60		80		27
12	230		230			160							90	M12 × 25	31
13	250		250			180							110		33
14	300		300			230							160		40
15	125		125			55							-	-	19
16	160		160			90							135	M10 × 20	25
17	180		180			110							155		27
18	200		200	250	35	130	35	40	25	37	60		80		30
19	230	125	230			160							90	M12 × 25	35
20	250		250			180							110		38
21	300		300			230							160		45
22	350		350		40	270	40	50	28	42	70	100 ~ 220	190		71
23	400		400			320							240		81
24	160		160			90							135	M10 × 20	27
25	180		180	280		110							155		31
26	200	160	200		35	130	35	40	25	37	60		80		34
27	230		230			160							90	M12 × 25	39
28	250		250			180							110		42

표준 다이 세트의 설계

다이세트설계기준
CKL5-007-2

2) 강제 Plain Guide 다이 세트(SDB형)

(단위 : mm)

번호	호칭치수 a	호칭치수 b	A	B	F	G	T1	T	d	D	L1	L (5mm단위)	S1	M x h	중량 (Kg)
29	300	160	300	300	40	220	40	50	32	46	80	100 ~ 220	140	M12 × 25	65
30	350	160	350	300	40	270	40	50	32	46	80	100 ~ 220	190	M12 × 25	76
31	400	160	400	300	40	320	40	50	32	46	80	100 ~ 220	240	M12 × 25	86
32	450	160	450	300	40	370	40	50	32	46	80	100 ~ 220	270	M12 × 25	97
33	180	180	180		35	110	35	40	25	37	60	80 ~ 180	155	M10 × 20	33
34	200	180	200		35	130	35	40	25	37	60	80 ~ 180	80	M10 × 20	36
35	230	180	230		35	160	35	40	25	37	60	80 ~ 180	90	M10 × 20	42
36	250	180	250	320		170							90	M12 × 25	58
37	300	180	300	320		220							140	M12 × 25	69
38	350	180	350	320		270							190	M12 × 25	81
39	400	180	400	320		320							240	M12 × 25	92
40	200	200	200		40	120	40	50	32	46	80	100 ~ 220	175	M10×20	51
41	250	200	250			170							90		63
42	300	200	300	350		220							140		76
43	350	200	350			270							190	M12 × 25	88
44	400	200	400			320							240		100
45	450	200	450		50	350	45	60	38	54	90		250		143
46	500	200	500		50	400	45	60	38	54	90		300		159
47	230	230	230	380	40	150	40	50	32	46	80		90	M12 × 25	63
48	250	230	250	380	40	170	40	50	32	46	80		90	M12 × 25	69
49	300	230	300	380	40	220	40	50	32	46	80		140	M12 × 25	82
50	350	230	350	380	40	270	40	50	32	46	80		190	M12 × 25	95
51	400	230	400	420	50	300	45	60	38	54	90		200		141
52	250	250	250	400	40	170	40	50	32	46	80		90		72
53	300	250	300	400	40	220	40	50	32	46	80	100 ~ 220	140		86
54	350	250	350	400	40	270	40	50	32	46	80	100 ~ 220	190	M12 × 25	100
55	400	250	400			300							200		151
56	450	250	450	450		350							250		169
57	500	250	500	450		400							300		188
58	550	250	550			450							330	M16×30	206
59	300	300	300		50	200	45		38	54	90		100		121
60	350	300	350			250							150	M12 × 25	141
61	400	300	400	480		300		60					200	M12 × 25	161
62	450	300	450			350		60					250		181
63	500	300	500			400							300	M16×30	200
64	550	300	550	500	55	440	50		45	64	100	100~250	320	M16×30	242
65	350	350	350			250							150	M12	161
66	400	350	400		50	300	45		38	54	90	100 ~ 220	200	× 25	184
67	450	350	450	550		350							250	M16 × 30	206
68	500	350	500		55	390	50		45	64	100	100~250	270	M16 × 30	242
69	550	350	550		55	440	50		45	64	100	100~250	320	M16 × 30	266

표준 다이 세트의 설계

다이세트설계기준
CKL5-008-1

1) 강제 Plain Guide 다이 세트(SFB형)

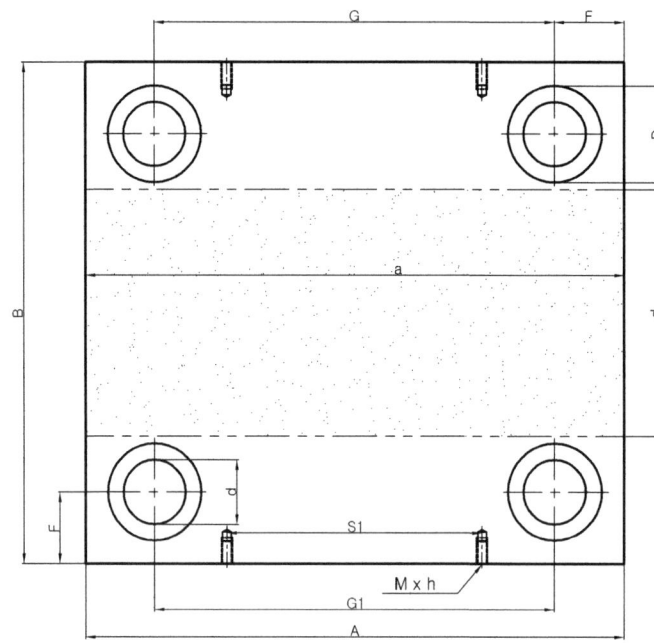
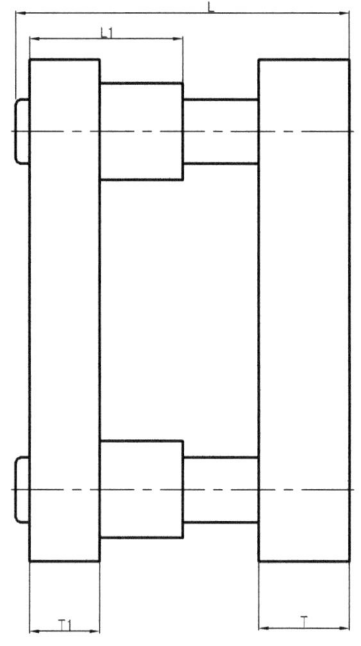

(단위 : mm)

번호	호칭치수 a	호칭치수 b	A	B	F	G	G1	T1	T	d	D	L1	L (5mm단위)	S1	M x h	중량 (Kg)
1	125	80	125	190	30	65	62	30	35	22	34	60	80 ~ 180	-	-	13
2	160	80	160	190	30	100	97	30	35	22	34	60	80 ~ 180	-	-	17
3	200	80	200	190	30	140	137	30	35	22	34	60	80 ~ 180	75	M10×20	21
4	250	80	250	190	30	190	187	30	35	22	34	60	80 ~ 180	125	M10×20	26
5	125	100	15	210	30	65	62	30	35	22	34	60	80 ~ 180	-	-	15
6	160	100	160	210	30	100	97	30	35	22	34	60	80 ~ 180	-	-	18
7	180	100	180	210	30	120	117	30	35	22	34	60	80 ~ 180	75	M10×20	21
8	200	100	200	210	30	140	137	30	35	22	34	60	80 ~ 180	75	M10×20	23
9	230	100	230	210	30	170	167	30	35	22	34	60	80 ~ 180	105	M10×20	26
10	250	100	250	220	35	180	177	30	35	22	34	60	80 ~ 180	110	M12×25	34
11	300	100	300	220	35	230	227	35	40	25	37	70	80 ~ 180	160	M12×25	41
12	350	100	350	220	35	280	277	35	40	25	37	70	80 ~ 180	210	M12×25	47
13	400	100	400	220	35	330	327	35	40	25	37	70	80 ~ 180	240	M12×25	54
14	125	125	125	230	30	65	62	30	35	22	34	60	80 ~ 180	-	-	16
15	160	125	160	230	30	100	97	30	35	22	34	60	80 ~ 180	55	M10×20	20
16	180	125	180	230	30	120	117	30	35	22	34	60	80 ~ 180	75	M10×20	22
17	200	125	200	230	30	130	127	30	35	22	34	60	80 ~ 180	80	M10×20	31
18	230	125	230	230	30	160	157	30	35	22	34	60	80 ~ 180	90	M10×20	36
19	250	125	250	250	35	180	177	35	40	25	37	70	80 ~ 180	110	M12×25	39
20	300	125	300	250	35	230	227	35	40	25	37	70	80 ~ 180	160	M12×25	46
21	350	125	350	250	35	280	277	35	40	25	37	70	80 ~ 180	210	M12×25	53
22	400	125	400	250	35	330	327	35	40	25	37	70	80 ~ 180	240	M12×25	61
23	450	125	450	250	35	380	377	35	40	25	37	70	80 ~ 180	270	M12×25	68

다이세트설계기준	표준 다이 세트의 설계
CKL5-008-2	

2) 강제 Plain Guide 다이 세트(SFB형)

(단위 : mm)

번호	호칭치수 a	호칭치수 b	A	B	F	G	G1	T1	T	d	D	L1	L (5mm단위)	S1	M x h	중량 (Kg)
24	500	125	500		40	420	417	40	50	28	42	80	100 ~ 220	300	M12×25	102
25	550		550			470	467							330		112
26	160	160	160	280	35	90	87	35	40	25	37	70	80 ~ 180	135	M10×20	28
27	180		180			110	107							155		32
28	200		200			130	127							80		35
29	230		230			160	157							90		40
30	250		250			180	177							110		43
31	300		300			230	227							160	M12×25	51
32	350		350			280	277							210		60
33	400		400	300	40	320	317	40	50	32	46	80	100 ~ 220	240		88
34	450		450			370	367							270		98
35	500		500			420	417							300		109
36	550		550			470	467							330		120
37	600		600			520	517							360		130
38	180	180	180	300	35	110	107	35	40	25	37	70	80 ~ 180	155	M10×20	34
39	200		200			130	127							80		37
40	230		230			160	157							90		43
41	250		250			180	177							110	M12×25	46
42	300		300			230	227							160		55
43	350		350		40	270	167	40	50	32	46	80	100 ~ 220	190		82
44	400		400			320	317							240		93
45	200	200	200	320	35	130	127	35	40	25	37	70	80 ~ 180	80		40
46	250		250			180	177							110		49
47	300		300			220	217							140		77
48	350		350			270	267							190	M12×25	90
49	400		400	350	40	320	317	40	50	32	46	80	100 ~ 220	240		102
50	450		450			370	367							270		114
51	500		500			420	417							300		127
52	550		550			470	467							330		139
53	600		600	380	50	500	497	45	60	38	54	100	100 ~220	360	M16×30	193
54	700		700			600	597							420		224
55	230	230	230	350	35	160	157	35	40	25	37	70	80 ~ 180	90	M12×25	49
56	250		250			180	177							110		53
57	300		300			220	217							140		83
58	350		350	380	40	270	267	40	50	32	46	80	100 ~ 220	190		97
59	400		400			320	317							240		110
60	250	250	250	400	40	170	167	40	50	32	46	80	100 ~ 220	90	M12×25	74
61	300		300			220	217							140		88
62	350		350			270	267							190		101

다이세트설계기준	표준 다이 세트의 설계
CKL5-008-3	

3) 강제 Plain Guide 다이 세트(SFB형)

(단위 : mm)

번호	호칭치수		A	B	F	G	G1	T1	T	d	D	L1	L (5mm단위)	S1	M x h	중량 (Kg)
	a	b														
63	400	250	400	400	40	320	317	40	50	32	46	80	100 ~ 220	240	M12×25	116
64	450		450			370	367							270		130
65	500		500	450	50	400	397	45	60	38	54	100	100 ~ 220	300	M16×30	190
66	550		550			450	447							330		209
67	600		600			500	497							360		228
68	700		700			600	597							420		265
69	300	300	300	450	40	220	217	40	50	32	46	80	100 ~220	140	M12×25	98
70	350		350			270	267							190		114
71	400		400	480	50	300	297	45	60	38	54	100	100 ~ 220	200	M16×30	163
72	450		450			350	347							250		183
73	500		500			400	397							300		203
74	550		550			450	447							330		223
75	600		600			500	497							360		242
76	700		700			600	597							420		282
77	800		800			700	697							480		321
78	350	350	350	550	50	250	247	45	60	38	54	100	100 ~ 220	150	M12×25	164
79	400		400			300	297							200		186
80	450		450			350	347							250	M16×30	209
81	500		500			400	397							300		232
82	550		550			450	447							330		254
83	600		600			500	497							360		277
84	700		700		55	590	587	50	60	45				420	M20×35	342
85	800		800			690	687							480		389
86	600	400	600	600	55	490	487	50	60	45	64	100	100 ~ 250	360	M20×35	320
87	700		700			590	587							420		372
88	800		800			690	687							480		424
89	800	500	800	700		690	687							480		529

다이세트설계기준 CKL5-009-1

표준 다이 세트의 설계

1) 강제 Ball Guide 다이 세트(SBR형)

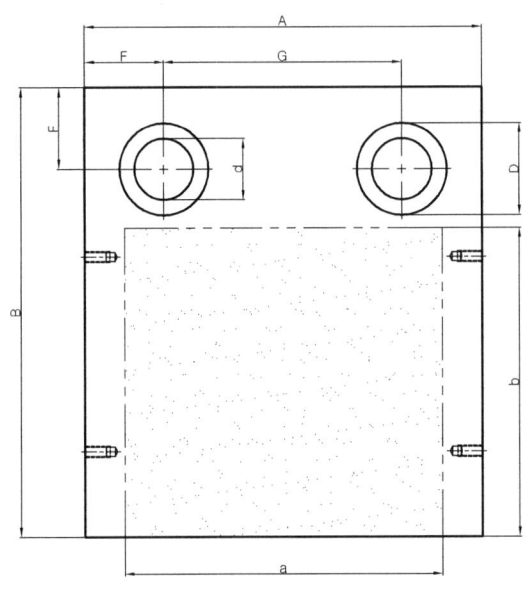
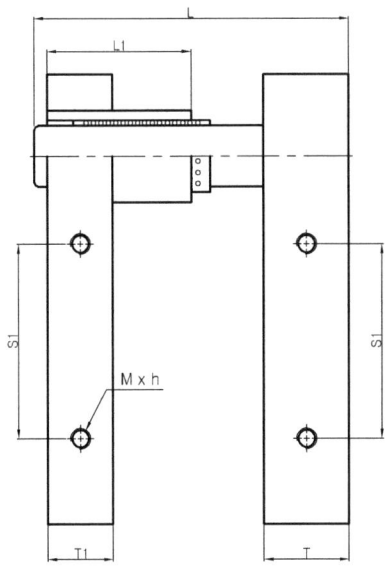

(단위 : mm)

번호	호칭치수 a	호칭치수 b	A	B	F	G	T1	T	d	D	L1	L (5mm단위)	S1	M x h	중량 (Kg)
1	80	80	125	140	30	65	30	35	22	40	60		-	-	10
2	100	80	140	140	30	80	30	35	22	40	60		-	-	11
3	125	80	160	140	30	100	30	35	22	40	60		-	-	12
4	160	80	200	140	30	140	30	35	22	40	60		-	-	15
5	200	80	250	150	35	180	35	40	25	45	60		125	M10 × 20	23
6	250	80	300	150	35	230	35	40	25	45	60		125	M10 × 20	28
7	100	100	140	160	30	80	30	35	22	40	60	80 ~ 180	-	-	12
8	125	100	160	160	30	100	30	35	22	40	60	80 ~ 180	-	-	14
9	160	100	200	160	35	130	35	40	25	45	60	80 ~ 180	135	M10 × 20	20
10	180	100	220	160	35	150	35	40	25	45	60	80 ~ 180	135	M10 × 20	22
11	200	100	250	160	35	180	35	40	25	45	60	80 ~ 180	135	M10 × 20	25
12	230	100	280	160	35	210	35	40	25	45	60	80 ~ 180	135	M10 × 20	27
13	250	100	300	160	35	230	35	40	25	45	60	80 ~ 180	135	M10 × 20	29
14	300	100	350	160	35	280	35	40	25	45	60	80 ~ 180	135	M10 × 20	34
15	125	125	160	200	35	90	35	40	25	45	60	80 ~ 180	80	M10 × 20	20
16	160	125	200	200	35	130	35	40	25	45	60	80 ~ 180	80	M10 × 20	25
17	180	125	220	200	35	150	35	40	25	45	60	80 ~ 180	80	M10 × 20	27
18	200	125	250	200	35	180	35	40	25	45	60	80 ~ 180	80	M10 × 20	30
19	230	125	280	200	35	210	35	40	25	45	60	80 ~ 180	80	M10 × 20	34
20	250	125	300	200	35	230	35	40	25	45	60	80 ~ 180	80	M10 × 20	36
21	300	125	350	200	35	280	35	40	25	45	60	80 ~ 180	80	M10 × 20	42
22	350	125	420	200	40	340	40	50	28	50	70	100 ~ 220	175	M10 × 20	61
23	400	125	480	200	40	400	40	50	28	50	70	100 ~ 220	175	M10 × 20	70
24	160	160	200	220	35	130	35	40	25	45	60	80 ~ 180	80	M10 × 20	27
25	180	160	220	220	35	150	35	40	25	45	60	80 ~ 180	80	M10 × 20	30
26	200	160	250	220	35	180	35	40	25	45	60	80 ~ 180	80	M12 × 25	33
27	230	160	280	220	35	210	35	40	25	45	60	80 ~ 180	80	M12 × 25	37
28	250	160	300	220	35	230	35	40	25	45	60	80 ~ 180	80	M12 × 25	40

다이세트설계기준	표준 다이 세트의 설계
CKL5-009-2	

2) 강제 Ball Guide 다이 세트(SBR형)

(단위 : mm)

번호	호칭치수 a	호칭치수 b	A	B	F	G	T1	T	d	D	L1	L (5mm단위)	S1	M x h	중량 (Kg)
29	300	160	350	230	40	270	40	50	32	55	80	100 ~ 220	90	M12 × 25	59
30	350	160	420	230	40	340	40	50	32	55	80	100 ~ 220	90	M12 × 25	70
31	400	160	480	230	40	400	40	50	32	55	80	100 ~ 220	90	M12 × 25	80
32	450	160	550	230	40	470	40	50	32	55	80	100 ~ 220	90	M12 × 25	91
33	180	180	220	250	35	150	35	40	25	45	60	80 ~ 180	110	M12 × 25	33
34	200	180	250	250	35	180	35	40	25	45	60	80 ~ 180	110	M12 × 25	38
35	230	180	280	250	35	210	35	40	25	45	60	80 ~ 180	110	M12 × 25	42
36	250	180	300	250	35	220							90	M12 × 25	55
37	300	180	350	250	35	270							90	M12 × 25	64
38	350	180	420	250	35	340							90	M12 × 25	76
39	400	180	480	250	35	400							90	M12 × 25	86
40	200	200	250	280	40	170	40	50	32	55	80	100 ~ 220	120	M12 × 25	51
41	250	200	300	280	40	220	40	50	32	55	80	100 ~ 220	120	M12 × 25	61
42	300	200	350	280	40	270	40	50	32	55	80	100 ~ 220	120	M12 × 25	71
43	350	200	420	280	40	340	40	50	32	55	80	100 ~ 220	120	M12 × 25	85
44	400	200	480	280	40	400	40	50	32	55	80	100 ~ 220	120	M12 × 25	97
45	450	200	550	280	50	450	45	60	38	64	90	100 ~ 220	100	M12 × 25	139
46	500	200	600	280	50	500	45	60	38	64	90	100 ~ 220	100	M12 × 25	151
47	230	230	280	300	40	200	40	50	32	55	80	100 ~ 220	140	M12 × 25	61
48	250	230	300	300	40	220	40	50	32	55	80	100 ~ 220	140	M12 × 25	65
49	300	230	350	300	40	270	40	50	32	55	80	100 ~ 220	140	M12 × 25	77
50	350	230	420	300	40	340	40	50	32	55	80	100 ~ 220	140	M12 × 25	91
51	400	230	480	300	50	380	45	60	38	64	90	100 ~ 220	120	M12 × 25	129
52	250	250	300	320	40	220	40	50	32	55	80	100 ~ 220	160	M12 × 25	70
53	300	250	350	320	40	270	40	50	32	55	80	100 ~ 220	160	M12 × 25	81
54	350	250	420	320	40	340	40	50	32	55	80	100 ~ 220	160	M12 × 25	97
55	400	250	480	350		300						100 ~ 220	150	M12 × 25	141
56	450	250	550	350		450						100 ~ 220	150	M12 × 25	161
57	500	250	600	350		500						100 ~ 220	150	M12 × 25	176
58	550	250	650	350		550						100 ~ 220	150	M12 × 25	190
59	300	300	350	400	50	250	45	60	38	64	90	100 ~ 220	200	M12 × 25	118
60	350	300	420	400	50	320	45	60	38	64	90	100 ~ 220	200	M12 × 25	141
61	400	300	480	400	50	380	45	60	38	64	90	100 ~ 220	200	M12 × 25	161
62	450	300	550	400	50	450	45	60	38	64	90	100 ~ 220	200	M12 × 25	184
63	500	300	600	400	50	500								M16 × 30	201
64	550	300	650	420	55	540	50		45	74	100	100~250	190	M16 × 30	241
65	350	350	420	450	50	320	45		38	64	90	100 ~ 220	250	M12 × 25	159
66	400	350	480	450	50	380	45		38	64	90	100 ~ 220	250	M12 × 25	181
67	450	350	550	450	50	450	45		38	64	90	100 ~ 220	250	M16 × 30	207
68	500	350	600	450	55	490	50		45	74	100	100~250	220	M16 × 30	238
69	550	350	650	450	55	540	50		45	74	100	100~250	220	M16 × 30	257

다이세트설계기준
CKL5-010-1

표준 다이 세트의 설계

1) 강제 Ball Guide 다이 세트(SCR형)

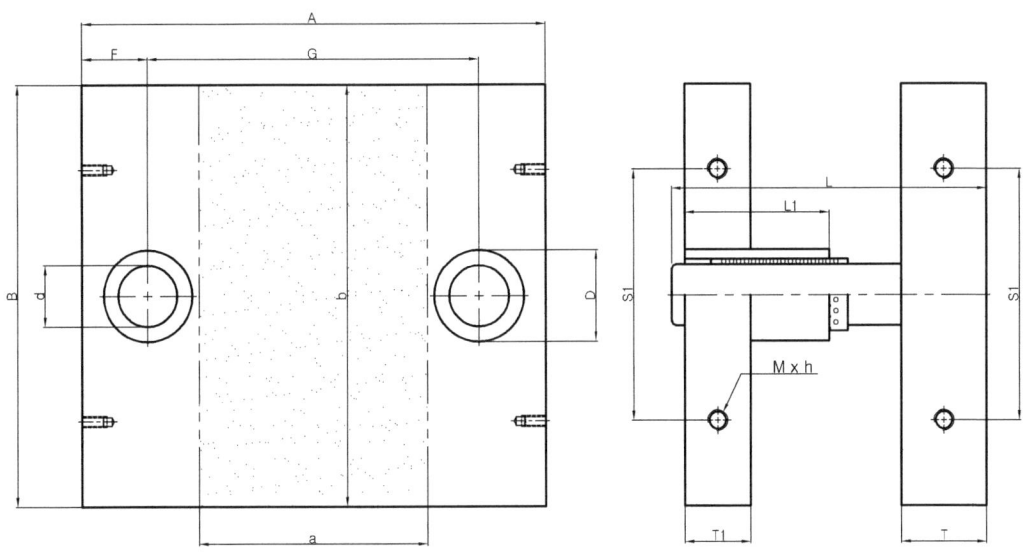

(단위 : mm)

번호	호칭치수 a	호칭치수 b	A	B	F	G	T1	T	d	D	L1	L (5mm단위)	S1	M x h	중량 (Kg)
1	80	80	190	80	30	130	30	35	22	40	60		-	-	8
2	100		210			150							-	-	9
3	125		230			170							-	-	10
4	160		280			220							-	-	12
5	200		320		35	250	35	40	25	45	60		-	-	16
6	250		380			310							-	-	19
7	100	100	210	100	30	150	30	35	22	40	60	80 ~ 180	-	-	11
8	125		230			170							-	-	12
9	160		280			210							-	-	17
10	180		300			230							-	-	19
11	200		320		35	250	35	40	25	45	60		70	M12 × 25	20
12	230		350			280									22
13	250		380			310									23
14	300		420			350									26
15	125	125	250	125	35	180	35	40	25	45	60		-	-	19
16	160		280			210									22
17	180		300			230									23
18	200		320			250									25
19	230		350			280							80	M12 × 25	27
20	250		380			310									29
21	300		420			350									32
22	350		500		40	420	40	50	28	50	70	100 ~ 220			46
23	400		550			470									50
24	160	160	280	160	35	210	35	40	25	45	60	80 ~ 180	90	M12 × 25	27
25	180		300			230									29
26	200		320			250									31
27	230		350			280									34
28	250		380			310									37

다이세트설계기준	표준 다이 세트의 설계
CKL5-010-2	

2) 강제 Ball Guide 다이 세트(SCR형)

(단위 : mm)

번호	호칭치수 a	호칭치수 b	A	B	F	G	T1	T	d	D	L1	L (5mm단위)	S1	M x h	중량 (Kg)
29	300	160	450	160	40	370	40	50	32	55	80	100 ~ 220	90	M12 × 25	52
30	350		500			420									58
31	400		550			470									64
32	450		600			520									69
33	180	180	300	180	35	230	35	40	25	45	60	80 ~ 180	110	M12 × 25	33
34	200		320			250									35
35	230		350			280									38
36	250		400		40	320	40	50	32	55	80	100 ~ 220			52
37	300		450			370									59
38	350		500			420									65
39	400		550			470									71
40	200	200	350	200	40	270	40	50	32	55	80	100 ~ 220	120	M12 × 25	51
41	250		400			320									58
42	300		450			370									65
43	350		500			420									72
44	400		550			470									79
45	450		650		50	550	45	60	38	64	90				110
46	500		700			600									118
47	230	230	380	230	40	300	40	50	32	55	80		130	M12 × 25	63
48	250		400			320									66
49	300		450			370									75
50	350		500			420									83
51	400		600		50	500	45	60	38	64	90				116
52	250	250	400	250	40	320	40	50	32	55	80	100 ~ 220	150	M12 × 25	72
53	300		450			370									81
54	350		500			420									90
55	400		600			500									126
56	450		650			550									136
57	500		700			600									147
58	550		750			650									157
59	300	300	500	300	50	400	45	60	38	64	90		180	M12 × 25	126
60	350		550			450									138
61	400		600			500									151
62	450		650			550									163
63	500		700			600									176
64	550		750		55	640	50		45	74	100	100~250		M16×30	199
65	350	350	550	350	50	450	45		38	64	90	100 ~ 220	210	M12 × 25	161
66	400		600			500									176
67	450		650			550									190
68	500		700		55	590	50		45	74	100	100~250		M16 × 30	216
69	550		750			640									231

다이세트설계기준	표준 다이 세트의 설계
CKL5-011-1	

1) 강제 Ball Guide 다이 세트(SDR형)

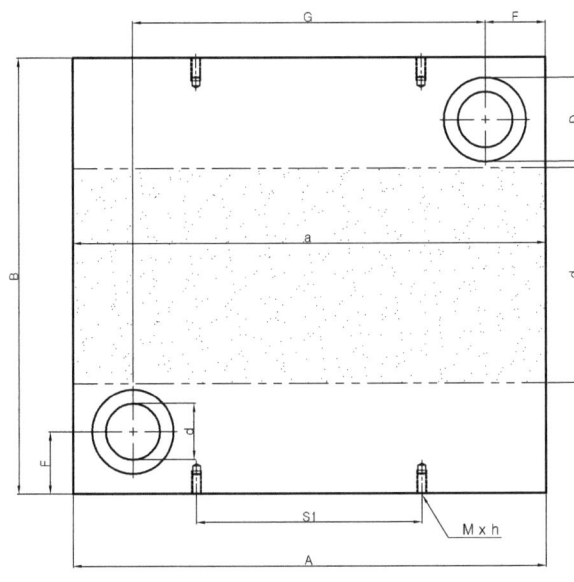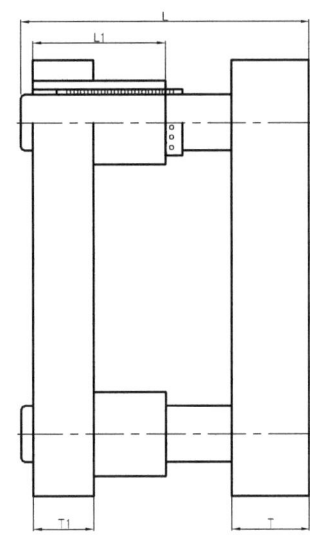

(단위 : mm)

번호	호칭치수 a	호칭치수 b	A	B	F	G	T1	T	d	D	L1	L (5mm단위)	S1	M x h	중량 (Kg)
1	80	80	80	190	30	20	30	35	22	40	60		-	-	8
2	100		100			40							-	-	10
3	125		125			65							-	-	13
4	160		160			100							-	-	16
5	200		200	200	35	130	35	40	25	45	60		80	M10 × 20	25
6	250		250			180							110		30
7	100	100	100	210	30	40	30	35	22	40	60	80 ~ 180	-	-	11
8	125		125			65							-	-	14
9	160		160	220	35	90	35	40	25	45	60		135	M10 × 20	22
10	180		180			110							155		24
11	200		200			130							80		27
12	230		230			160							90	M12 × 25	31
13	250		250			180							110		33
14	300		300			230							160		40
15	125	125	125	250	35	55	35	40	25	45	60		-	-	19
16	160		160			90							135	M10 × 20	25
17	180		180			110							155		27
18	200		200			130							80		30
19	230		230			160							90	M12 × 25	35
20	250		250			180							110		38
21	300		300			230							160		45
22	350		350		40	270	40	50	28	50	70	100 ~ 220	190		71
23	400		400			320							240		81
24	160	160	160	280	35	90	35	40	25	45	60		135	M10 × 20	27
25	180		180			110							155		31
26	200		200			130							80		34
27	230		230			160							90	M12 × 25	39
28	250		250			180							110		42

다이세트설계기준	표준 다이 세트의 설계
CKL5-011-2	

2) 강제 Ball Guide 다이 세트(SDR형)

(단위 : mm)

번호	호칭치수 a	호칭치수 b	A	B	F	G	T1	T	d	D	L1	L (5mm단위)	S1	M x h	중량 (Kg)
29	300	160	300	300	40	220	40	50	32	55	80	100 ~ 220	140	M12 × 25	65
30	350		350			270							190		76
31	400		400			320							240		86
32	450		450			370							270		97
33	180	180	180	320	35	110	35	40	25	45	60	80 ~ 180	155	M10 × 20	33
34	200		200			130							80		36
35	230		230			160							90		42
36	250		250		40	170	40	50	32	55	80	100 ~ 220	90	M12 × 25	58
37	300		300			220							140		69
38	350		350			270							190		81
39	400		400			320							240		92
40	200	200	200	350	40	120	40	50	32	55	80	100 ~ 220	175	M10×20	51
41	250		250			170							90	M12 × 25	63
42	300		300			220							140		76
43	350		350			270							190		88
44	400		400			320							240		100
45	450		450		50	350	45	60	38	64	90		250		143
46	500		500			400							300		159
47	230	230	230	380	40	150	40	50	32	55	80	100 ~ 220	90	M12 × 25	63
48	250		250			170							90		69
49	300		300			220							140		82
50	350		350			270							190		95
51	400		400	420	50	300	45	60	38	64	90		200		141
52	250	250	250	400	40	170	40	50	32	55	80	100 ~ 220	90	M12 × 25	72
53	300		300			220							140		86
54	350		350			270							190		100
55	400		400	450		300							200		151
56	450		450			350							250		169
57	500		500			400							300		188
58	550		550			450							330	M16×30	206
59	300	300	300	480	50	200	45	60	38	64	90		100	M12 × 25	121
60	350		350			250							150		141
61	400		400			300							200		161
62	450		450			350							250		181
63	500		500			400							300	M16×30	200
64	550		550	500	55	440	50		45	74	100	100~250	320		242
65	350	350	350	550	50	250	45		38	64	90	100 ~ 220	150	M12 × 25	161
66	400		400			300							200		184
67	450		450			350							250	M16 × 30	206
68	500		500		55	390	50		45	74	100	100~250	270		242
69	550		550			440							320		266

다이세트설계기준	표준 다이 세트의 설계
CKL5-012-1	

1) 강제 Ball Guide 다이 세트(SFR형)

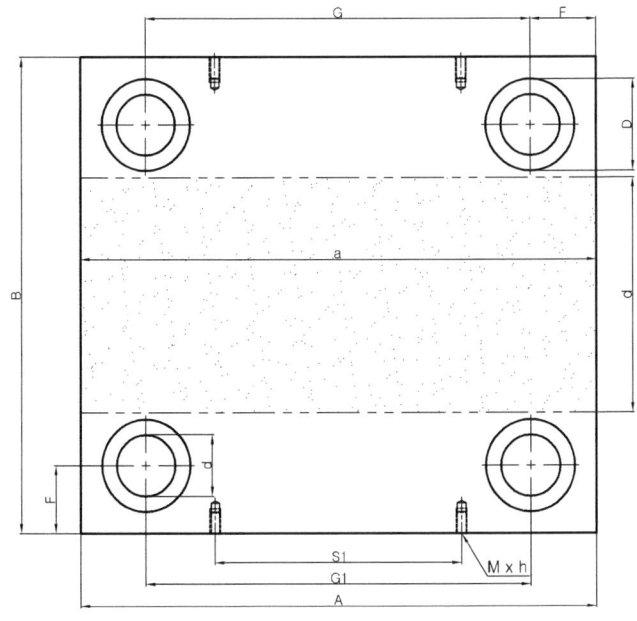 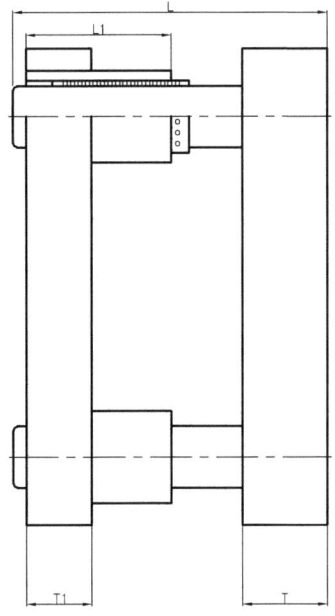

(단위 : mm)

번호	호칭치수		A	B	F	G	G1	T1	T	d	D	L1	L (5mm단위)	S1	M x h	중량 (Kg)
	a	b														
1	125	80	125	190	30	65	62	30	35	22	34	60	80 ~ 180	-	-	13
2	160		160			100	97							-	-	17
3	200		200			140	137							75	M10×20	21
4	250		250			190	187							125		26
5	125	100	125	210	30	65	62	30	35	22	34	60	80 ~ 180	-	-	15
6	160		160			100	97							-	-	18
7	180		180			120	117							75	M10×20	21
8	200		200			140	137							75		23
9	230		230			170	167							105		26
10	250		250	220	35	180	177	35	40	25	37	70	80 ~ 180	110	M12×25	34
11	300		300			230	227							160		41
12	350		350			280	277							210		47
13	400		400			330	327							240		54
14	125	125	125	230	30	65	62	30	35	22	34	60	80 ~ 180	-	-	16
15	160		160			100	97							55	M10×20	20
16	180		180			120	117							75		22
17	200		200	250	35	130	127	35	40	25	37	70	80 ~ 180	80	M12×25	31
18	230		230			160	157							90		36
19	250		250			180	177							110		39
20	300		300			230	227							160		46
21	350		350			280	277							210		53
22	400		400			330	327							240		61
23	450		450			380	377							270		68

다이세트설계기준	표준 다이 세트의 설계
CKL5-012-2	

2) 강제 Ball Guide 다이 세트(SFR형)

(단위 : mm)

번호	호칭치수 a	호칭치수 b	A	B	F	G	G1	T1	T	d	D	L1	L (5mm단위)	S1	M x h	중량 (Kg)
24	500	125	500		40	420	417	40	50	28	50	80	100 ~ 220	300	M12×25	102
25	550		550			470	467							330		112
26	160	160	160	280	35	90	87	35	40	25	45	70	80 ~ 180	135	M10×20	28
27	180		180			110	107							155		32
28	200		200			130	127							80	M12×25	35
29	230		230			160	157							90		40
30	250		250			180	177							110		43
31	300		300			230	227							160		51
32	350		350			280	277							210		60
33	400	160	400	300	40	320	317	40	50	32	55	80	100 ~ 220	240	M12×25	88
34	450		450			370	367							270		98
35	500		500			420	417							300		109
36	550		550			470	467							330		120
37	600		600			520	517							360		130
38	180		180	300	35	110	107	35	40	25	45	70	80 ~ 180	155	M10×20	34
39	200		200			130	127							80		37
40	230		230			160	157							90	M12×25	43
41	250	180	250			180	177							110		46
42	300		300			230	227							160		55
43	350		350	320	40	270	167	40	50	32	55	80	100 ~ 220	190		82
44	400		400			320	317							240		93
45	200		200		35	130	127	35	40	25	45	70	80 ~ 180	80		40
46	250		250			180	177							110		49
47	300		300			220	217							140		77
48	350		350			270	267							190		90
49	400	200	400	350	40	320	317	40	50	32	55	80	100 ~ 220	240	M12×25	102
50	450		450			370	367							270		114
51	500		500			420	417							300		127
52	550		550			470	467							330		139
53	600		600	380	50	500	497	45	60	38	64	100	100 ~220	360		193
54	700		700			600	597							420	M16×30	224
55	230		230	350	35	160	157	35	40	25	45	70	80 ~ 180	90		49
56	250		250			180	177							110		53
57	300	230	300			220	217							140	M12×25	83
58	350		350	380	40	270	267	40	50	32	55	80	100 ~ 220	190		97
59	400		400			320	317							240		110
60	250		250			170	167							90		74
61	300	250	300	400	40	220	217	40	50	32	55	80	100 ~ 220	140	M12×25	88
62	350		350			270	267							190		101

다이세트설계기준	표준 다이 세트의 설계
CKL5-012-3	

3) 강제 Ball Guide 다이 세트(SFR형)

(단위 : mm)

번호	호칭치수 a	호칭치수 b	A	B	F	G	G1	T1	T	d	D	L1	L (5mm단위)	S1	M x h	중량 (Kg)
63	400	250	400	400	40	320	317	40	50	32	55	80	100 ~ 220	240	M12×25	116
64	450		450			370	367							270		130
65	500		500	450	50	400	397	45	60	38	64	100	100 ~ 220	300	M16×30	190
66	550		550			450	447							330		209
67	600		600			500	497							360		228
68	700		700			600	597							420		265
69	300	300	300	450	40	220	217	40	50	32	55	80	100 ~220	140	M12×25	98
70	350		350			270	267							190		114
71	400		400	480	50	300	297	45	60	38	64	100	100 ~ 220	200	M16×30	163
72	450		450			350	347							250		183
73	500		500			400	397							300		203
74	550		550			450	447							330		223
75	600		600			500	497							360		242
76	700		700			600	597							420		282
77	800		800			700	697							480		321
78	350	350	350	550	50	250	247	45	60	38	64	100	100 ~ 220	150	M12×25	164
79	400		400			300	297							200		186
80	450		450			350	347							250	M16×30	209
81	500		500			400	397							300		232
82	550		550			450	447							330		254
83	600		600			500	497							360		277
84	700		700		55	590	587	50	60	45				420	M20×35	342
85	800		800			690	687							480		389
86	600	400	600	600	55	490	487	50	60	45	74	100	100 ~ 250	360	M20×35	320
87	700		700			590	587							420		372
88	800		800			690	687							480		424
89	800	500	800	700		690	687							480		529

제 6 장

스프링 설계

금형용 스프링

스프링설계 CKL6-001

스프링의 사용 횟수와 압축비의 관계

종류 \ 사용 횟수	100만 회 (자유장 %)	50만 회 (자유장 %)	30만 회 (자유장 %)	최대 변형 (자유장 %)
경소하중(F, 노랑색)	40.0	45.0	50.0	58.0
경 하중(L, 파랑색)	32.0	36.0	40.0	48.0
중(中)하중(M, 적색)	25.6	28.8	32.0	38.0
중(重)하중(H, 녹색)	19.2	21.6	24.0	28.0
극중 하중(B, 갈색)	16	18.0	20.0	24.0
초기 상태	하 중	하 중	하 중	파 손

● 사용회수 100만회

● 사용회수 50만회

● 사용회수 30만회

하중(kgf) = 하중N × 0.101972

제6장 스프링 설계

금형용 스프링

CKL6-002-1 스프링설계

경소하중(輕小荷重) ----- SWF(노란색)

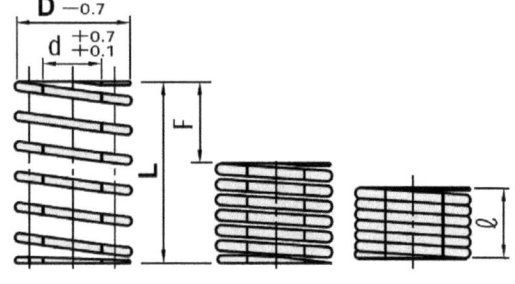

* 스프링 하중 산출 방법

하중 = 스프링정수 × 변형량

N = N/mm × F min

Kgf = Kgf/mm × F min

(Kgf = N × 0.101972)

D	d	L	스프링정수 Kgf/mm	밀착길이 (ℓ)	F=L×40% F min	하중 Kgf	F=L×45% F min	하중 Kgf	F=L×50% F min	하중 Kgf
6	3	15	0.80	7.1	6.0	4.8	6.8	5.4	7.5	6.0
		20	0.60	9.5	8.0		9.0		10.0	
		25	0.48	11.9	10.0		11.3		12.5	
		30	0.40	14.9	12.0		13.5		15.0	
		35	0.34	16.6	14.0		15.8		17.5	
		40	0.30	19.0	16.0		18		20.0	
8	4	10	1.60	4.5	4.0	6.4	4.5	7.2	5.0	8.0
		15	1.07	6.8	6.0		6.8		7.5	
		20	0.80	9.0	8.0		9.0		10.0	
		25	0.64	11.3	10.0		11.2		12.5	
		30	0.53	13.5	12.0		13.5		15.0	
		35	0.46	15.8	14.0		15.7		17.5	
		40	0.40	18.0	16.0		18.0		20.0	
		45	0.36	20.3	18.0		20.2		22.5	
		50	0.32	22.5	20.0		22.5		25.0	
		55	0.29	24.8	22.0		24.7		27.5	
		60	0.27	27.0	24.0		27.0		30.0	
		65	0.25	30.8	26.0		29.3		32.5	
		70	0.23	33.2	28.0		31.4		35.0	
		75	0.21	35.6	30.0		33.8		37.5	
		80	0.20	37.9	32.0		36		40.0	
10	5	10	2.00	4.5	4.0	8.0	4.5	9.0	5.0	10
		15	1.33	6.8	6.0		6.8		7.5	
		20	1.00	9.0	8.0		9.0		10.0	
		25	0.80	11.3	10.0		11.2		12.5	
		30	0.67	13.5	12.0		13.5		15.0	
		35	0.57	15.8	14.0		15.7		17.5	
		40	0.50	18.0	16.0		18.0		20.0	
		45	0.44	20.3	18.0		20.2		22.5	
		50	0.40	22.5	20.0		22.5		25.0	
		55	0.36	24.8	22.0		24.7		27.5	
		60	0.33	27.0	24.0		27.0		30.0	
		65	0.31	29.3	26.0		29.2		32.5	
		70	0.29	31.5	28.0		31.5		35.0	
		75	0.27	33.8	30.0		33.7		37.5	
		80	0.25	36.0	32.0		36.0		40.0	
		90	0.22	40.5	36.0		40.5		45.0	
12	6	15	1.87	6.8	6.0	11	6.8	13	7.5	14
		20	1.40	9.0	8.0		9.0		10.0	
		25	1.12	11.3	10.0		11.2		12.5	
		30	0.93	13.5	12.0		13.5		15.0	
		35	0.80	15.8	14.0		15.7		17.5	
		40	0.70	18.0	16.0		18.0		20.0	
		45	0.62	20.3	18.0		20.2		22.5	
		50	0.56	22.5	20.0		22.5		25.0	
		55	0.51	24.8	22.0		24.7		27.5	
		60	0.47	27.0	24.0		27.0		30.0	
		65	0.43	29.3	26.0		29.2		32.5	
		70	0.40	31.5	28.0		31.5		35.0	
		75	0.37	33.8	30.0		33.7		37.5	
		80	0.35	36.0	32.0		36.0		40.0	
		90	0.31	40.5	36.0		40.5		45.0	
14	7	20	1.80	9.0	8.0	14	9.0	16	10.0	18
		25	1.44	11.3	10.0		11.2		12.5	
		30	1.20	13.5	12.0		13.5		15.0	
		35	1.03	15.8	14.0		15.7		17.5	
		40	0.90	18.0	16.0		18.0		20.0	
		45	0.80	20.3	18.0		20.2		22.5	
		50	0.72	22.5	20.0		22.5		25.0	
		55	0.65	24.8	22.0		24.7		27.5	
		60	0.60	27.0	24.0		27.0		30.0	
		65	0.55	29.3	26.0		29.2		32.5	
		70	0.51	31.5	28.0		31.5		35.0	
		75	0.48	33.8	30.0		33.7		37.5	
		80	0.45	36.0	32.0		36.0		40.0	
		90	0.40	40.5	36.0		40.5		45.0	
		100	0.36	45.0	40.0		45.0		50.0	
16	8	20	2.10	9.0	8.0	17	0.0	19	10.0	21
		25	1.68	11.3	10.0		11.2		12.5	
		30	1.40	13.5	12.0		13.5		15.0	
		35	1.20	15.8	14.0		15.7		17.5	
		40	1.05	18.0	16.0		18.0		20.0	
		45	0.93	20.3	18.0		20.2		22.5	
		50	0.84	22.5	20.0		22.5		25.0	
		55	0.76	24.8	22.0		24.7		27.5	
		60	0.70	27.0	24.0		27.0		30.0	
		65	0.65	29.3	26.0		29.2		32.5	
		70	0.60	31.5	28.0		31.5		35.0	
		75	0.56	33.8	30.0		33.7		37.5	
		80	0.53	36.0	32.0		36.0		40.0	
		90	0.47	40.5	36.0		40.5		45.0	
		100	0.42	45.0	40.0		45.0		50.0	
		125	0.34	56.3	50.0		56.3		62.5	
18	9	20	2.60	9.0	8.0	21	9.0	23	10.0	26
		25	2.08	11.3	10.0		11.2		12.5	
		30	1.73	13.5	12.0		13.5		15.0	

금형용 스프링

CKL6-002-2 스프링설계

경소하중(輕小荷重) ----- SWF(노란색)

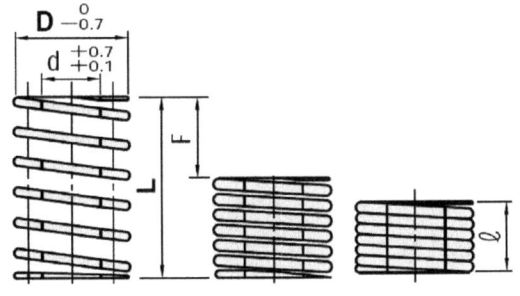

✱ 스프링 하중 산출 방법

하중 = 스프링정수 × 변형량

N = N/mm × F min

Kgf = Kgf/mm × F min

(Kgf = N ×0.101972)

D	d	L	스프링 정수 Kgf/mm	밀착 길이 (ℓ)	F=L×40% F min	하중 Kgf	F=L×45% F min	하중 Kgf	F=L×50% F min	하중 Kgf
18	9	35	1.49	15.8	14.0		15.7		17.5	
		40	1.30	18.0	16.0		18.0		20.0	
		45	1.16	20.3	18.0		20.2		22.5	
		50	1.04	22.5	20.0		22.5		25.0	
		55	0.95	24.8	22.0		24.7		27.5	
		60	0.87	27.0	24.0	21	27.0	23	30.0	26
		65	0.80	29.3	26.0		29.2		32.5	
		70	0.74	31.5	28.0		31.5		35.0	
		75	0.69	33.8	30.0		33.7		37.5	
		80	0.65	36.0	32.0		36.0		40.0	
		90	0.58	40.5	36.0		40.5		45.0	
		100	0.52	45.0	40.0		45.0		50.0	
		125	0.42	56.3	50.0		56.3		62.5	
20	11	20	3.20	9.0	8.0		9.0		10.0	
		25	2.56	11.3	10.0		11.2		12.5	
		30	2.13	13.5	12.0		13.5		15.0	
		35	1.83	15.8	14.0		15.7		17.5	
		40	1.60	18.0	16.0		18.0		20.0	
		45	1.42	20.3	18.0		20.2		22.5	
		50	1.28	22.5	20.0		22.5		25.0	
		55	1.16	24.8	22.0		24.7		27.5	
		60	1.07	27.0	24.0	26	27.0	29	30.0	32
		65	0.98	29.3	26.0		29.2		32.5	
		70	0.91	31.5	28.0		31.5		35.0	
		75	0.85	33.8	30.0		33.7		37.5	
		80	0.80	36.0	32.0		36.0		40.0	
		90	0.71	40.5	36.0		40.5		45.0	
		100	0.64	45.0	40.0		45.0		50.0	
		125	0.51	56.3	50.0		56.2		62.5	
		150	0.43	67.5	60.0		67.5		75.0	
22	11	25	3.20	11.3	10.0	32	11.2	36	12.5	40
		30	2.67	13.5	12.0		13.5		15.0	
		35	2.29	15.8	14.0		15.7		17.5	
		40	2.00	18.0	16.0		18.0		20.0	
		45	1.78	20.3	18.0		20.2		22.5	
		50	1.60	22.5	20.0		22.5		25.0	
		55	1.45	24.8	22.0		24.7		27.5	
		60	1.33	27.0	24.0		27.0		30.0	
		65	1.23	29.3	26.0	32	29.2	36	32.5	40
		70	1.14	31.5	28.0		31.5		35.0	
		75	1.07	33.8	30.0		33.7		37.5	
		80	1.00	36.0	32.0		36.0		40.0	
		90	0.89	40.5	36.0		40.5		45.0	
		100	0.80	45.0	40.0		45.0		50.0	
		125	0.64	56.3	50.0		56.2		62.5	
		150	0.53	67.5	60.0		67.5		75.0	
25	12.5	25	4.00	11.3	10.0		11.2		12.5	
		30	3.33	13.5	12.0		13.5		15.0	
		35	2.86	15.8	14.0		15.7		17.5	
		40	2.50	18.0	16.0		18.0		20.0	
		45	2.22	20.3	18.0		20.2		22.5	
		50	2.00	22.5	20.0		22.5		25.0	
		55	1.82	24.8	22.0		24.7		27.5	
		60	1.67	27.0	24.0		27.0		30.0	
		65	1.54	29.3	26.0	40	29.2	45	32.5	50
		70	1.43	31.5	28.0		31.5		35.0	
		75	1.33	33.8	30.0		33.7		37.5	
		80	1.25	36.0	32.0		36.0		40.0	
		90	1.11	40.5	36.0		40.5		45.0	
		100	1.00	45.0	40.0		45.0		50.0	
		125	0.80	56.3	50.0		56.2		62.5	
		150	0.67	67.5	60.0		67.5		75.0	
		175	0.57	78.8	70.0		78.7		87.5	
		200	0.50	90.0	80.0		90.0		100.0	
27	13.5	25	4.80	11.3	10.0		11.2		12.5	
		30	4.00	13.5	12.0		13.5		15.0	
		35	3.43	15.8	14.0		15.7		17.5	
		40	3.00	18.0	16.0		18.0		20.0	
		45	2.67	20.3	18.0		20.2		22.5	
		50	2.40	22.5	20.0		22.5		25.0	
		55	2.18	24.8	22.0		24.7		27.5	
		60	2.00	27.0	24.0		27.0		30.0	
		65	1.85	29.3	26.0	48	29.2	54	32.5	60
		70	1.71	31.5	28.0		31.5		35.0	
		75	1.60	33.8	30.0		33.7		37.5	
		80	1.50	36.0	32.0		36.0		40.0	
		90	1.33	40.5	36.0		40.5		45.0	
		100	1.20	45.0	40.0		45.0		50.0	
		125	0.96	56.3	50.0		56.2		62.5	
		150	0.80	67.5	60.0		67.5		75.0	
		175	0.69	78.8	70.0		78.7		87.5	
		200	0.60	90.0	80.0		90.0		100.0	
30	16	25	5.76	11.3	10.0		11.2		12.5	
		30	4.80	13.5	12.0	58	13.5	65	15.0	72
		35	4.11	15.8	14.0		15.7		17.5	
		40	3.60	18.0	16.0		18.0		20.0	

금형용 스프링

CKL6-002-3 | 스프링설계

경소하중(輕小荷重) ----- SWF(노란색)

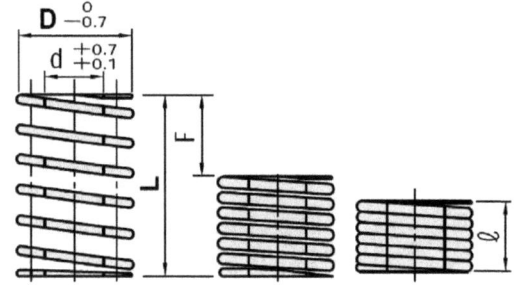

* 스프링 하중 산출 방법

  하중 = 스프링정수 × 변형량

  N = N/mm × F min

  Kgf = Kgf/mm × F min

  (Kgf = N ×0.101972)

D	d	L	스프링 정수 Kgf/mm	밀착 길이 (ℓ)	F=L×40% F min	하중 Kgf	F=L×45% F min	하중 Kgf	F=L×50% F min	하중 Kgf
30	16	45	3.20	20.3	18.0		20.2		22.5	
		50	2.88	22.5	20.0		22.5		25.0	
		55	2.62	24.8	22.0		24.7		27.5	
		60	2.40	27.0	24.0		27.0		30.0	
		65	2.22	29.3	26.0		29.2		32.5	
		70	2.06	31.5	28.0		31.5		35.0	
		75	1.92	33.8	30.0	58	33.7	65	37.5	72
		80	1.80	36.0	32.0		36.0		40.0	
		90	1.60	40.5	36.0		40.5		45.0	
		100	1.44	45.0	40.0		45.0		50.0	
		125	1.15	56.3	50.0		56.2		62.5	
		150	0.96	67.5	60.0		67.5		75.0	
		175	0.82	78.8	70.0		78.7		87.5	
		200	0.72	90.0	80.0		90.0		100.0	
35	19	40	4.89	18.0	16.0		18.0		20.0	
		45	4.35	20.3	18.0		20.2		22.5	
		50	3.92	22.5	20.0		22.5		25.0	
		55	3.56	24.8	22.0		24.7		27.5	
		60	3.26	27.0	24.0		27.0		30.0	
		65	3.01	29.3	26.0		29.2		32.5	
		70	2.80	31.5	28.0		31.5		35.0	
		75	2.61	33.8	30.0	78	33.7	88	37.5	98
		80	2.45	36.0	32.0		36.0		40.0	
		90	2.18	40.5	36.0		40.5		45.0	
		100	1.96	45.0	40.0		45.0		50.0	
		125	1.57	56.3	50.0		56.2		62.5	
		150	1.31	67.5	60.0		67.5		75.0	
		175	1.12	78.87	70.0		78.7		87.5	
		200	0.98	90.0	80.0		90.0		100.0	
40	22	40	6.39	18.0	16.0		18.0		20.0	
		45	5.68	21.3	18.0	102	20.3	115	22.5	128
		50	5.11	22.5	20.0		22.5		25.0	
		55	4.65	26.1	22.0		24.8		27.5	
		60	4.26	27.0	24.0		27.0		30.0	
		65	3.93	30.8	26.0		29.3		32.5	
		70	3.65	31.5	28.0		31.5		35.0	
		75	3.41	35.6	30.0		33.8		37.5	
		80	3.20	36.0	32.0		36.0		40.0	
		90	2.84	40.5	36.0		40.5		45.0	
		100	2.56	45.0	40.0		45.0		50.0	
		125	2.05	56.3	50.0		56.2		62.5	
		150	1.70	67.5	60.0		67.5		75.0	
		175	1.46	78.8	70.0		78.7		87.5	
		200	1.28	90.0	80.0		90.0		100.0	
		225	1.14	101.0	90.0		101.3		112.5	
		250	1.02	112.5	100.0		112.5		125.0	
		275	0.93	124.0	110.0		123.8		137.5	
		300	0.85	142.2	120.0		135.0		150.0	
50	27.5	50	7.99	22.5	20.0		22.5		25.0	
		55	7.27	24.8	22.0		24.8		27.5	
		60	6.66	27.0	24.0		27.0		30.0	
		65	6.15	29.3	26.0		29.3		32.5	
		70	5.71	31.5	28.0		31.5		35.0	
		75	5.33	33.8	30.0		33.8		37.5	
		80	5.00	36.0	32.0		36.0		40.0	
		90	4.44	40.5	36.0		40.5		45.0	
		100	4.00	45.0	40.0		45.0		50.0	
		125	3.20	56.3	50.0		56.2		62.5	
		150	2.66	67.5	60.0	160	67.5	180	75.0	200
		175	2.28	78.8	70.0		78.7		87.5	
		200	2.00	90.0	80.0		90.0		100.0	
		225	1.78	101.0	90.0		101.3		112.5	
		250	1.60	112.5	100.0		112.5		125.0	
		275	1.45	124.0	110.0		123.8		137.5	
		300	1.33	135.0	120.0		135.0		150.0	
		350	1.14	165.9	140.0		157.5		175.0	
		400	1.00	189.6	160.0		180.0		200.0	
		450	0.89	213.0	180.0		202.5		225.0	
		500	0.80	237.0	200.0		225.0		250.0	
60	33	60	9.59	27.0	24.0		27.0		30.0	
		70	8.22	31.5	28.0		31.5		35.0	
		80	7.19	36.0	32.0		36.0		40.0	
		90	6.39	40.5	36.0		40.0		45.0	
		100	5.75	45.0	40.0		45.0		50.0	
		125	4.60	56.3	50.0		56.2		62.5	
		150	3.83	67.5	60.0		67.5		75.0	
		175	3.29	78.8	70.0	230	78.7	259	87.5	288
		200	2.88	90.0	80.0		90.0		100.0	
		250	2.30	112.5	100.0		112.5		125.0	
		300	1.92	135.0	120.0		135.0		150.0	
		350	1.64	165.9	140.0		157.5		175.0	
		400	1.44	189.6	160.0		180.0		200.0	
		450	1.28	213.3	180.0		202.5		225.0	
		500	1.15	237.0	200.0		225.0		250.0	

금형용 스프링

CKL6-003-1 스프링설계

경하중(輕荷重)-----SWL(파랑색)

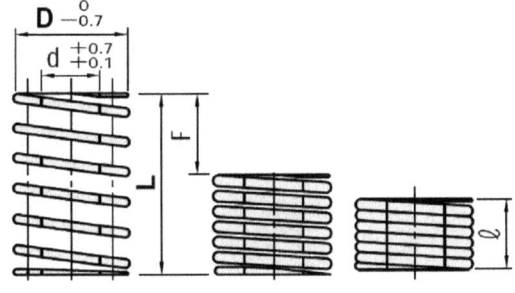

※ 스프링 하중 산출 방법

하중 = 스프링정수 × 변형량

N = N/mm × F min

Kgf = Kgf/mm × F min

(Kgf = N ×0.101972)

D	d	L	스프링 정수 Kgf/mm	밀착 길이 (ℓ)	F=L×32% F min	하중 Kgf	F=L×36% F min	하중 Kgf	F=L×40% F min	하중 Kgf
6	3	15	1.33	8.6	4.8	6.4	5.4	7.2	6.0	8.0
		20	1.00	11.5	6.4		7.2		8.0	
		25	0.80	14.4	8.0		9.0		10.0	
		30	0.67	17.2	9.6		10.8		12.0	
		35	0.57	20.1	11.2		12.6		14.0	
		40	0.50	23.0	12.8		14.4		16.0	
8	4	10	2.50	5.4	3.2	8.0	3.6	9.0	4.0	10
		15	1.67	8.1	4.8		5.4		6.0	
		20	1.25	10.8	6.4		7.2		8.0	
		25	1.00	13.5	8.0		9.0		10.0	
		30	0.83	16.2	9.6		10.8		12.0	
		35	0.71	18.9	11.2		12.6		14.0	
		40	0.63	21.6	12.8		14.4		16.0	
		45	0.56	24.3	14.4		16.2		18.0	
		50	0.50	27.0	16.0		18.0		20.0	
		55	0.45	29.7	17.6		19.8		22.0	
		60	0.42	32.4	19.2		21.6		24.0	
		65	0.38	37.3	20.8		23.4		26.0	
		70	0.36	40.2	22.4		25.2		28.0	
		75	0.33	43.1	24.0		27.0		30.0	
		80	0.31	45.9	25.6		28.8		32.0	
10	5	10	3.50	5.4	3.2	11	3.6	13	4.0	14
		15	2.33	8.1	4.8		5.4		6.0	
		20	1.75	10.8	6.4		7.2		8.0	
		25	1.40	13.5	8.0		9.0		10.0	
		30	1017	16.2	9.6		10.8		12.0	
		35	1.00	18.9	11.2		12.6		14.0	
		40	0.88	21.6	12.8		14.4		16.0	
		45	0.78	24.3	14.4		16.2		18.0	
		50	0.70	27.0	16.0		18.0		20.0	
		55	0.64	29.7	17.6		19.8		22.0	
		60	0.58	32.4	19.2		21.6		24.0	
10	5	65	0.54	35.1	20.8	11	23.4	13	26.0	14
		70	0.50	37.8	22.4		25.2		28.0	
		75	0.47	40.5	24.0		27.0		30.0	
		80	0.44	43.2	25.6		28.8		32.0	
		90	0.39	48.6	28.8		32.4		36.0	
12	6	15	3.50	8.1	4.8	17	5.4	19	6.0	21
		20	2.63	10.8	6.4		7.2		8.0	
		25	2.10	13.5	8.0		9.0		10.0	
		30	1.75	16.2	9.6		10.8		12.0	
		35	1.50	18.9	11.2		12.6		14.0	
		40	1.31	21.6	12.8		14.4		16.0	
		45	1.17	24.3	14.4		16.2		18.0	
		50	1.05	27.0	16.0		18.0		20.0	
		55	0.95	29.7	17.6		19.8		22.0	
		60	0.88	32.4	19.2		21.6		24.0	
		65	0.81	35.1	20.8		23.4		26.0	
		70	0.75	37.8	22.4		25.2		28.0	
		75	0.70	40.5	24.0		27.0		30.0	
		80	0.66	43.2	25.6		28.8		32.0	
		90	0.58	48.6	28.8		32.4		36.0	
14	7	20	3.50	10.8	6.4	22	7.2	25	8.0	28
		25	2.80	13.5	8.0		9.0		10.0	
		30	2.33	16.2	9.6		10.8		12.0	
		35	2.00	18.9	11.2		12.6		14.0	
		40	1.75	21.6	12.8		14.4		16.0	
		45	1.56	24.3	14.4		16.2		18.0	
		50	1.40	27.0	16.0		18.0		20.0	
		55	1.27	29.7	17.6		19.8		22.0	
		60	1.17	32.4	19.2		21.6		24.0	
		65	1.08	35.1	20.8		23.4		26.0	
		70	1.00	37.8	22.4		25.2		28.0	
		75	0.93	40.5	24.0		27.0		30.0	
		80	0.88	43.2	25.6		28.8		32.0	
		90	0.78	48.6	28.8		32.4		36.0	
		100	0.70	54.0	32.0		36.0		40.0	
16	8	20	4.38	10.8	6.4	28	7.2	32	8.0	35
		25	3.50	13.5	8.0		9.0		10.0	
		30	2.92	16.2	9.6		10.8		12.0	
		35	2.50	18.9	11.2		12.6		14.0	
		40	2.19	21.6	12.8		14.4		16.0	
		45	1.94	24.3	14.4		16.2		18.0	
		50	1.75	27.0	16.0		18.0		20.0	
		55	1.59	29.7	17.6		19.8		22.0	
		60	1.46	32.4	19.2		21.6		24.0	
		65	1.35	35.1	20.8		23.4		26.0	
		70	1.25	37.8	22.4		25.2		28.0	
		75	1.17	40.5	24.0		27.0		30.0	
		80	1.09	43.2	25.6		28.8		32.0	
		90	0.97	48.6	28.8		32.4		36.0	
		100	0.88	54.0	32.0		36.0		40.0	
		125	0.70	67.5	40.0		45.0		50.0	
18	9	20	5.38	10.8	6.4	34	7.2	39	8.0	43
		25	4.30	13.5	8.0		9.0		10.0	
		30	3.58	16.2	9.6		10.8		12.0	

스프링설계 CKL6-003-2 — 금형용 스프링

경하중(輕荷重) ----- SWL(파랑색)

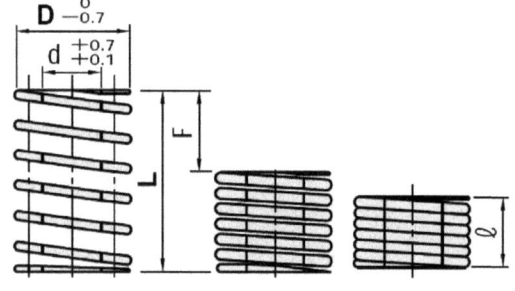

* 스프링 하중 산출 방법

하중 = 스프링정수 × 변형량

N = N/mm × F min

Kgf = Kgf/mm × F min

(Kgf = N ×0.101972)

D	d	L	스프링 정수 Kgf/mm	밀착 길이 (ℓ)	F=L×32% F min	하중 Kgf	F=L×36% F min	하중 Kgf	F=L×40% F min	하중 Kgf
18	9	35	3.07	18.9	11.2		12.6		14.0	
		40	2.69	21.6	12.8		14.4		16.0	
		45	2.39	24.3	14.4		16.2		18.0	
		50	2.15	27.0	16.0		18.0		20.0	
		55	1.95	29.7	17.6		19.8		22.0	
		60	1.79	32.4	19.2		21.6		24.0	
		65	1.65	35.1	20.8	34	23.4	39	26.0	43
		70	1.54	37.8	22.4		25.2		28.0	
		75	1.43	40.5	24.0		27.0		30.0	
		80	1.34	43.2	25.6		28.8		32.0	
		90	1.19	48.6	28.8		32.4		36.0	
		100	1.08	54.0	32.0		36.0		40.0	
		125	0.86	67.5	40.0		45.0		50.0	
20	10	20	6.75	10.8	6.4		7.2		8.0	
		25	5.40	13.5	8.0		9.0		10.0	
		30	4.50	16.2	9.6		10.8		12.0	
		35	3.86	18.9	11.2		12.6		14.0	
		40	3.38	21.6	12.8		14.4		16.0	
		45	3.00	24.3	14.4		16.2		18.0	
		50	2.70	27.0	16.0		18.0		20.0	
		55	2.45	29.7	17.6		19.8		22.0	
		60	2.25	32.4	19.2	43	21.6	48	24.0	54
		65	2.08	35.1	20.8		23.4		26.0	
		70	1.93	37.8	22.4		25.2		28.0	
		75	1.80	40.5	24.0		27.0		30.0	
		80	1.69	43.2	25.6		28.8		32.0	
		90	1.50	48.6	28.8		32.4		36.0	
		100	1.35	54.0	32.0		36.0		40.0	
		125	1.08	67.5	40.0		45.0		50.0	
		150	0.90	81.0	48.0		54.0		60.0	
22	11	25	6.70	13.5	8.0	54	9.0	60	10.0	67
		30	5.58	16.2	9.6		10.8		12.0	
		35	4.79	18.9	11.2		12.6		14.0	
		40	4.19	21.6	12.8		14.4		16.0	
		45	3.72	24.3	14.4		16.2		18.0	
		50	3.35	27.0	16.0		18.0		20.0	
		55	3.05	29.7	17.6		19.8		22.0	
		60	2.79	32.4	19.2		21.6		24.0	
		65	2.58	35.1	20.8		23.4		26.0	
		70	2.39	37.8	22.4		25.2		28.0	
		75	2.23	40.5	24.0		27.0		30.0	
		80	2.09	43.2	25.6		28.8		32.0	
		90	1.86	48.6	28.8		32.4		36.0	
		100	1.68	54.0	32.0		36.0		40.0	
		125	1.34	67.5	40.0		45.0		50.0	
		150	1.12	81.0	48.0		54.0		60.0	
25	12.5	25	8.40	13.5	8.0		9.0		10.0	
		30	7.00	16.2	9.6		10.8		12.0	
		35	6.00	18.9	11.2		12.6		14.0	
		40	5.25	21.6	12.8		14.4		16.0	
		45	4.67	24.3	14.4		16.2		18.0	
		50	4.20	27.0	16.0		18.0		20.0	
		55	3.82	29.7	17.6		19.8		22.0	
		60	3.50	32.4	19.2		21.6		24.0	
		65	3.23	35.1	20.8	67	23.4	76	26.0	84
		70	3.00	37.8	22.4		25.2		28.0	
		75	2.80	40.5	24.0		27.0		30.0	
		80	2.63	43.2	25.6		28.8		32.0	
		90	2.33	48.6	28.8		32.4		36.0	
		100	2.10	54.0	32.0		36.0		40.0	
		125	1.68	67.5	40.0		45.0		50.0	
		150	1.40	81.0	48.0		54.0		60.0	
		175	1.20	94.5	56.0		63.0		70.0	
		200	1.05	108.0	64.0		72.0		80.0	
27	13.5	25	10.0	13.5	8.0		9.0		10.0	
		30	8.33	16.2	9.6		10.8		12.0	
		35	7.14	18.9	11.2		12.6		14.0	
		40	6.25	21.6	12.8		14.4		16.0	
		45	5.56	24.3	14.4		16.2		18.0	
		50	5.00	27.0	16.0		18.0		20.0	
		55	4.55	29.7	17.6		19.8		22.0	
		60	4.17	32.4	19.2		21.6		24.0	
		65	3.85	35.1	20.8	80	23.4	90	26.0	100
		70	3.57	37.8	22.4		25.2		28.0	
		75	3.33	40.5	24.0		27.0		30.0	
		80	3.13	43.2	25.6		28.8		32.0	
		90	2.78	48.6	28.8		32.4		36.0	
		100	2.50	54.0	32.0		36.0		40.0	
		125	2.00	67.5	40.0		45.0		50.0	
		150	1.67	81.0	48.0		54.0		60.0	
		175	1.43	94.5	56.0		63.0		70.0	
		200	1.25	108.0	64.0		72.0		80.0	
30	15	25	12.1	13.5	8.0	97	9.0	109	10.0	121
		30	10.1	16.2	9.6		10.8		12.0	
		35	8.64	18.9	11.2		12.6		14.0	
		40	7.56	21.6	12.8		14.4		16.0	

금형용 스프링

CKL6-003-3 스프링설계

경하중(輕荷重) ----- SWL(파랑색)

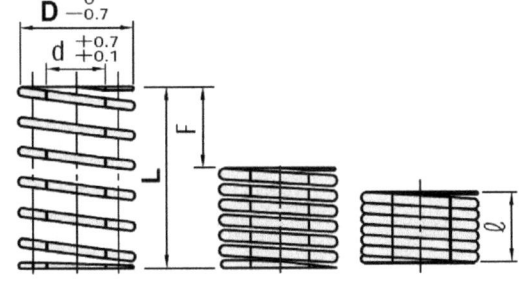

* 스프링 하중 산출 방법

하중 = 스프링정수 × 변형량

N = N/mm × F min

Kgf = Kgf/mm × F min

(Kgf = N ×0.101972)

D	d	L	스프링 정수 Kgf/mm	밀착 길이 (ℓ)	F=L×32% F min	하중 Kgf	F=L×36% F min	하중 Kgf	F=L×40% F min	하중 Kgf
30	15	45	6.72	24.3	14.4		16.2		18.0	
		50	6.05	27.0	16.0		18.0		20.0	
		55	5.50	29.7	17.6		19.8		22.0	
		60	5.04	32.4	19.2		21.6		24.0	
		65	4.65	35.1	20.8		23.4		26.0	
		70	4.32	37.8	22.4		25.2		28.0	
		75	4.03	40.5	24.0	97	27.0	109	30.0	121
		80	3.78	43.2	25.6		28.8		32.0	
		90	3.36	48.6	28.8		32.4		36.0	
		100	3.02	54.0	32.0		36.0		40.0	
		125	2.42	67.5	40.0		45.0		50.0	
		150	2.02	81.0	48.0		54.0		60.0	
		175	1.73	94.5	56.0		63.0		70.0	
		200	1.51	108.0	64.0		72.0		80.0	
35	17.5	40	10.3	21.6	12.8		14.4		16.0	
		45	9.16	24.3	14.4		16.2		18.0	
		50	8.24	27.0	16.0		18.0		20.0	
		55	7.49	29.7	17.6		19.8		22.0	
		60	6.87	32.4	19.2		21.6		24.0	
		65	6.34	35.1	20.8		23.4		26.0	
		70	5.89	37.8	22.4		25.2		28.0	
		75	5.50	40.5	24.0	132	27.0	148	30.0	165
		80	5.15	43.2	25.6		28.8		32.0	
		90	4.58	48.6	28.8		32.4		36.0	
		100	4.12	54.0	32.0		36.0		40.0	
		125	3.30	67.5	40.0		45.0		50.0	
		150	2.75	81.0	48.0		54.0		60.0	
		175	2.36	94.5	56.0		63.0		70.0	
		200	2.06	108.0	64.0		72.0		80.0	
40	20	40	13.5	21.6	12.8		14.4		16.0	
		45	12.0	25.8	14.4	173	16.2	194	18.0	216
		50	10.8	27.0	16.0		18.0		20.0	
		55	9.81	31.6	17.6		19.8		22.0	
		60	8.99	32.4	19.2		21.6		24.0	
		65	8.30	37.3	20.8		23.4		26.0	
		70	7.71	37.8	22.4		25.2		28.0	
		75	7.20	43.1	24.0		27.0		30.0	
		80	6.75	45.9	25.6		28.8		32.0	
		90	6.00	48.6	28.8		32.4		36.0	
		100	5.40	54.0	32.0	173	36.0	194	40.0	216
		125	4.32	67.5	40.0		45.0		50.0	
		150	3.60	81.0	48.0		54.0		60.0	
		175	3.08	94.5	56.0		63.0		70.0	
		200	2.70	108.0	64.0		72.0		80.0	
		225	2.40	122.0	72.0		81.0		90.0	
		250	2.16	135.0	80.0		90.0		100.0	
		275	1.96	149.0	88.0		99.0		110.0	
		300	1.80	172.2	96.0		108.0		120.0	
50	25	50	16.9	27.0	16.0		18.0		20.0	
		55	15.4	29.7	17.6		19.8		22.0	
		60	14.1	32.4	19.2		21.6		24.0	
		65	13.0	35.1	20.8		23.4		26.0	
		70	12.1	37.8	22.4		25.2		28.0	
		75	11.3	40.5	24.0		27.0		30.0	
		80	10.6	43.2	25.6		28.8		32.0	
		90	9.38	48.6	28.8		32.4		36.0	
		100	8.44	54.0	32.0	270	36.0	304	40.0	338
		125	6.75	67.5	40.0		45.0		50.0	
		150	5.63	81.0	48.0		54.0		60.0	
		175	4.82	94.5	56.0		63.0		70.0	
		200	4.22	108.0	64.0		72.0		80.0	
		225	3.75	122.0	72.0		81.0		90.0	
		250	3.38	135.0	80.0		90.0		100.0	
		275	3.07	149.0	88.0		99.0		110.0	
		300	2.81	162.0	96.0		108.0		120.0	
		350	2.41	200.9	112.0		126.0		140.0	
60	30	60	20.3	32.4	19.2		21.6		24.0	
		70	17.4	37.8	22.4		25.2		28.0	
		80	15.2	43.2	25.6		28.8		32.0	
		90	13.5	48.6	28.8		32.4		36.0	
		100	12.2	54	32.0		36.0		40.0	
		125	9.73	67.5	40.0	389	45.0	438	50.0	486
		150	8.11	81	48.0		54.0		60.0	
		175	6.95	94.5	56.0		63.0		70.0	
		200	6.08	108	64.0		72.0		80.0	
		250	4.86	135	80.0		90.0		100.0	
		300	4.05	162	96.0		108.0		120.0	
		350	3.47	200.9	112.0		126.0		140.0	

| 스프링설계 CKL6-004-1 | 금형용 스프링 |

중하중(中荷重)-----SWM(적색)

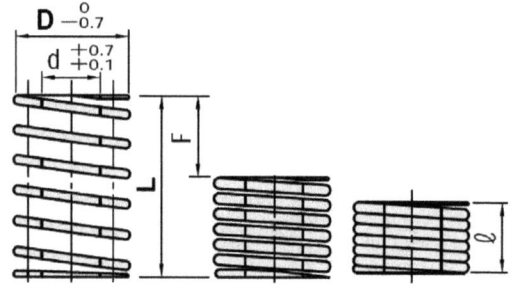

* 스프링 하중 산출 방법

하중 = 스프링정수 × 변형량

N = N/mm × F min

Kgf = Kgf/mm × F min

(Kgf = N ×0.101972)

D	d	L	스프링 정수 Kgf/mm	밀착 길이 (ℓ)	F=L×25.6% F min	하중 Kgf	F=L×28.8% F min	하중 Kgf	F=L×32% F min	하중 Kgf
6	3	15	2.08	9.8	3.8		4.3		4.8	
		20	1.56	13.1	5.1		5.8		6.4	
		25	1.25	16.4	6.4		7.2		8.0	
		30	1.04	19.6	7.7		8.6		9.6	
		35	0.89	22.9	9.0	8.0	10.1	9.0	11.2	10
		40	0.78	26.2	10.2		11.5		12.8	
		45	0.69	29.4	11.5		13.0		14.4	
		50	0.63	32.7	12.8		14.4		16.0	
		55	0.57	36.0	14.1		15.8		17.6	
		60	0.52	39.2	15.4		17.3		19.2	
8	4	10	4.37	6.6	2.6		2.9		3.2	
		15	2.91	9.4	3.8		4.3		4.8	
		20	2.18	12.5	5.1		5.8		6.4	
		25	1.75	15.7	6.4		7.2		8.0	
		30	1.46	18.8	7.7		8.6		9.6	
		35	1.25	21.9	9.0		10.1		11.2	
		40	1.09	25.0	10.2		11.5		12.8	
		45	0.97	28.2	11.5	11	13.0	13	14.4	14
		50	0.87	31.3	12.8		14.4		16.0	
		55	0.79	34.4	14.1		15.8		17.6	
		60	0.73	37.6	15.4		17.3		19.2	
		65	0.67	42.5	16.6		18.7		20.8	
		70	0.62	45.8	17.9		20.2		22.4	
		75	0.58	49.1	19.2		21.6		24.0	
		80	0.55	52.3	20.5		23.0		25.6	
10	5	10	6.25	6.6	2.6		2.9		3.2	
		15	4.17	9.8	3.8		4.3		4.8	
		20	3.13	12.5	5.1		5.8		6.4	
		25	2.50	15.7	6.4	16	7.2	18	8.0	20
		30	2.08	18.8	7.7		8.6		9.6	
		35	1.79	21.9	9.0		10.1		11.2	
		40	1.56	25.0	10.2		11.5		12.8	
		45	1.39	28.2	11.5		13.0		14.4	
		50	1.25	31.3	12.8		14.4		16.0	
		55	1.14	34.4	14.1		15.8		17.6	
		60	1.04	37.6	15.4		17.3		19.2	
10	5	65	0.96	40.7	16.6	16	18.7	18	20.8	20
		70	0.89	43.8	17.9		20.2		22.4	
		75	0.83	47.0	19.2		21.6		24.0	
		80	0.78	50.1	20.5		23.0		25.6	
		90	0.69	56.3	23.0		25.9		28.8	
12	6	15	6.04	9.8	3.8		4.3		4.8	
		20	4.53	12.5	5.1		5.8		6.4	
		25	3.63	15.7	6.4		7.2		8.0	
		30	3.02	18.8	7.7		8.6		9.6	
		35	2.59	21.9	9.0		10.1		11.2	
		40	2.27	25.0	10.2		11.5		12.8	
		45	2.01	28.2	11.5		13.0		14.4	
		50	1.81	31.3	12.8	23	14.4	26	16.0	29
		55	1.65	34.4	14.1		15.8		17.6	
		60	1.51	37.6	15.4		17.3		19.2	
		65	1.39	40.7	16.6		18.7		20.8	
		70	1.29	43.8	17.9		20.2		22.4	
		75	1.21	47.0	19.2		21.6		24.0	
		80	1.13	50.1	20.5		23.0		25.6	
		90	1.01	56.3	23.0		25.9		28.8	
14	7	20	6.09	13.1	5.1		5.8		6.4	
		25	4.88	15.7	6.4		7.2		8.0	
		30	4.08	18.8	7.7		8.6		9.6	
		35	3.48	21.9	9.0		10.1		11.2	
		40	3.05	25.0	10.2		11.5		12.8	
		45	2.71	28.2	11.5		13.0		14.4	
		50	2.44	31.3	12.8		14.4		16.0	
		55	2.22	34.4	14.1	31	15.8	35	17.6	39
		60	2.03	37.6	15.4		17.3		19.2	
		65	1.88	40.7	16.6		18.7		20.8	
		70	1.74	43.8	17.9		20.2		22.4	
		75	1.63	47.0	19.2		21.0		24.0	
		80	1.52	50.1	20.5		23.0		25.6	
		90	1.35	56.3	23.0		25.9		28.8	
		100	1.22	62.6	25.6		28.8		32.0	
16	8	20	7.97	13.1	5.1		5.8		6.4	
		25	6.38	15.7	6.4		7.2		8.0	
		30	5.31	18.8	7.7		8.6		9.6	
		35	4.55	21.9	9.0		10.1		11.2	
		40	3.98	25.0	10.2		11.5		12.8	
		45	3.54	28.2	11.5		13.0		14.4	
		50	3.19	31.3	12.8		14.4		16.0	
		55	2.90	34.4	14.1	41	15.8	46	17.6	51
		60	2.66	37.6	15.4		17.3		19.2	
		65	2.45	40.7	16.6		18.7		20.8	
		70	2.28	43.8	17.9		20.2		22.4	
		75	2.13	47.0	19.2		21.6		24.0	
		80	1.99	50.1	20.5		23.0		25.6	
		90	1.77	56.3	23.0		25.9		28.8	
		100	1.59	62.6	25.6		28.8		32.0	

금형용 스프링

스프링설계 CKL6-004-2

중하중(中荷重) ----- SWM(적색)

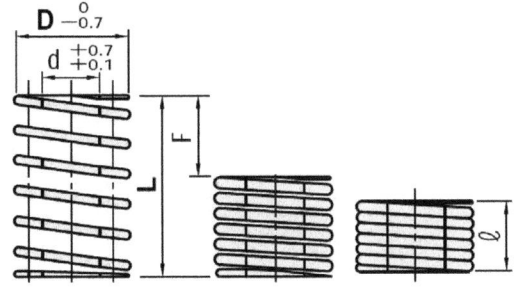

* 스프링 하중 산출 방법

하중 = 스프링정수 × 변형량

N = N/mm × F min

Kgf = Kgf/mm × F min

(Kgf = N × 0.101972)

D	d	L	스프링정수 Kgf/mm	밀착길이 (ℓ)	F=L×25.6% F min	하중 Kgf	F=L×28.8% F min	하중 Kgf	F=L×32% F min	하중 Kgf
18	9	20	10.2	13.1	5.1		5.8		6.4	
		25	8.13	15.7	6.4		7.2		8.0	
		30	6.77	18.8	7.7		8.6		9.6	
		35	5.80	21.9	9.0		10.1		11.2	
		40	5.08	25.0	10.2		11.5		12.8	
		45	4.51	28.2	11.5		13.0		14.4	
		50	4.06	31.3	12.8		14.4		16.0	
		55	3.69	34.4	14.1	52	15.8	59	17.6	65
		60	3.39	37.6	15.4		17.3		19.2	
		65	3.13	40.7	16.6		18.7		20.8	
		70	2.90	43.8	17.9		20.2		22.4	
		75	2.71	47.0	19.2		21.6		24.0	
		80	2.54	50.1	20.5		23.0		25.6	
		90	2.26	56.3	23.0		25.9		28.8	
		100	2.03	62.6	25.6		28.8		32.0	
20	10	20	12.5	13.1	5.1		5.8		6.4	
		25	10.0	15.7	6.4		7.2		8.0	
		30	8.33	18.8	7.7		8.6		9.6	
		35	7.14	21.9	9.0		10.1		11.2	
		40	6.25	25.0	10.2		11.5		12.8	
		45	5.55	28.2	11.5		13.0		14.4	
		50	5.00	31.3	12.8		14.4		16.0	
		55	4.55	34.4	14.1		15.8		17.6	
		60	4.17	37.6	15.4	64	17.3	72	19.2	80
		65	3.85	40.7	16.6		18.7		20.8	
		70	3.57	43.8	17.9		20.2		22.4	
		75	3.33	47.0	19.2		21.6		24.0	
		80	3.13	50.1	20.5		23.0		25.6	
		90	2.78	56.3	23.0		25.9		28.8	
		100	2.50	62.6	25.6		28.8		32.0	
		125	2.00	78.3	32.0		36.0		40.0	
		150	1.67	93.9	38.4		43.2		48.0	
22	11	25	12.1	15.7	6.4		7.2		8.0	
		30	10.1	18.8	7.7		8.6		9.6	
		35	8.66	21.9	9.0		10.1		11.2	
		40	7.58	25.0	10.2		11.5		12.8	
		45	6.74	28.2	11.5		13.0		14.4	
		50	6.06	31.3	12.8		14.4		16.0	
		55	5.51	34.4	14.1		15.8		17.6	
		60	5.05	37.6	15.4	78	17.3	87	19.2	97
		65	4.66	40.7	16.6		18.7		20.8	
		70	4.33	43.8	17.9		20.2		22.4	
		75	4.04	47.0	19.2		21.6		24.0	
		80	3.79	50.1	20.5		23.0		25.6	
		90	3.37	56.3	23.0		25.9		28.8	
		100	3.03	62.6	25.6		28.8		32.0	
		125	2.43	78.3	32.0		36.0		40.0	
		150	2.02	93.9	38.4		43.2		48.0	
25	12.5	25	15.6	15.7	6.4		7.2		8.0	
		30	13.0	18.8	7.7		8.6		9.6	
		35	11.2	21.9	9.0		10.1		11.2	
		40	9.77	25.0	10.2		11.5		12.8	
		45	9.68	28.2	11.5		13.0		14.4	
		50	7.81	31.3	12.8		14.4		16.0	
		55	7.10	34.4	14.1		15.8		17.6	
		60	6.51	37.6	15.4		17.3		19.2	
		65	6.01	40.7	16.6	100	18.7	113	20.8	125
		70	5.58	43.8	17.9		20.2		22.4	
		75	5.21	47.0	19.2		21.6		24.0	
		80	4.88	50.1	20.5		23.0		25.6	
		90	4.34	56.3	23.0		25.9		28.8	
		100	3.91	62.6	25.6		28.8		32.0	
		125	3.13	78.3	32.0		36.0		40.0	
		150	2.60	93.9	38.4		43.2		48.0	
		175	2.23	109.6	44.8		50.4		56.0	
27	13.5	25	18.3	15.7	6.4		7.2		8.0	
		30	15.2	18.8	7.7		8.6		9.6	
		35	13.0	21.9	9.0		10.1		11.2	
		40	11.4	25.0	10.2		11.5		12.8	
		45	10.1	28.2	11.5		13.0		14.4	
		50	9.13	31.3	12.8		14.4		16.0	
		55	8.30	34.4	14.1		15.8		17.6	
		60	7.60	37.6	15.4		17.3		19.2	
		65	7.02	40.7	16.6	117	18.7	131	20.8	146
		70	6.52	43.8	17.9		20.2		22.4	
		75	6.08	47.0	19.2		21.6		24.0	
		80	5.70	50.1	20.5		23.0		25.6	
		90	5.07	56.3	23.0		25.9		28.8	
		100	4.56	62.6	25.6		28.8		32.0	
		125	3.65	78.3	32.0		36.0		40.0	
		150	3.04	93.9	38.4		43.2		48.0	
		175	2.61	109.6	44.8		50.4		56.0	
30	15	25	22.5	15.7	6.4		7.2		8.0	
		30	18.8	18.8	7.7	144	8.6	162	9.6	180
		35	16.1	21.9	9.0		10.1		11.2	
		40	14.1	25.0	10.2		11.5		12.8	

금형용 스프링

스프링설계 CKL6-004-3

중하중(中荷重) ----- SWM(적색)

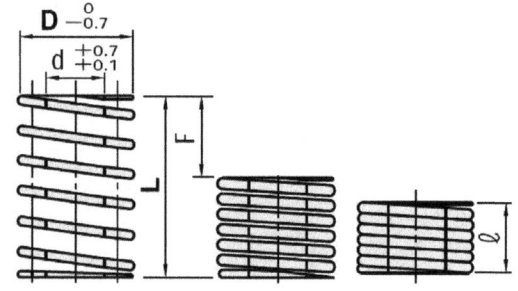

* 스프링 하중 산출 방법

하중 = 스프링정수 × 변형량

N = N/mm × F min

Kgf = Kgf/mm × F min

(Kgf = N ×0.101972)

D	d	L	스프링 정수 Kgf/mm	밀착 길이 (ℓ)	F=L×25.6% F min	하중 Kgf	F=L×28.8% F min	하중 Kgf	F=L×32% F min	하중 Kgf
30	15	45	12.5	28.2	11.5		13.0		14.4	
		50	11.3	31.3	12.8		14.4		16.0	
		55	10.2	34.4	14.1		15.8		17.6	
		60	9.38	37.6	15.4		17.3		19.2	
		65	8.65	40.7	16.6		18.7		20.8	
		70	8.04	43.8	17.9		20.2		22.4	
		75	7.50	47.0	19.2	144	21.6	162	24.0	180
		80	7.03	50.1	20.5		23.0		25.6	
		90	6.25	56.3	23.0		25.9		28.8	
		100	5.63	62.6	25.6		28.8		32.0	
		125	4.50	78.3	32.0		36.0		40.0	
		150	3.75	93.9	38.4		43.2		48.0	
		175	3.21	109.6	44.8		50.4		56.0	
		200	2.81	125.2	51.2		57.6		64.0	
35	17.5	40	19.1	25.0	10.2		11.5		12.8	
		45	17.0	28.2	11.5		12.9		14.4	
		50	15.3	31.3	12.8		14.4		16.0	
		55	13.9	34.4	14.1		15.8		17.6	
		60	12.8	37.6	15.4		17.3		19.2	
		65	11.8	40.7	16.6		18.7		20.8	
		70	10.9	43.8	17.9		20.2		22.4	
		75	10.2	47.0	19.2	196	21.6	220	24.0	245
		80	9.57	50.1	20.5		23.0		25.6	
		90	8.51	56.3	23.0		25.9		28.8	
		100	7.66	62.6	25.6		28.8		32.0	
		125	6.13	78.3	32.0		36.0		40.0	
		150	5.10	93.9	38.4		43.2		48.0	
		175	4.38	109.6	44.8		50.4		56.0	
		200	3.83	125.5	51.2		57.6		64.0	
40	20	40	25.0	25.0	10.2		11.5		12.8	
		45	22.2	29.4	11.5	256	13.0	288	14.4	320
		50	20.0	31.3	12.8		14.4		16.0	
		55	18.2	36.0	14.1		15.8		17.6	
		60	16.7	37.6	15.4		17.3		19.2	
		65	15.4	42.5	16.6		18.7		20.8	
		70	14.3	43.8	17.9		20.2		22.4	
		75	13.3	49.1	19.2		21.6		24.0	
		80	12.5	50.1	20.5		23.0		25.6	
		90	11.1	56.3	23.0		25.9		28.8	
		100	10.0	62.6	25.6	256	28.8	288	32.0	320
		125	8.00	78.3	32.0		36.0		40.0	
		150	6.67	93.9	38.4		43.2		48.0	
		175	5.71	109.6	44.8		50.4		56.0	
		200	5.00	125.5	51.2		57.6		64.0	
		225	4.44	141.0	57.6		64.8		72.0	
		250	4.00	156.5	64.0		72.0		80.0	
		275	3.64	172.0	70.4		79.2		88.0	
		300	3.33	196.2	76.8		86.4		96.0	
50	25	50	31.2	31.3	12.8		14.4		16.0	
		55	28.4	34.4	14.1		15.8		17.6	
		60	26.0	37.6	15.4		17.3		19.2	
		65	24.0	40.7	16.6		18.7		20.8	
		70	22.3	43.8	17.9		20.2		22.4	
		75	20.8	47.0	19.2		21.6		24.0	
		80	19.5	50.1	20.5		23.0		25.6	
		90	17.3	56.3	23.0		25.9		28.8	
		100	15.6	62.6	25.6	400	28.8	450	32.0	500
		125	12.5	78.3	32.0		36.0		40.0	
		150	10.4	93.9	38.4		43.2		48.0	
		175	8.92	109.6	44.8		50.4		56.0	
		200	7.81	125.2	51.2		57.6		64.0	
		225	6.94	1410	57.6		64.8		72.0	
		250	6.25	156.5	64.0		72.0		80.0	
		275	5.68	172.0	70.4		79.2		88.0	
		300	5.20	187.8	76.8		86.4		96.0	
		350	4.46	228.9	89.6		100.8		112.0	
60	30	60	37.5	37.6	15.4		17.3		19.2	
		70	32.1	43.8	17.9		20.2		22.4	
		80	28.1	50.1	20.5		23.0		25.6	
		90	25.0	56.3	23.0		25.9		28.8	
		100	22.5	62.6	25.6		28.8		32.0	
		125	18.0	78.3	32.0		36.0		40.0	
		150	15.0	93.9	38.4	576	43.2	648	48.0	720
		175	12.8	109.6	44.8		50.4		56.0	
		200	11.2	125.2	51.2		57.6		64.0	
		250	8.99	156.5	64.0		72.0		80.0	
		300	7.49	187.8	76.8		86.4		96.0	
		350	6.42	228.9	89.6		100.8		112.0	

금형용 스프링

CKL6-005-1

중하중(重荷重)-----SWH(녹색)

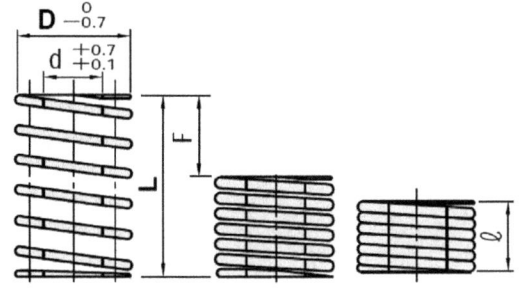

* 스프링 하중 산출 방법

하중 = 스프링정수 × 변형량

N = N/mm × F min

Kgf = Kgf/mm × F min

(Kgf = N ×0.101972)

D	d	L	스프링정수 Kgf/mm	밀착길이 (ℓ)	F=L×19.2%		F=L×21.6%		F=L×24%	
					F min	하중 Kgf	F min	하중 Kgf	F min	하중 Kgf
6	3	15	3.9	11.0	2.9	11	3.2	13	3.6	14
		20	2.9	14.7	3.8		4.3		4.8	
		25	2.3	18.4	4.8		5.4		6.0	
		30	1.9	22.0	5.8		6.5		7.2	
		35	1.7	25.7	6.7		7.6		8.4	
		40	1.5	29.4	7.7		8.6		9.6	
		45	1.3	33.0	8.6		9.7		10.8	
		50	1.2	36.7	9.6		10.8		12.0	
		55	1.1	40.4	10.6		11.9		13.2	
		60	1.0	44.0	11.5		13.0		14.4	
8	4	10	8.8	7.4	1.9	17	2.2	19	2.4	21
		15	5.8	10.8	2.9		3.2		3.6	
		20	4.4	14.4	3.8		4.3		4.8	
		25	3.5	18.0	4.8		5.4		6.0	
		30	2.9	21.6	5.8		6.5		7.2	
		35	2.5	25.2	6.7		7.6		8.4	
		40	2.2	28.8	7.7		8.6		9.6	
		45	1.9	32.4	8.6		9.7		10.8	
		50	1.8	36.0	9.6		10.8		12.0	
		55	1.6	39.6	10.6		11.9		13.2	
		60	1.5	43.2	11.5		13.0		14.4	
		65	1.3	47.7	12.5		14.0		15.6	
		70	1.3	51.4	13.4		15.1		16.8	
		75	1.2	55.1	14.4		16.2		18.0	
		80	1.1	58.7	15.4		17.3		19.2	
10	5	10	12.5	7.4	1.9	24	2.2	27	2.4	30
		15	8.3	11.0	2.9		3.2		3.6	
		20	6.3	14.4	3.8		4.3		4.8	
		25	5.0	18.0	4.8		5.4		6.0	
		30	4.2	21.6	5.8		6.5		7.2	
		35	3.6	25.2	6.7		7.6		8.4	
		40	3.1	28.8	7.7		8.6		9.6	

D	d	L	스프링정수 Kgf/mm	밀착길이 (ℓ)	F=L×19.2%		F=L×21.6%		F=L×24%	
					F min	하중 Kgf	F min	하중 Kgf	F min	하중 Kgf
10	5	45	2.8	32.4	8.6	24	9.7	27	10.8	30
		50	2.5	36.0	9.6		10.8		12.0	
		55	2.3	39.6	10.6		11.9		13.2	
		60	2.1	43.2	11.5		13.0		14.4	
		65	1.9	46.8	12.5		14.0		15.6	
		70	1.8	50.4	13.4		15.1		16.8	
		75	1.7	54.0	14.4		16.2		18.0	
		80	1.6	57.6	15.4		17.3		19.2	
		90	1.4	64.8	17.3		19.4		21.6	
12	6	15	11.9	11.0	2.9	34	3.2	38	3.6	43
		20	8.9	14.4	3.8		4.3		4.8	
		25	7.2	18.0	4.8		5.4		6.0	
		30	6.0	21.6	5.8		6.5		7.2	
		35	5.1	25.2	6.7		7.6		8.4	
		40	4.5	28.8	7.7		8.6		9.6	
		45	4.0	32.4	8.6		9.7		10.8	
		50	3.6	36.0	9.6		10.8		12.0	
		55	3.3	39.6	10.6		11.9		13.2	
		60	3.0	43.2	11.5		13.0		14.4	
		65	2.8	46.8	12.5		14.0		15.6	
		70	2.6	50.4	13.4		15.1		16.8	
		75	2.4	54.0	14.4		16.2		18.0	
		80	2.2	57.6	15.4		17.3		19.2	
		90	2.0	64.8	17.3		19.4		21.6	
14	7	20	12.3	14.7	3.8	47	4.3	53	4.8	59
		25	9.8	18.0	4.8		5.4		6.0	
		30	8.2	21.6	5.8		6.5		7.2	
		35	7.0	25.2	6.7		7.6		8.4	
		40	6.1	28.8	7.7		8.6		9.6	
		45	5.5	32.4	8.6		9.7		10.8	
		50	4.9	36.0	9.6		10.8		12.0	
		55	4.5	39.6	10.6		11.9		13.2	
		60	4.1	43.2	11.5		13.0		14.4	
		65	3.8	46.8	12.5		14.0		15.6	
		70	3.5	50.4	13.4		15.1		16.8	
		75	3.3	54.0	14.4		16.2		18.0	
		80	3.1	57.6	15.4		17.3		19.2	
		90	2.7	64.8	17.3		19.4		21.6	
		100	2.5	72.0	19.2		21.6		24.0	
16	8	20	16.0	14.7	3.8	62	4.3	69	4.8	77
		25	12.8	18.0	4.8		5.4		6.0	
		30	10.7	21.6	5.8		6.5		7.2	
		35	9.2	25.2	6.7		7.6		8.4	
		40	8.0	28.8	7.7		8.6		9.6	
		45	7.1	32.4	8.6		9.7		10.8	
		50	6.4	36.0	9.6		10.8		12.0	
		55	5.8	39.6	10.6		11.9		13.2	
		60	5.3	43.2	11.5		13.0		14.4	
		65	4.9	46.8	12.5		14.0		15.6	
		70	4.6	50.4	13.4		15.1		16.8	
		75	4.3	54.0	14.4		16.2		18.0	
		80	4.0	57.6	15.4		17.3		19.2	
		90	3.6	64.8	17.3		19.4		21.6	
		100	3.2	72.0	19.2		21.6		24.0	

스프링설계 CKL6-005-2 — 금형용 스프링

중하중(重荷重) ----- SWH(녹색)

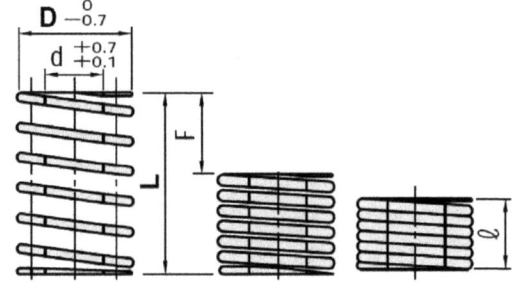

* 스프링 하중 산출 방법

하중 = 스프링정수 × 변형량

N = N/mm × F min

Kgf = Kgf/mm × F min

(Kgf = N ×0.101972)

D	d	L	스프링 정수 Kgf/mm	밀착 길이 (ℓ)	F=L×19.2% F min	하중 Kgf	F=L×21.6% F min	하중 Kgf	F=L×24% F min	하중 Kgf
18	9	20	20.2	14.7	3.8		4.3		4.8	
		25	16.2	18.0	4.8		5.4		6.0	
		30	13.5	21.6	5.8		6.5		7.2	
		35	11.5	25.2	6.7		7.6		8.4	
		40	10.1	28.8	7.7		8.6		9.6	
		45	9.0	32.4	8.6		9.7		10.8	
		50	8.1	36.0	9.6		10.8		12.0	
		55	7.3	39.6	10.6	78	11.9	87	13.2	97
		60	6.7	43.2	11.5		13.0		14.4	
		65	6.2	46.8	12.5		14.0		15.6	
		70	5.8	50.4	13.4		15.1		16.8	
		75	5.4	54.0	14.4		16.2		18.0	
		80	5.1	57.6	15.4		17.3		19.2	
		90	4.5	64.8	17.3		19.4		21.6	
		100	4.0	72.0	19.2		21.6		24.0	
20	10	20	25.0	14.7	3.8		4.3		4.8	
		25	20.0	18.0	4.8		5.4		6.0	
		30	16.7	21.6	5.8		6.5		7.2	
		35	14.3	25.2	6.7		7.6		8.4	
		40	12.5	28.8	7.7		8.6		9.6	
		45	11.1	32.4	8.6		9.7		10.8	
		50	10.0	36.0	9.6		10.8		12.0	
		55	9.1	39.6	10.6		11.9		13.2	
		60	8.3	43.2	11.5	96	13.0	108	14.4	120
		65	7.7	46.8	12.5		14.0		15.6	
		70	7.1	50.4	13.4		15.1		16.8	
		75	6.7	54.0	14.4		16.2		18.0	
		80	6.2	57.6	15.4		17.3		19.2	
		90	5.6	64.8	17.3		19.4		21.6	
		100	5.0	72.0	19.2		21.6		24.0	
		125	4.0	90.0	24.0		27.0		30.0	
		150	3.3	108.0	28.8		32.4		36.0	
22	11	25	24.2	18.0	4.8		5.4		6.0	
		30	20.1	21.6	5.8		6.5		7.2	
		35	17.3	25.2	6.7		7.6		8.4	
		40	15.1	28.8	7.7		8.6		9.6	
		45	13.4	32.4	8.6		9.7		10.8	
		50	12.1	36.0	9.6		10.8		12.0	
		55	11.0	39.6	10.6		11.9		13.2	
		60	10.0	43.2	11.5	116	13.0	130	14.4	145
		65	9.3	46.8	12.5		14.0		15.6	
		70	8.6	50.4	13.4		15.1		16.8	
		75	8.1	54.0	14.4		16.2		18.0	
		80	7.5	57.6	15.4		17.3		19.2	
		90	6.7	64.8	17.3		19.4		21.6	
		100	6.0	72.0	19.2		21.6		24.0	
		125	4.8	90.0	24.0		27.0		30.0	
		150	4.0	108.0	28.8		32.4		36.0	
25	12.5	25	31.2	18.0	4.8		5.4		6.0	
		30	26.0	21.6	5.8		6.5		7.2	
		35	22.3	25.2	6.7		7.6		8.4	
		40	19.5	28.8	7.7		8.6		9.6	
		45	17.3	32.4	8.6		9.7		10.8	
		50	15.6	36.0	9.6		10.8		12.0	
		55	14.2	39.6	10.6		11.9		13.2	
		60	13.0	43.2	11.5		13.0		14.4	
		65	12.0	46.8	12.5	150	14.0	168	15.6	187
		70	11.1	50.4	13.4		15.1		16.8	
		75	10.4	54.0	14.4		16.2		18.0	
		80	9.7	57.6	15.4		17.3		19.2	
		90	8.7	64.8	17.3		19.4		21.6	
		100	7.8	72.0	19.2		21.6		24.0	
		125	6.2	90.0	24.0		27.0		30.0	
		150	5.2	108.0	28.8		32.4		36.0	
		175	4.5	126.0	33.6		37.8		42.0	
27	13.5	25	36.5	18.0	4.8		5.4		6.0	
		30	30.4	21.6	5.8		6.5		7.2	
		35	26.1	25.2	6.7		7.6		8.4	
		40	22.8	28.8	7.7		8.6		0.6	
		45	20.3	32.4	8.6		9.7		10.8	
		50	18.2	36.0	9.6		10.8		12.0	
		55	16.6	39.6	10.6		11.9		13.2	
		60	15.2	43.2	11.5		13.0		14.4	
		65	14.0	46.8	12.5	175	14.0	197	15.6	219
		70	13.0	50.4	13.4		15.1		16.8	
		75	12.2	54.0	14.4		16.2		18.0	
		80	11.4	57.6	15.4		17.3		19.2	
		90	10.1	64.8	17.3		19.4		21.6	
		100	9.1	72.0	19.2		21.6		24.0	
		125	7.3	90.0	24.0		27.0		30.0	
		150	6.1	108.0	28.8		32.4		36.0	
		175	5.2	126.0	33.6		37.8		42.0	
30	15	25	45.0	18.0	4.8		5.4		6.0	
		30	37.5	21.6	5.8	216	6.5	243	7.2	270
		35	32.1	25.2	6.7		7.6		8.4	
		40	28.1	28.8	7.7		8.6		9.6	

금형용 스프링

스프링설계 CKL6-005-3

중하중(重荷重)-----SWH(녹색)

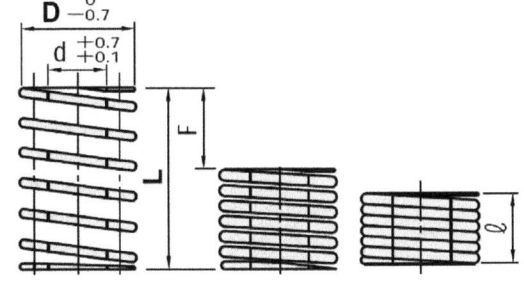

* 스프링 하중 산출 방법

하중 = 스프링정수 × 변형량

N = N/mm × F min

Kgf = Kgf/mm × F min

(Kgf = N ×0.101972)

D	d	L	스프링 정수 Kgf/mm	밀착 길이 (ℓ)	F=L×19.2%		F=L×21.6%		F=L×24%	
					F min	하중 Kgf	F min	하중 Kgf	F min	하중 Kgf
30	15	45	25.0	32.4	8.6		9.7		10.8	
		50	22.5	36.0	9.6		10.8		12.0	
		55	20.4	39.6	10.6		11.9		13.2	
		60	18.7	43.2	11.5		13.0		14.4	
		65	17.3	46.8	12.5		14.0		15.6	
		70	16.1	50.4	13.4		15.1		16.8	
		75	15.0	54.0	14.4	216	16.2	243	18.0	270
		80	14.1	57.6	15.4		17.3		19.2	
		90	12.5	64.8	17.3		19.4		21.6	
		100	11.2	72.0	19.2		21.6		24.0	
		125	9.0	90.0	24.0		27.0		30.0	
		150	7.5	108.0	28.8		32.4		36.0	
		175	6.4	126.0	33.6		37.8		42.0	
		200	5.6	144.0	38.4		43.2		48.0	
35	17.5	40	38.2	28.8	7.7		8.6		9.6	
		45	34.0	32.4	8.6		9.7		10.8	
		50	30.6	36.0	9.6		10.8		12.0	
		55	27.8	39.6	10.6		11.9		13.2	
		60	25.5	43.2	11.5		13.0		14.4	
		65	23.5	46.8	12.5		14.0		15.6	
		70	21.8	50.4	13.4		15.1		16.8	
		75	20.4	54.0	14.4	293	16.2	330	18.0	367
		80	19.1	57.6	15.4		17.3		19.2	
		90	17.0	64.8	17.3		19.4		21.6	
		100	15.3	72.0	19.2		21.6		24.0	
		125	12.2	90.0	24.0		27.0		30.0	
		150	10.2	108.0	28.8		32.4		36.0	
		175	8.7	126.0	33.6		37.8		42.0	
		200	7.6	144.0	38.4		43.2		48.0	
40	20	40	50.0	28.8	7.7		8.6		9.6	
		45	44.4	32.4	8.6	384	9.7	432	10.8	480
		50	40.0	36.0	9.6		10.8		12.0	

D	d	L	스프링 정수 Kgf/mm	밀착 길이 (ℓ)	F=L×19.2%		F=L×21.6%		F=L×24%	
					F min	하중 Kgf	F min	하중 Kgf	F min	하중 Kgf
40	20	55	36.3	40.4	10.6		11.9		13.2	
		60	33.3	43.2	11.5		13.0		14.4	
		65	30.7	47.7	12.5		14.0		15.6	
		70	28.6	50.4	13.4		15.1		16.8	
		75	26.6	55.1	14.4		16.2		18.0	
		80	25.0	57.6	15.4		17.3		19.2	
		90	22.2	64.8	17.3		19.4		21.6	
		100	20.0	72.0	19.2	384	21.6	432	24.0	480
		125	16.0	90.0	24.0		27.0		30.0	
		150	13.3	108.0	28.8		32.4		36.0	
		175	11.4	126.0	33.6		37.8		42.0	
		200	10.0	144.0	38.4		43.2		48.0	
		225	8.9	162.0	43.2		48.6		54.0	
		250	8.0	180.0	48.0		54.0		60.0	
		275	7.3	198.0	52.8		59.4		66.0	
		300	6.7	220.2	57.6		64.8		72.0	
50	25	50	62.5	36	9.6		10.8		12.0	
		55	56.8	39.6	10.6		11.9		13.2	
		60	52.0	43.2	11.5		13.0		14.4	
		65	48.0	46.8	12.5		14.0		15.6	
		70	44.6	50.4	13.4		15.1		16.8	
		75	41.6	54	14.4		16.2		18.0	
		80	39.0	57.6	15.4		17.3		19.2	
		90	34.7	64.8	17.3		19.4		21.6	
		100	31.2	72	19.2	600	21.6	675	24.0	750
		125	25.0	90	24.0		27.0		30.0	
		150	20.8	108	28.8		32.4		36.0	
		175	17.8	126	33.6		37.8		42.0	
		200	15.6	144	38.4		43.2		48.0	
		225	13.9	162	43.2		48.6		54.0	
		250	12.5	180	48.0		54.0		60.0	
		275	11.4	198	52.8		59.4		66.0	
		300	10.4	216	57.6		64.8		72.0	
		350	8.9	256.9	67.2		75.6		84.0	
60	30	60	74.9	43.2	11.5		13.0		14.4	
		70	64.2	50.4	13.4		15.1		16.8	
		80	56.2	57.6	15.4		17.3		19.2	
		90	50.0	64.8	17.3		19.4		21.6	
		100	45.0	72.0	19.2		21.6		24.0	
		125	36.0	90.0	24.0		27.0		30.0	
		150	30.0	108.0	28.8	863	32.4	971	36.0	1079
		175	25.7	126.0	33.6		37.8		42.0	
		200	22.5	144.0	38.4		43.2		48.0	
		250	18.0	180.0	48.0		54.0		60.0	
		300	15.0	216.0	57.6		64.8		72.0	
		350	12.8	256.9	67.2		75.6		64.0	

스프링설계 CKL6-006-1

금형용 스프링

극중하중(極重荷重) ----- SWB(갈색)

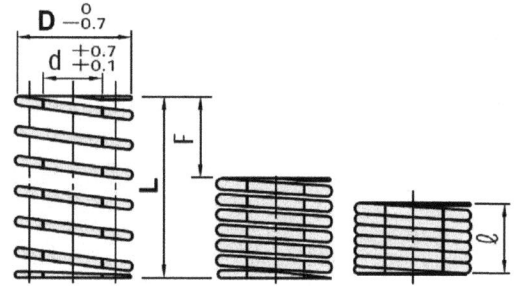

* 스프링 하중 산출 방법

하중 = 스프링정수 × 변형량

N = N/mm × F min

Kgf = Kgf/mm × F min

(Kgf = N × 0.101972)

D	d	L	스프링 정수 Kgf/mm	밀착 길이 (ℓ)	F=L×16%		F=L×18%		F=L×20%	
					F min	하중 Kgf	F min	하중 Kgf	F min	하중 Kgf
6	3	15	6.0	11.6	2.4		2.7		3.0	
		20	4.5	15.5	3.2		3.6		4.0	
		25	3.6	19.4	4.0		4.5		5.0	
		30	3.0	23.2	4.8		5.4		6.0	
		35	2.6	27.1	5.6	14	6.3	16	7.0	18
		40	2.3	31.0	6.4		7.2		8.0	
		45	2.0	34.8	7.2		8.1		9.0	
		50	1.8	38.7	8.0		9.0		10.0	
		55	1.6	42.6	8.8		9.9		11.0	
		60	1.5	46.4	9.6		10.8		12.0	
8	4	10	16.5	7.7	1.6		1.8		2.0	
		15	11.0	11.6	2.4		2.7		3.0	
		20	8.2	15.5	3.2		3.6		4.0	
		25	6.6	19.4	4.0		4.5		5.0	
		30	5.5	23.2	4.8		5.4		6.0	
		35	4.7	27.1	5.6		6.3		7.0	
		40	4.1	31.0	6.4		7.2		8.0	
		45	3.7	34.8	7.2	26	8.1	30	9.0	33
		50	3.3	38.7	8.0		9.0		10.0	
		55	3.0	42.6	8.8		9.9		11.0	
		60	2.7	46.4	9.6		10.8		12.0	
		65	2.5	50.3	10.4		11.7		13.0	
		70	2.4	54.2	11.2		12.6		14.0	
		75	2.2	58.1	12.0		13.5		15.0	
		80	2.1	61.9	12.8		14.4		16.0	
10	5	10	22.5	7.7	1.6		1.8		2.0	
		15	15.0	11.6	2.4		2.7		3.0	
		20	11.2	15.5	3.2		3.6		4.0	
		25	9.0	19.4	4.0	36	4.5	41	5.0	45
		30	7.5	23.2	4.8		5.4		6.0	
		35	6.4	27.1	5.6		6.3		7.0	
		40	5.6	31.0	6.4		7.2		8.0	
		45	5.0	34.8	7.2		8.1		9.0	
		50	4.5	38.7	8.0		9.0		10.0	
		55	4.1	42.6	8.8		9.9		11.0	
		60	3.7	46.4	9.6		10.8		12.0	
10	5	65	3.5	50.3	10.4	36	11.7	41	13.0	45
		70	3.2	54.2	11.2		12.6		14.0	
		75	3.0	58.1	12.0		13.5		15.0	
		80	2.8	61.9	12.8		14.4		16.0	
		90	2.5	69.7	14.4		16.2		18.0	
12	6	15	19.3	11.6	2.4		2.7		3.0	
		20	14.5	15.5	3.2		3.6		4.0	
		25	11.6	19.4	4.0		4.5		5.0	
		30	9.7	23.2	4.8		5.4		6.0	
		35	8.3	27.1	5.6		6.3		7.0	
		40	7.3	31.0	6.4		7.2		8.0	
		45	6.4	34.8	7.2		8.1		9.0	
		50	5.8	38.7	8.0	46	9.0	52	10.0	58
		55	5.3	42.6	8.8		9.9		11.0	
		60	4.8	46.4	9.6		10.8		12.0	
		65	4.5	50.3	10.4		11.7		13.0	
		70	4.1	54.2	11.2		12.6		14.0	
		75	3.9	58.1	12.0		13.5		15.0	
		80	3.6	61.9	12.8		14.4		16.0	
		90	3.2	69.7	14.4		16.2		18.0	
14	7	20	18.8	15.5	3.2		2.7		4.0	
		25	15.0	19.4	4.0		3.6		5.0	
		30	12.5	23.2	4.8		4.5		6.0	
		35	10.7	27.1	5.6		5.4		7.0	
		40	9.4	31.0	6.4		6.3		8.0	
		45	8.3	34.8	7.2		7.2		9.0	
		50	7.5	38.7	8.0		8.1		10.0	
		55	6.8	42.6	8.8	60	9.0	68	11.0	75
		60	6.3	46.4	9.6		9.9		12.0	
		65	5.8	50.3	10.4		10.8		13.0	
		70	5.4	54.2	11.2		11.7		14.0	
		75	5.0	58.1	12.0		12.6		15.0	
		80	4.7	61.9	12.8		13.5		16.0	
		90	4.2	69.7	14.4		14.4		18.0	
		100	3.8	77.4	16.0		16.2		20.0	
16	8	20	25.0	15.5	3.2		3.6		4.0	
		25	20.0	19.4	4.0		4.5		5.0	
		30	16.7	23.2	4.8		5.4		6.0	
		35	14.3	27.1	5.6		6.3		7.0	
		40	12.5	31.0	6.4		7.2		8.0	
		45	11.1	34.8	7.2		8.1		9.0	
		50	10.0	38.7	8.0		9.0		10.0	
		55	9.1	42.6	8.8	80	9.9	90	11.0	100
		60	8.3	46.4	9.6		10.8		12.0	
		65	7.7	50.3	10.4		11.7		13.0	
		70	7.1	54.2	11.2		12.6		14.0	
		75	6.7	58.1	12.0		13.5		15.0	
		80	6.3	61.9	12.8		14.4		16.0	
		90	5.6	69.7	14.4		16.2		18.0	
		100	5.0	77.4	16.0		18.0		20.0	

금형용 스프링

CKL6-006-2 스프링설계

극중하중(極重荷重)-----SWB(갈색)

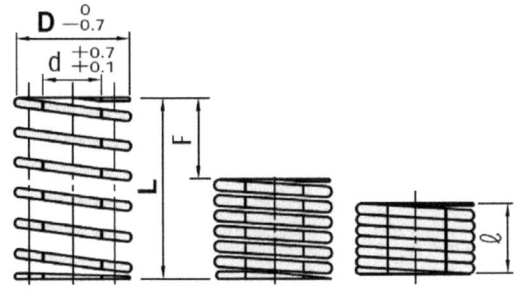

* 스프링 하중 산출 방법

하중 = 스프링정수 × 변형량

N = N/mm × F min

Kgf = Kgf/mm × F min

(Kgf = N ×0.101972)

D	d	L	스프링 정수 Kgf/mm	밀착 길이 (ℓ)	F=L×16%		F=L×18%		F=L×20%	
					F min	하중 Kgf	F min	하중 Kgf	F min	하중 Kgf
18	9	20	31.2	15.5	3.2		3.6		4.0	
		25	25.0	19.4	4.0		4.5		5.0	
		30	20.8	23.2	4.8		5.4		6.0	
		35	17.8	27.1	5.6		6.3		7.0	
		40	15.6	31.0	6.4		7.2		8.0	
		45	13.9	34.8	7.2		8.1		9.0	
		50	12.5	38.7	8.0		9.0		10.0	
		55	11.4	42.6	8.8	100	9.9	113	11.0	125
		60	10.4	46.4	9.6		10.8		12.0	
		65	9.6	50.3	10.4		11.7		13.0	
		70	8.9	54.2	11.2		12.6		14.0	
		75	8.3	58.1	12.0		13.5		15.0	
		80	7.8	61.9	12.8		14.4		16.0	
		90	6.9	69.7	14.4		16.2		18.0	
		100	6.2	77.4	16.0		18.0		20.0	
20	10	20	40.0	15.5	3.2		3.6		4.0	
		25	32.0	19.4	4.0		4.5		5.0	
		30	26.6	23.2	4.8		5.4		6.0	
		35	22.8	27.1	5.6		6.3		7.0	
		40	20.0	31.0	6.4		7.2		8.0	
		45	17.8	34.8	7.2		8.1		9.0	
		50	16.0	38.7	8.0		9.0		10.0	
		55	14.5	42.6	8.8		9.9		11.0	
		60	13.3	46.4	9.6	128	10.8	144	12.0	160
		65	12.3	50.3	10.4		11.7		13.0	
		70	11.4	54.2	11.2		12.6		14.0	
		75	10.7	58.1	12.0		13.5		15.0	
		80	10.0	61.9	12.8		14.4		16.0	
		90	8.9	69.7	14.4		16.2		18.0	
		100	8.0	77.4	16.0		18.0		20.0	
		125	6.4	96.8	20.0		22.5		25.0	
		150	5.3	116.1	24.0		27.0		30.0	
22	11	25	39.0	19.4	4.0		4.5		5.0	
		30	32.5	23.2	4.8		5.4		6.0	
		35	27.9	27.1	5.6		6.3		7.0	
		40	24.4	31.0	6.4		7.2		8.0	
		45	21.7	34.8	7.2		8.1		9.0	
		50	19.5	38.7	8.0		9.0		10.0	
		55	17.7	42.6	8.8		9.9		11.0	
		60	16.2	46.4	9.6	156	10.8	175	12.0	195
		65	15.0	50.3	10.4		11.7		13.0	
		70	13.9	54.2	11.2		12.6		14.0	
		75	13.0	58.1	12.0		13.5		15.0	
		80	12.2	61.9	12.8		14.4		16.0	
		90	10.8	69.7	14.4		16.2		18.0	
		100	9.8	77.4	16.0		18.0		20.0	
		125	7.8	96.8	20.0		22.5		25.0	
		150	6.5	116.1	24.0		27.0		30.0	
25	12.5	25	49.0	19.0	4.0		4.5		5.0	
		30	40.8	22.8	4.8		5.4		6.0	
		35	35.0	26.6	5.6		6.3		7.0	
		40	30.6	30.4	6.4		7.2		8.0	
		45	27.2	34.2	7.2		8.1		9.0	
		50	24.5	38.0	8.0		9.0		10.0	
		55	22.3	14.8	8.8		9.9		11.0	
		60	20.4	45.6	9.6		10.8		12.0	
		65	18.8	49.4	10.4	196	11.7	220	13.0	245
		70	17.5	53.2	11.2		12.6		14.0	
		75	16.3	57.0	12.0		13.5		15.0	
		80	15.3	60.8	12.8		14.4		16.0	
		90	13.6	68.4	14.4		16.2		18.0	
		100	12.2	76.0	16.0		18.0		20.0	
		125	9.8	95.0	20.0		22.5		25.0	
		150	8.2	114.0	24.0		27.0		30.0	
		175	7.0	133.0	28.0		31.5		35.0	
27	13.5	25	58.0	19.0	4.0		4.5		5.0	
		30	48.3	22.8	4.8		5.4		6.0	
		35	41.4	26.6	5.6		6.3		7.0	
		40	36.2	30.4	6.4		7.2		8.0	
		45	32.2	34.2	7.2		8.1		9.0	
		50	29.0	38.0	8.0		9.0		10.0	
		55	26.4	14.8	8.8		9.9		11.0	
		60	24.2	45.6	9.6		10.8		12.0	
		65	22.3	49.4	10.4	232	11.7	261	13.0	290
		70	20.7	53.2	11.2		12.6		14.0	
		75	19.3	57.0	12.0		13.5		15.0	
		80	18.1	60.8	12.8		14.4		16.0	
		90	16.1	68.4	14.4		16.2		18.0	
		100	14.5	76.0	16.0		18.0		20.0	
		125	11.6	95.0	20.0		22.5		25.0	
		150	9.7	114.0	24.0		27.0		30.0	
		175	8.3	133.0	28.0		31.5		35.0	
30	15	25	72.0	19.0	4.0		4.5		5.0	
		30	60.0	22.8	4.8	288	5.4	324	6.0	360
		35	51.4	26.6	5.6		6.3		7.0	
		40	45.0	30.4	6.4		7.2		8.0	

금형용 스프링

CKL6-006-3

극중하중(極重荷重)-----SWB(갈색)

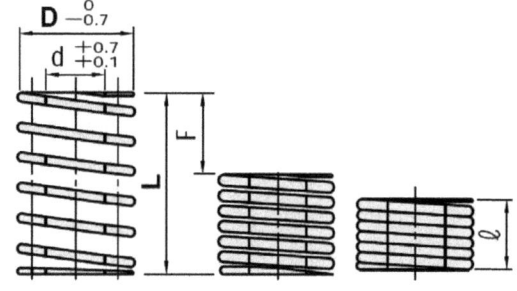

* 스프링 하중 산출 방법

하중 = 스프링정수 × 변형량

N = N/mm × F min

Kgf = Kgf/mm × F min

(Kgf = N ×0.101972)

D	d	L	스프링 정수 Kgf/mm	밀착 길이 (ℓ)	F=L×16%		F=L×18%		F=L×20%	
					F min	하중 Kgf	F min	하중 Kgf	F min	하중 Kgf
30	15	45	40.0	34.2	7.2		8.1		9.0	
		50	36.0	38.0	8.0		9.0		10.0	
		55	32.7	14.8	8.8		9.9		11.0	
		60	30.0	45.6	9.6		10.8		12.0	
		65	27.7	49.4	10.4		11.7		13.0	
		70	25.7	53.2	11.2		12.6		14.0	
		75	24.0	57.0	12.0	288	13.5	324	15.0	360
		80	22.5	60.8	12.8		14.4		16.0	
		90	20.0	68.4	14.4		16.2		18.0	
		100	18.0	76.0	16.0		18.0		20.0	
		125	14.4	95.0	20.0		22.5		25.0	
		150	12.0	114.0	24.0		27.0		30.0	
		175	10.3	133.0	28.0		31.5		35.0	
		200	9.0	152.0	32.0		36.0		40.0	
35	17.5	40	61.2	31.0	6.4		7.2		8.0	
		45	54.4	34.8	7.2		8.1		9.0	
		50	49.0	38.7	8.0		9.0		10.0	
		55	44.5	42.6	8.8		9.9		11.0	
		60	40.8	46.4	9.6		10.8		12.0	
		65	37.7	50.3	10.4		11.7		13.0	
		70	35.0	54.2	11.2		12.6		14.0	
		75	32.6	58.1	12.0	392	13.5	441	15.0	490
		80	30.6	61.9	12.8		14.4		16.0	
		90	27.2	69.7	14.4		16.2		18.0	
		100	24.5	77.4	16.0		18.0		20.0	
		125	19.6	96.8	20.0		22.5		25.0	
		150	16.3	116.1	24.0		27.0		30.0	
		175	14.0	135.5	28.0		31.5		35.0	
		200	12.2	154.8	32.0		36.0		40.0	
40	20	40	79.9	31.0	6.4		7.2		8.0	
		45	71.1	34.8	7.2	512	8.1	576	9.0	640
		50	64.0	38.7	8.0		9.0		10.0	
		55	58.1	42.6	8.8		9.9		11.0	
		60	53.3	46.4	9.6		10.8		12.0	
		65	49.2	50.3	10.4		11.7		13.0	
		70	45.7	54.2	11.2		12.6		14.0	
		75	42.6	58.1	12.0		13.5		15.0	
		80	40.0	61.9	12.8		14.4		16.0	
		90	35.5	69.7	14.4		16.2		18.0	
		100	32.0	77.4	16.0	512	18.0	576	20.0	640
		125	25.6	96.8	20.0		22.5		25.0	
		150	21.3	116.1	24.0		27.0		30.0	
		175	18.3	135.5	28.0		31.5		35.0	
		200	16.0	154.8	32.0		36.0		40.0	
		225	14.2	174.2	36.0		40.5		45.0	
		250	12.8	193.5	40.0		45.0		50.0	
		275	11.6	212.9	44.0		49.5		55.0	
		300	10.7	232.2	48.0		54.0		60.0	
50	25	50	100.0	38.7	8.0		9.0		10.0	
		55	90.9	42.6	8.8		9.9		11.0	
		60	83.3	46.4	9.6		10.8		12.0	
		65	76.9	50.3	10.4		11.7		13.0	
		70	71.4	54.2	11.2		12.6		14.0	
		75	66.7	58.1	12.0		13.5		15.0	
		80	62.5	61.9	12.8		14.4		16.0	
		90	55.6	69.7	14.4		16.2		18.0	
		100	50.0	77.4	16.0	800	18.0	900	20.0	1000
		125	40.0	96.8	20.0		22.5		25.0	
		150	33.3	116.1	24.0		27.0		30.0	
		175	28.6	135.5	28.0		31.5		35.0	
		200	25.0	154.8	32.0		36.0		40.0	
		225	22.2	174.2	36.0		40.5		45.0	
		250	20.0	193.5	40.0		45.0		50.0	
		275	18.2	212.9	44.0		49.5		55.0	
		300	16.7	232.2	48.0		54.0		60.0	
		350	14.3	270.9	56.0		63.0		70.0	
60	30	60	120.0	46.4	9.6		10.8		12.0	
		70	102.9	53.2	11.2		12.6		14.0	
		80	90.0	61.9	12.8		14.4		16.0	
		90	80.0	69.7	14.4		16.2		18.0	
		100	72.0	77.4	16.0		18.0		20.0	
		125	57.6	96.8	20.0	1152	22.5	1296	25.0	1440
		150	48.0	116.1	24.0		27.0		30.0	
		175	41.0	135.5	28.0		31.5		35.0	
		200	36.0	154.8	32.0		36.0		40.0	
		250	28.8	193.5	40.0		45.0		50.0	
		300	24.0	232.2	48.0		54.0		60.0	
		350	20.6	270.9	56.0		63.0		70.0	

제 7 장

프레스 금형설계 기준 이론

순차이송 금형의 설계 순서

순차이송형 프레스 금형의 설계공정 및 흐름도

1) 견적

   견적은 제품 및 금형의 표준 작업 시간과 표준 Unit 등을 참고하여 산출한다. 금형의 가격, 생산 계획, 납기 등이 결정된다.

2) 제품도 검토

   금형 설계의 처음 단계로 제품도를 보고 버(burr) 방향의 지정 여부, 재질 및 치수 정밀도, 제품의 용도, 형상 정도 및 성형의 유무 등에 대한 요점을 파악한다.

3) 더미 레이아웃(Dummy layout) 작성

   완성된 제품도를 작성하고 제품의 성형 과정을 나타낸다. 이때에 중요한 부분은 별도로 표기하고, 필요시 캐리어(carrier)를 표시한다.

4) 어렌지도(arrange) 작성

   제품도에 있는 공차를 없애고 목표 치수로 설정한다(예 : $22^{+0.1}_{0}$ → 22.07). 금형의 마모를 고려하여 블랭킹 가공은 (-) 치수를, 피어싱은 (+) 치수를 표시한다. 또한 굽힘이 있는 경우에는 스프링 백을 고려한 치수를 결정하고, 각 부분에는 허용하는 한 rounding을 준다.

5) 전개도 작성

   벤딩 및 드로잉 가공된 제품을 블랭크로 전개한다.

6) 블랭크 레이아웃(Blank layout) 작성

   블랭크를 적당한 피치(pitch)와 각도로 배열하고 재료 이용률을 검토하여 이송 잔폭 및 앞뒤 잔폭을 결정한다.

7) 스트립 레이아웃의 작성

   순차이송 금형의 설계에서 가장 중요한 것은 스트립 레이아웃의 설계라 해도 틀리지 않을 것이다. 이것에 의해 제작한 금형의 성패가 결정된다. 이 스트립 레이아웃은 금형 설계자가 갖고 있는 경험, 과거의 사례, 지식, 창조력 등을 최대로 동원하고 경우에 따라서는 육감을 섞어서 작성한다. 아이들 스테이지(idle stage)를 활용하여 펀치와 다이의 고정 및 수명 등을 고려하여 스트립 레이아웃을 작성한다.

8) 다이 레이아웃의 작성

   스트립 레이아웃을 기초로 하여 각 공정에 대한 펀치, 다이의 형상 및 분할 등을 고려한다. 고정 볼트 및 로크 핀(lock pin)의 위치를 결정하고, 각 부품과 플레이트의 조합 등 금형 구조의 대부분을 결정한다.

   ※ 피어싱, 파일럿핀, 맞춤핀의 구별 표시 예

   ① 피어싱   ② PILOT PIN   ③ 맞춤핀

9) 조립도 작성

   다이 레이아웃 도면을 기초로 하여 하형 평면도, 상형 평면도 및 조립 단면도를 작성한다.

10) 부품도 작성

    조립 단면도와 다이 레이아웃의 평면도를 기초로 하여, 다이, 펀치, 스트리퍼, 녹아웃 장치, 재료 가이드, 파일럿, 스트로크 엔드 블록(stroke and block) 등을 설계한다.

11) 부품표 작성

    제품명, 금형 명, 금형부품 번호, 부품 명, 재질, 수량, 표준 부품 기호 등을 알기 쉽게 작성하여 기록한다.

블랭킹 금형과 피어싱 금형의 차이점

1) 블랭킹 금형

블랭킹 가공은 프레스작업 중에서도 가장 기본적인 것이며, 또 가장 많이 사용되는 가공법이다. 이것은 판금재료에서 제품을 타발하는 작업이며, 타발된 것이 제품이며 나머지는 스크랩이 된다.

다이의 치수가 제품의 치수가 되며, 펀치측에는 재료 두께에 따른 양측 클리어런스를 뺀 치수로 한다. burr의 방향은 윗면 즉, 펀치측에 발생된다.

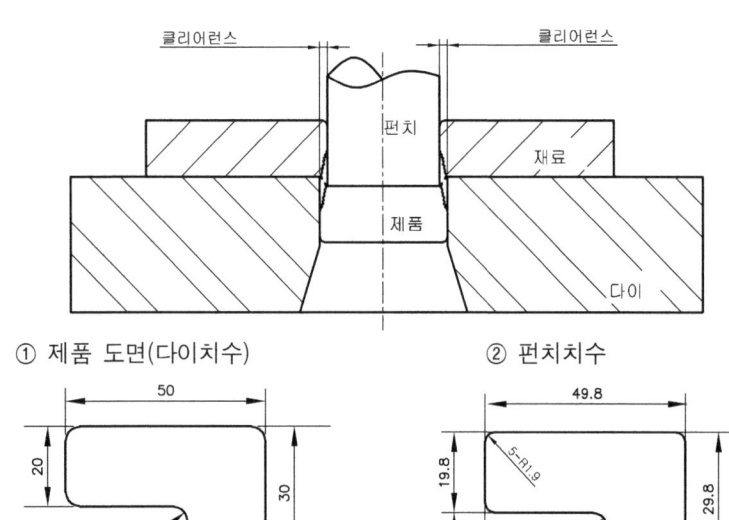

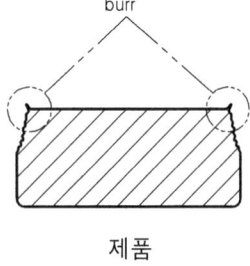

다이의 치수가 제품 치수가 되며 펀치는 편측 클리어런스 0.1(재료두께5%)을 뺀 치수가 된다.
코너 모서리의 R이 내·외측에 따라 변화되는 것에 주의한다.

2) 피어싱 금형

블랭킹과는 반대의 개념으로 타발된 쪽이 스크랩이 되며, 나머지가 제품이 된다. 펀치를 소요의 치수로 하고 다이에는 클리어런스를 더한 치수로 한다.

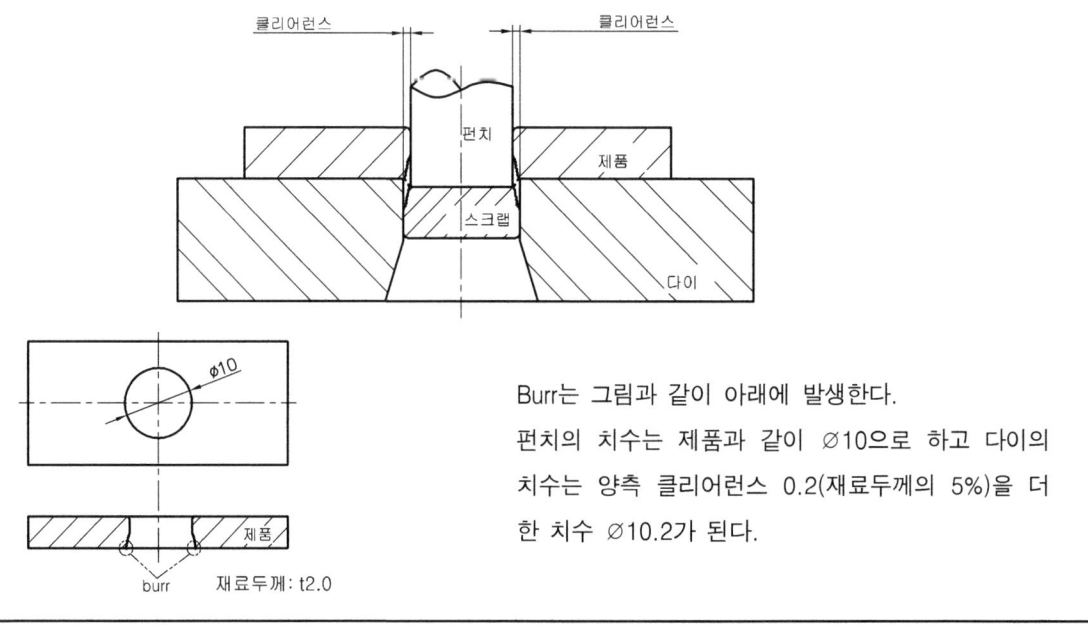

Burr는 그림과 같이 아래에 발생한다.
펀치의 치수는 제품과 같이 ∅10으로 하고 다이의 치수는 양측 클리어런스 0.2(재료두께의 5%)을 더한 치수 ∅10.2가 된다.

공차에 따른 제품도 치수 보정(어렌지도(arrange))

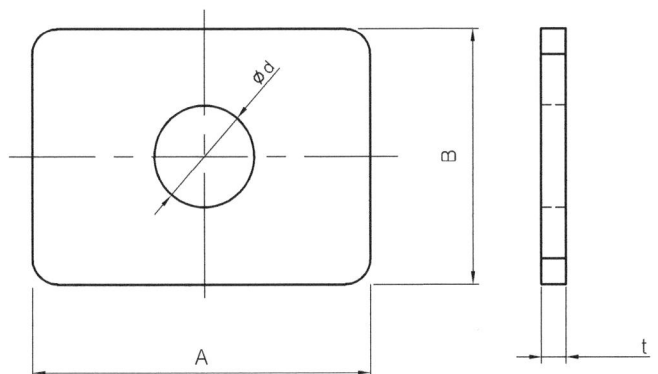

1) 블랭킹 치수 보정

 (1) 도면의 치수 A가 35 ± 0.2일 때, arrange도 작성에 의한 설계도면 치수의 보정 계산

   ① 공차 범위 : 0.4

   ② 적용보정치수 : 공차 범위 × 마모율 = 0.4 × 0.8 = 0.32 ·················· (0.7~0.8중에서 선택)

   ③ 보정도면치수 : 최대치수 − 보정치수 = 35.2 − 0.32 = 34.88

 (2) 도면의 치수 A가 $35^{+0.2}_{0}$일 때, arrange도 작성에 의한 설계도면 치수의 보정 계산

   ① 공차 범위 : 0.2

   ② 적용보정치수 : 공차 범위 × 마모율 = 0.2 × 0.8 = 0.16 ·················· (0.7~0.8중에서 선택)

   ③ 보정도면치수 : 최대치수 − 보정치수 = 35.2 − 0.16 = 35.04

 (3) 도면의 치수 A가 $35^{0}_{-0.2}$일 때, arrange도 작성에 의한 설계도면 치수의 보정 계산

   ① 공차 범위 : 0.2

   ② 적용보정치수 : 공차 범위 × 마모율 = 0.2 × 0.8 = 0.16 ·················· (0.7~0.8중에서 선택)

   ③ 보정도면치수 : 최대치수 − 보정치수 = 35 − 0.16 = 34.84

2) 피어싱 치수 보정

 (1) 도면의 치수 d가 $\phi 10 \pm 0.2$일 때, arrange도 작성에 의한 설계도면 치수의 보정 계산

   ① 공차 범위 : 0.4

   ② 적용보정치수 : 공차 범위 × 마모율 = 0.4 × 0.8 = 0.32 ·················· (0.7~0.8중에서 선택)

   ③ 보정도면치수 : 최소치수 + 보정치수 = 9.8 + 0.32 = 10.12

 (2) 도면의 치수 d가 $\phi 10^{+0.2}_{0}$일 때, arrange도 작성에 의한 설계도면 치수의 보정 계산

   ① 공차 범위 : 0.2

   ② 적용보정치수 : 공차 범위 × 마모율 = 0.2 × 0.8 = 0.16 ·················· (0.7~0.8중에서 선택)

   ③ 보정도면치수 : 최소치수 + 보정치수 = 10 + 0.16 = 10.16

 (3) 도면의 치수 d가 $\phi 10^{0}_{-0.2}$일 때, arrange도 작성에 의한 설계도면 치수의 보정 계산

   ① 공차 범위 : 0.2

   ② 적용보정치수 : 공차 범위 × 마모율 = 0.2 × 0.8 = 0.16 ·················· (0.7~0.8중에서 선택)

   ③ 보정도면치수 : 최소치수 + 보정치수 = 9.8 + 0.16 = 9.96

공차에 따른 제품도 치수 보정(어렌지도(arrange))

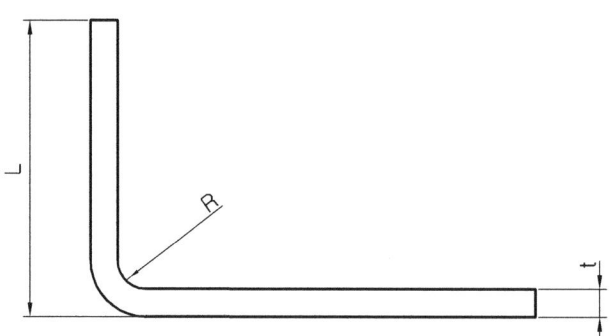

1) 벤딩 치수 보정

   (1) 도면의 치수 L이 25 ± 0.2일 때, arrange도 작성에 의한 설계도면 치수의 보정 계산

   ① 공차 범위 : 0.4

   ② 적용보정치수 : 공차 범위 × 길이보정 = 0.4 × 0.8 = 0.32 ············(0.7~0.8중에서 선택)

   ③ 보정도면치수 : 최소치수 + 보정치수 = 24.8 + 0.32 = 25.12

   (2) 도면의 치수 L이 $25^{+0.2}_{0}$일 때, arrange도 작성에 의한 설계도면 치수의 보정 계산

   ① 공차 범위 : 0.2

   ② 적용보정치수 : 공차 범위 × 길이보정 = 0.2 × 0.8 = 0.16 ············(0.7~0.8중에서 선택)

   ③ 보정도면치수 : 최소치수 + 보정치수 = 25.0 + 0.16 = 25.16

   (3) 도면의 치수 L이 $25^{0}_{-0.2}$일 때, arrange도 작성에 의한 설계도면 치수의 보정 계산

   ① 공차 범위 : 0.2

   ② 적용보정치수 : 공차 범위 × 길이보정 = 0.2 × 0.8 = 0.16 ············(0.7~0.8중에서 선택)

   ③ 보정도면치수 : 최소치수 + 보정치수 = 24.8 + 0.16 = 24.96

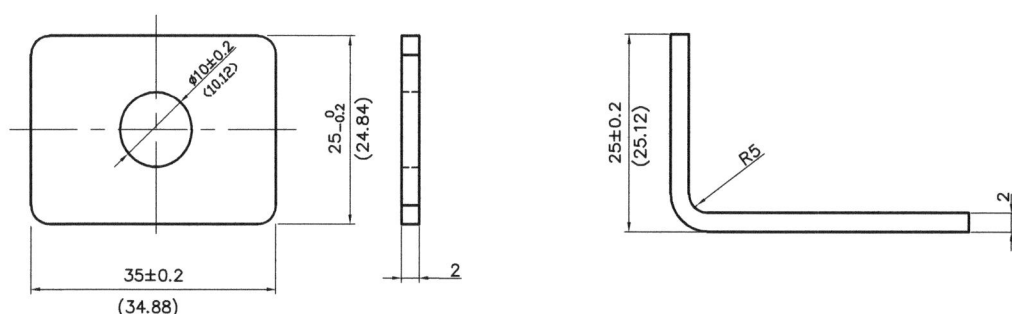

(※ 괄호 안의 치수가 실제 보정된 치수임.)

재료 이용률

프레스금형설계이론 CKL7-003

재료를 어느 정도 효과적으로 이용할 수 있는가는 제품의 외곽 형상과 이송 방향에 제품을 어떠한 위치로 배열하는가에 따라 결정된다.

① 이송 거리 : 한 행정마다 이송되는 거리
② 피치(pitch) : 접근해 있는 제품의 임의의 한 지점에서 다음 제품의 동일 지점까지의 거리
③ 잔폭 : 재료를 블랭킹 가공할 때 이송 잔폭(feed bridge)과 앞뒤 잔폭(side bridge)을 주는데, 이것에 의해 스크랩의 형성이 이루어진다.

잔폭은 제품의 길이, 전단 조건, 제품의 재질, 두께에 따라 결정하며 재료 이용률을 높이기 위하여 가능한 작은 값을 선택한다. 그러나 너무 작으면 제품의 정밀도와 전단면이 나빠지고, 너무 크면 재료의 손실이 크다.

가장 적정한 방법으로 제품을 배열하고 잔폭을 결정한다. 이때에 제품의 면적과 소요되는 재료의 면적에 대한 비율을 재료의 이용률이라 한다.

$$\eta = \frac{g_2}{g_1} \times 100(\%)$$

여기서 g_1 : 재료의 중량(Kgf)
g_2 : 제품의 중량(Kgf)
η : 재료의 이용률(%)

$$\eta = \frac{Z \cdot A}{L \cdot B} \times 100(\%)$$

여기서 A : 제품의 면적(mm²)
Z : 제품의 수량
L : 재료 전체 길이(mm)
B : 재료의 폭 (mm)

$$\eta = \frac{A}{B \cdot P} \times 100(\%)$$

여기서 A : 제품의 면적(mm²)
B : 재료의 폭(mm)
P : 이송피치(mm)

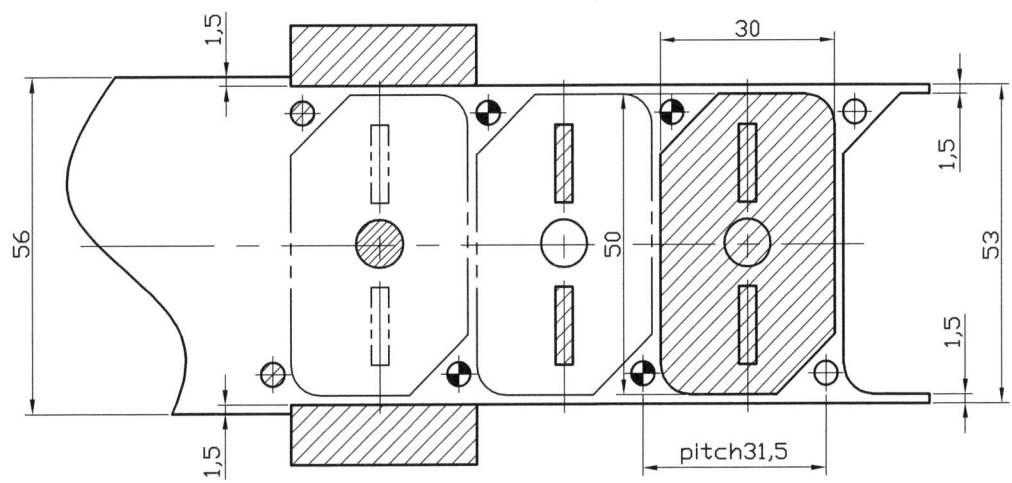

$$\text{재료 이용률} = \frac{\text{제품면적}}{\text{이송피치} \times \text{소재의 폭}} \times 100$$

$$= \frac{30 \times 50}{31.5 \times 56} \times 100 = 85.03 \quad \therefore 85(\%)$$

프레스금형설계이론
CKL7-004

순차이송 금형과 트랜스퍼 금형의 차이점

순차이송형 금형은 프레스 가공 중 생산성이 가장 좋은 금형으로서 다량 생산용 금형으로 인식되었지만, 최근에는 소량 생산에 대해서도 순차이송형 금형을 활용하고 있다. 그것은 부품 코스트 절감요구의 증대, 부품 가공의 단납기화, 일손 부족, 프레스 가공의 중간 제작품의 절감 등이 원인이라고 볼 수 있다. 또한 와이어 방전기와 머시닝센터가 보급되고 표준부품이 다양화해지고 구입도 용이하다는 이유 등을 들 수 있다.

1) 순차이송형 금형의 장점
① 단일금형에서 가공할 수 없든가 또는 곤란하고 복잡한 형상 제품을 몇 개의 공정으로 나누어 간단하고 견고한 금형을 제작할 수 있다.
② 드로잉가공이나 굽힘 성형가공을 포함한 금형에서도 무리 없이 가공할 수 있다.
③ 가공속도는 다른 어떤 작업이나 가공금형에 의한 것보다 우수하다.

2) 순차이송형 금형의 단점
① 제품의 정밀도가 극도로 높은 것은 제작이 불가능한 것도 있다.
② 드로잉이나 굽힘성형 가공시 제품의 형상에 따라서 변형이 남는 것이 있다.
③ burr의 방향지정이 있는 제품은 금형의 구조가 복잡해지거나 또는 곤란한 경우가 생긴다.
④ 순차이송형 금형에 사용되는 재료와 금형을 사용하는 프레스의 제약이 있기 때문에 순차이송 금형의 사용이 곤란하거나 또는 불가능할 수 있다.

3) 단일금형보다 순차이송 금형을 많이 제작하는 이유
① 금형을 제작하는 공작 기술의 향상
② 생산제품의 증가와 사용하는 프레스 가공품의 품종이 많아져 가는 추세이다.
③ 단일형에 비하여 제작비는 많이 소요되지만, 프레스 작업 인건비는 적게 든다.
④ 작업의 안정성을 고려하여 순차이송 금형의 사용이 앞으로 급증할 것이다.

4) 트랜스퍼 금형
트랜스퍼 금형은 자동차 부품 등 큰 제품을 각각의 프레스에 한 공정의 금형을 세팅하여 그 중간에서 로봇이 제품을 운반해서 차례차례 타발하는 것인데, 각각의 공정과 금형이 필요하므로 큰 제품에 한해서만 사용하는 금형이다. 이 가공을 위해서는 범용 프레스에 트랜스퍼 피더를 설치한 것, 트랜스퍼 프레스 및 트랜스퍼 라인 등의 기계 장치가 필요하다. 트랜스퍼 프레스 라인은 일부 변경 및 프레스 대수의 증가 또는 감소 등이 자유로이 이루어지는 점과 기공 톤수에 비하여 면적이 큰 물건(박판의 경우)의 가공이 유리한 점이 특색이다. 트랜스퍼의 특색은 쉽게 가공할 수 있는 모양의 범위가 순차이송형 금형보다 넓은 점과 형의 설계 제작이 쉽다는 점이다.

※ 프로그래시브 가공과 트랜스퍼 가공의 비교

	프로그래시브 금형	트랜스퍼 금형
가공이 가능한 공정 수	일반적으로 6~8 공정	10공정 이상도 쉽게 할 수 있다.
가공이 가능한 모양의 범위	트랜스퍼 금형에 비하여 좁다.	대단히 넓고 거의 모든 가공이 가능
재료 이용률	일반적으로 좋지 않다.	프로그래시브보다 매우 우수하다.
가공 속도	가장 빠른 가공법이다.	프로그래시브보다 느리다.
형 설계의 난이도	금형 제작에 고기능이 요구된다.	같은 제품이면 트랜스퍼 금형 제작이 용이하다.
설비비	트랜스퍼 라인보다 싸다.	비싸다.
종합 판정	재료의 이용률을 향상시킬 수 있고, 프로그래시브 가공으로 안정된 작업이 이루어지는 한 프로그래시브 가공이 유리하다.	

| 프레스금형설계이론 |
| CKL7-005-1 |

벤딩 금형의 설계

1) 전개 길이

전개 길이란 제품을 원하는 모양과 치수로 굽히는데 필요한 굽히기 전의 길이를 말하며, 이 전개 길이는 굽힘 부분에서 중립면의 길이가 굽힘 가공 전의 전개 길이와 같다는 조건에서 구할 수 있다.

2) 여러 가지 굽힘 가공 제품의 전개 길이 계산식

굽힘의 종류	제품 형상	전개 길이 계산식
V-굽힘 (굽힘각 : 1)		$L = L1 + L2 + \dfrac{2\pi a°}{360}(R + \lambda t)$
U-굽힘 (굽힘각 : 2)		$L = L1 + L2 + L3 + \pi(R + \lambda t)$
일반적인 굽힘 (굽힘각 : 다수)		$L = L1 + L2 .... Ln$ $+ \dfrac{\pi}{2}(R1 + \lambda 1 t)$ $+ \dfrac{\pi}{2}(R2 + \lambda 2 t) ....$ $+ \dfrac{\pi}{2}(Rn + \lambda n t)$
반원 U-굽힘		$L = 2L + \pi(R + \lambda t)$
커링 굽힘		$L = 1.5\pi p + 2R - t$ $p = R - \lambda t$

제7장 프레스 금형설계 기준 이론

벤딩 금형의 설계

1) 중립면 이동 계수 λ의 값

굽힘 형식	R/t	λ
V-굽힘	0.5 이하	0.2
	0.5~1.5	0.3
	1.5~3.0	0.33
	3.0~5.0	0.4
	5.0 이상	0.5
U-굽힘	0.5 이하	0.25~0.3
	0.5~1.5	0.33
	1.5~5.0	0.4
	5.0 이상	0.5
연강 커링 가공	2.0	0.44
	2.2	0.46
	2.4	0.48
	2.6	0.49
	2.8	0.5
	3.0	0.5
	3.2	0.5

2) 전개 길이 계산의 예

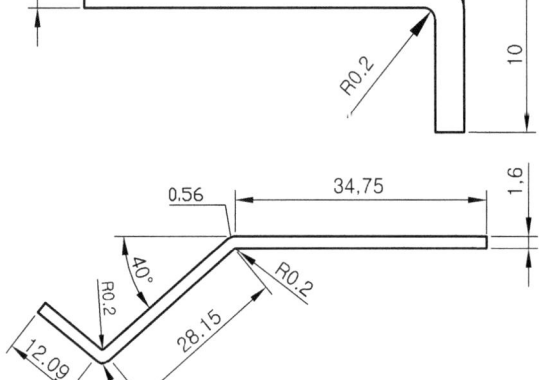

$$90° = \frac{2\pi a°}{360°}(R + \lambda t)$$
$$= \frac{2\pi 90°}{360°}(0.2 + 0.3 \times 1) = 0.79$$

· 전개 길이 : 28.8+0.79+8.8=38.39

$$40° = \frac{2\pi 40°}{360°}(0.2 + 0.3 \times 2) = 0.56$$
$$85° = \frac{2\pi 85°}{360°}(0.2 + 0.3 \times 2) = 1.19$$

· 전개 길이 :
    43.43+0.56+28.15+1.19+12.09=85.42

일반 강인 경우 이 공식에 의해서 중립면의 위치를 재료 두께의 30%로 하고, 스테인레스강의 경우에는 재료 두께의 33%로 하여 전개 길이를 계산하면 무난하다고 경험에 의해 알 수 있다.

벤딩 금형의 설계

1) 스프링 백 현상

굽힘가공에서 탄성한계 이하의 힘을 가하거나 그 이상의 힘을 가하여도 외력을 제거하면 소재가 원 상태로 돌아가는 일이 있다. 즉, 굽힘 금형으로 제품을 가공할 때 펀치와 다이 사이에서 굽힘 가공된 각도와 금형의 각도에 약간의 차이가 생기는 현상을 스프링 백(Spring back)이라 한다.

경질의 재료일수록 크며, 동일 재질일 경우 판 두께가 얇을수록 크고, 굽힘 각도와 굽힘 반경이 클수록 증가하며, 압연 방향과 직각방향으로 굽힐 때 감소한다.

2) 스프링 백 보정 방법

(1) 스프링 백량을 예측하여 굽힘의 각도를 여분있게 취하는 방법(2~3°를 빼줌)

　　　　Over bend법 ……… 가장 많이 사용한다.
　　① V-굽힘 : 펀치의 각도를 스프링 백만큼 작게 한다.
　　② U-굽힘 : 패드의 형상에 의한 방법, 측면 아이오닝, 캠에 의한 굽힘

(2) 굽힘 부분의 재료를 강하게 강압한다.(Coner setting법)
　　① V-굽힘 : 펀치 끝에 리세스를 만들고 국부적으로 강압하는 ED
　　② U-굽힘 : 패드의 형식에 의한 방법, 업세트 펀치에 의한 방법

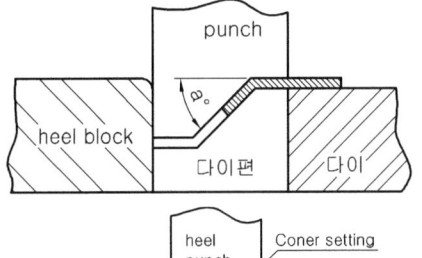

스프링 백이 발생될 것을 고려하여 "a"의 각도를 제품의 각도보다 0° 30` 정도를 크게 한다.

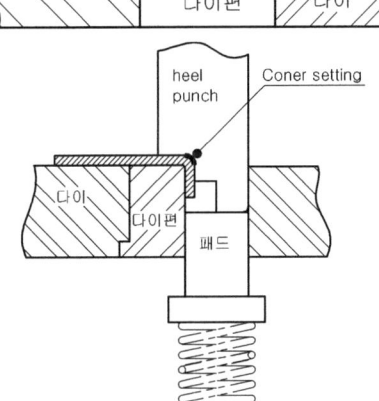

① 펀치에 제품도면의 R보다 약간 작은 R로 하여 코너를 강하게 가압한다.

② 벤딩 펀치에 Heel을 설치하는 이유는 다이에 먼저 내려가서 자리를 잡고 굽힘에 의한 측압력을 흡수시킴과 패드를 먼저 밀어내어 굽힘 가공을 할 때에 스트레칭을 피하게 한다.

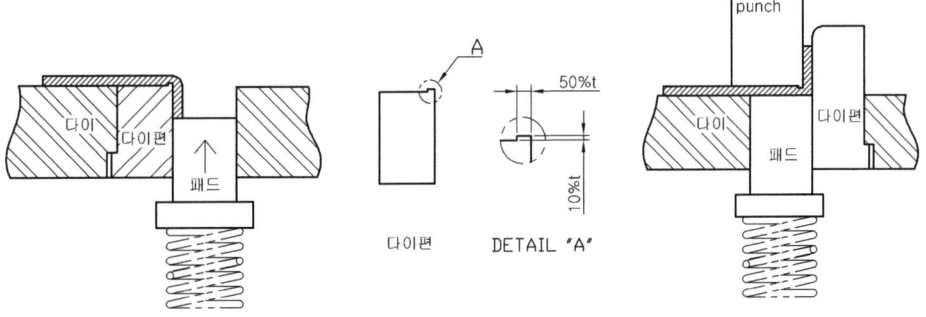

① 다이 편에 리세스를 만들어 벤딩시 스프링 백을 방지하고 90°를 유지하도록 설계한다.
② 상 방향 벤딩의 경우에는 벤딩 펀치에 리세스를 준다.

버링(Burring) 가공 설계

버링 가공이란 평판에 기초 구멍(⌀D)을 내고 직경이 큰 펀치(di)로 훑어 내려서 원통상으로 높이(h)의 플랜지를 가공하는 것이다. 즉, 미리 뚫려있는 구멍에 그 안지름보다 큰 지름의 펀치를 이용하여 구멍의 가장자리를 판면과 직각으로 하여 구멍 둘레에 테를 만드는 가공이다.

※ 스트레치 버링의 기준 치수와 나사 구멍 치수

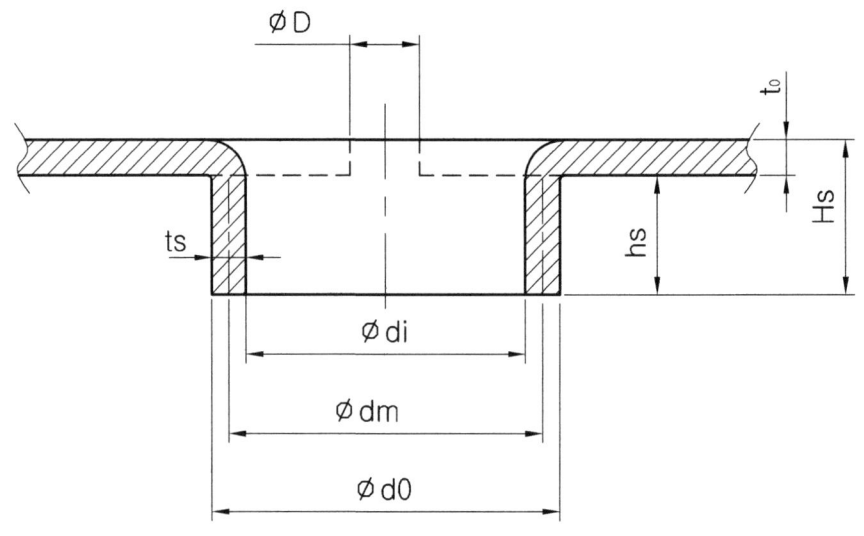

1) 애벌 구멍 지름(⌀D)

$$(\varnothing D) \cong K_o \times d_i$$

판 재료	연 강	황 동	알루미늄
Ko의 표준값	0.6~0.45	0.45	0.29

2) 다이 구멍 지름(⌀d0)

$$\varnothing d_0 = d_i + (1.3 \sim 1.4) t_0$$

3) 플랜지 높이(hs)

$$hs = t_0 \times \frac{(d_0^2 - D^2)}{(d_0^2 - d_i^2)}$$

또는 $$Hs = Ch \times \frac{d_m}{2} - \frac{D}{2}$$

※ Ch의 값

$\frac{d_m}{t_0}$ 의 범위	Ch
15 이상	1.0
15~10	1.0~1.03
10~5	1.03~1.08
5 이하	1.08~1.24

버링(Burring) 가공 설계

1) 나사용 버링 가공 치수

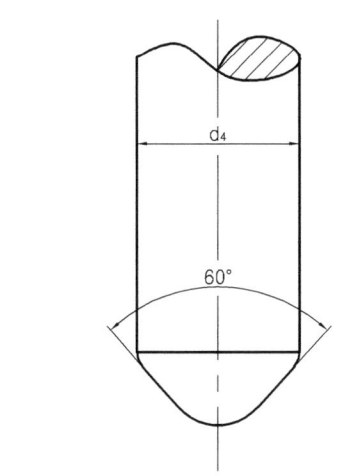

(단위 : mm)

나사 치수	소재 두께(t)	d_1	d_2	d_3	H±0.1	d_4
M2.6 P=0.45	0.6	1.1	2.22 ($^{+0.01}_{-0.08}$)	3.0	1.4	2.23 (±0.005)
	0.8	1.2		3.0	1.6	
	1.0	1.4		3.2	1.7	
	1.2	1.4		3.4	2.0	
M3.0 P=0.5	0.6	0.9	2.59 ($^{+0.01}_{-0.05}$)	3.4	1.6	2.60 (±0.005)
	0.8	1.2		3.6	1.8	
	1.0	1.6		3.6	2.0	
	1.2	1.6		3.6	2.0	
	1.6 (1.5)	2.0 (0.8)		3.8	2.2	
M3.5 P=0.6	0.8	1.5	2.88 ($^{0}_{-0.03}$)	4.0	1.9	2.88 (±0.005)
	1.0	1.5		4.0	2.1	
	1.2	1.8		4.2	2.1	
	1.6 (1.5)	2.2 (2.0)		4.2	2.4	
M4.0 P=0.7	0.8	1.5	3.43 ($^{+0.01}_{-0.09}$)	4.5	2.1	3.45 (±0.005)
	1.0	1.5		4.5	2.2	
	1.2	1.8		4.5	2.3	
	1.6 (1.5)	2.2 (2.0)		4.8	2.7	
	2.0	2.6		5.2	2.8	
M5.0 P=0.8	1.0	1.6 (1.5)	4.30 ($^{+0.01}_{-0.1}$)	5.7	2.6	4.33 (±0.005)
	1.2	1.0		5.7	2.8	
	1.6 (1.5)	1.0		6.0	3.2	
	2.0	1.0		6.5	3.4	
M6.0 P=1.0	1.2	2.0 (2.2)	5.2 ($^{+0.01}_{-0.1}$)	6.8	3.3	5.24 (±0.005)
	1.6 (1.5)	2.7 (2.5)		7.2	3.4	
	2.0	3.1 (3.0)		7.5	3.8	
	2.3 (2.6)	3.3 (3.4)		8.0	4.1	
	3.2 (2.9)	3.5 (3.6)		8.0	4.4	

※ d1의 ( )안의 치수는 황동의 경우

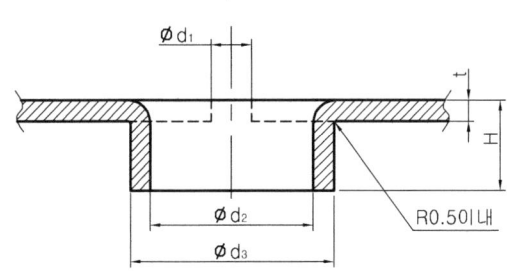

2) 버링가공 설계 예

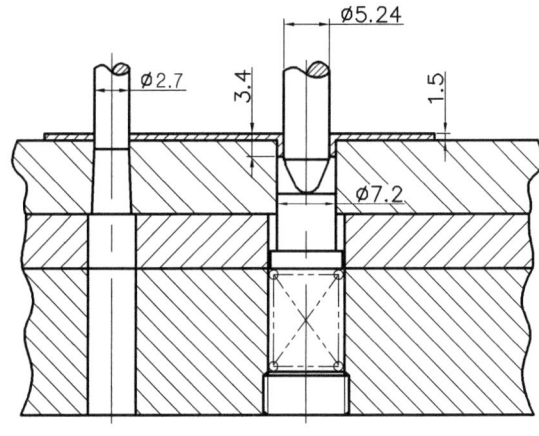

※ M6 TAP(P=1.0)을 가공하기 위한 버링 가공용 치수의 선정

위 표에서 M6 TAP용 버링을 하기위해 애벌구멍 ∅2.7을 선택하고, 버링 펀치는 ∅5.24를 다이 구멍은 ∅7.2를 선택한다. 이때에 버링 가공을 시행하면 높이(h)는 3.4mm가 된다.

다이 홀 (d_3)는 ∅d_2 + (1.3~1.4)t 로 하며 높이(h)를 높게, 플랜지를 직선으로 90°로 유지하려 할 때는 1.3t를 선택하고, 일반적인 경우에는 1.4t로 한다.

재료의 두께가 두껍고 플랜지를 90°로 하지 않아도 무방한 경우에는 1.5t 이상으로 하기도 한다.

프레스금형설계이론
CKL7-007-1

엠보싱(Embossing) 가공 설계

엠보싱(embossing)이란 금속판에 이론적으로는 두께의 변화를 일으키지 않고 상하 반대로 여러 가지 모양의 요철을 만드는 가공이다.

엠보싱은 크게 분류하면 아래 방향 엠보싱과 위 방향 엠보싱이 있다.

엠보싱의 원리는 먼저 안으로 들어간 만큼 밖으로 튀어나온다는 원리로서 들어간 체적과 돌출된 체적의 합이 같다.

※ 원통형 체적 = $\dfrac{\pi D^2}{4} \times L$

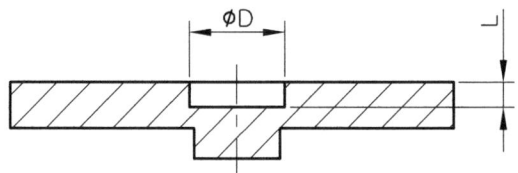

1) 아래 방향 엠보싱

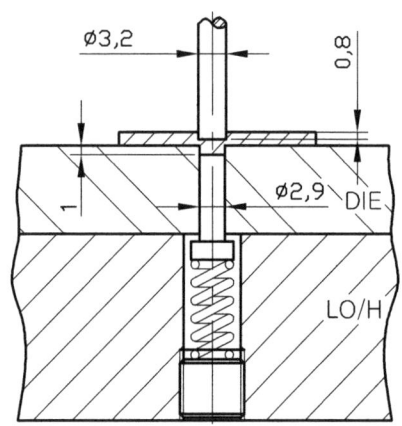

$$\frac{\pi \times 3.2^2}{4} \times 0.8 = \frac{\pi \times 2.9^2}{4} \times 1.0$$

이때 다이에 밀핀을 설치하여 엠보싱의 밑면 형태가 둥글게 되는 것을 방지하고 다이에서 빼내는 역할을 한다.

2) 위 방향 엠보싱

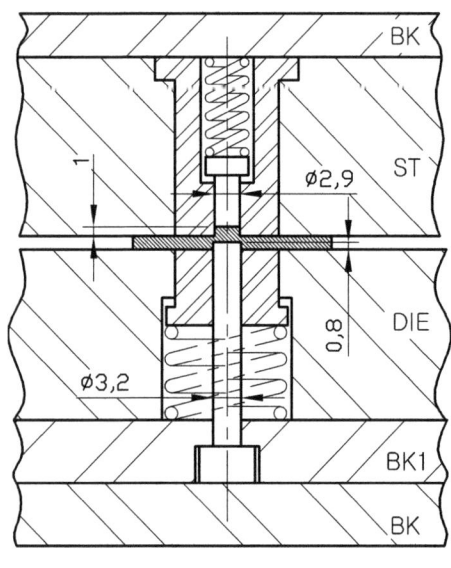

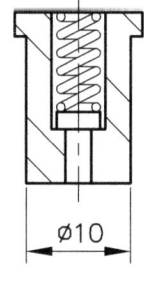

아래 다이에 다이편을 설치하고, 가공 전에는 펀치 높이만큼 올라오도록 설정한다.
이 다이편에 의해 펀치에 박힌 제품을 빼내고, 스트리퍼에도 인서트 처리를 하고 그 내부에는 밀핀을 설치하여 엠보싱 바닥면의 형태를 평행하도록 하며, 완료 후 엠보싱을 밑으로 떨어주는 역할을 겸하고 있다.

엠보싱(Embossing) 가공 설계

3) 둥근 엠보싱 가공 한계치수

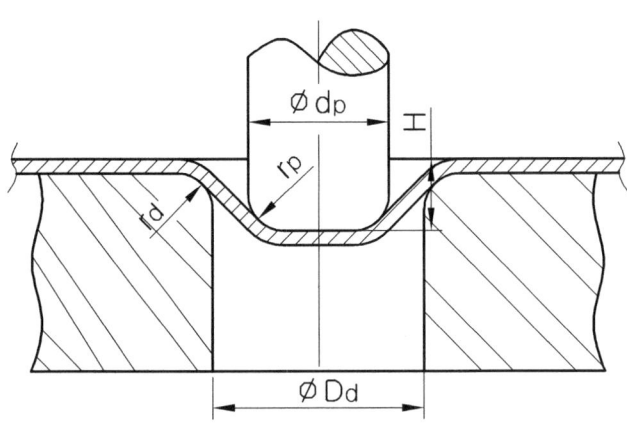

$H = A \times D_d - 0.129 D_p + 0.354 r_p + 0.491 r_p + 3.1$

H : 엠보싱 한계 높이(mm)
D_d : 다이의 직경(mm)
A : 재질과 윤활유에 따른 계수
d_p : 펀치의 직경(mm)
r_p : 펀치의 모서리 반지름
r_d : 다이의 모서리 반지름

재 질	가공유	A
림드강	머시인유	0.162
	공작유 #660	0.177
알루미늄	머시인유	0.168
킬드강	공작유 #660	0.183

4) 각형 엠보싱 가공 한계치수

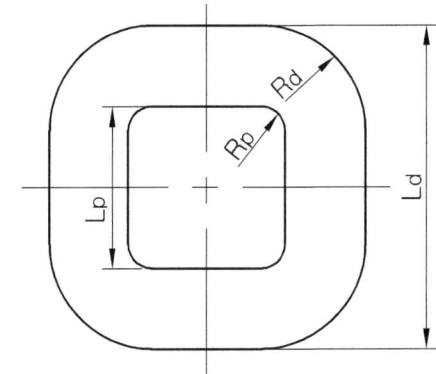

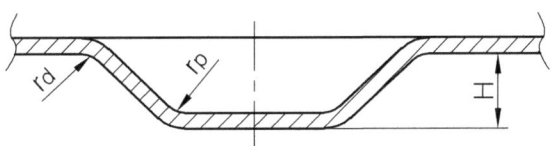

$H = \{0.00155(Et - yp) + 0.0085K + 0.195\}$
$L_d - 0.220 L_p + 0.16 R_d + 0.039 R_p + 0.53 r_p + 0.89 r_d - 2.47$

여기서, H : 엠보싱 높이(mm) Et : 가공소재의 연신율(%)
yp : 가공 소재의 항복점 (kgf/mm^2)
K : 윤활 지수 (낮은 점도 : K=1, 높은 점도 : K=2)
L_d, L_p : 다이와 펀치의 한 변 길이
R_d, R_p : 다이와 펀치의 각진 부분의 모서리 반지름
r_d, r_p : 다이와 펀치의 변 모서리 반지름

프레스금형설계이론	
CKL7-008-1	# 드로잉(Drawing) 금형 설계

드로잉 가공이란 블랭크 면 내에서 재료의 변형 이동에 의해 평판으로 바닥이 있고 이음매가 없는 중공 용기를 만드는 것을 말하며, 형상은 원통형, 각통형, 이형 등이 있다.

1) 드로잉률과 드로잉비

(1) 드로잉률

$$m = \frac{d}{D}(\%) \quad m : 드로잉률(\%) \quad D : 블랭크 지름 \quad d : 드로잉 제품의 지름$$

한 공정으로 드로잉 가공하여 제품을 성형할 수 없어 여러 공정으로 드로잉 가공할 때 드로잉률을 $m_1, m_2, m_3 \cdots m_n$ 이라고 하면, 각 공정에서 가공된 제품의 직경은 다음과 같다.

$$d_1 = m_1 D_0 \quad m_1 : 제1공정 드로잉$$
$$d_2 = m_2 d_1 \quad m_2 : 제2공정 드로잉$$
$$d_3 = m_3 d_2 \quad m_3 : 제3공정 드로잉$$
$$d_n = m_n d_n \quad m_n : 제n공정 드로잉$$

각종 재료의 드로잉률

(단위 : %)

재 질	드로잉률	재 드로잉률	재 질	드로잉률	재 드로잉률
드로잉강판	0.55 ~ 0.60	0.75 ~ 0.80	두랄루민	0.55 ~ 0.60	0.85 ~ 0.90
딥드로잉강판	0.48 ~ 0.55	0.75 ~ 0.80	아 연 판	0.65 ~	0.85 ~
스테인레스강판	0.50 ~ 0.55	0.80 ~ 0.85	함 석 판	0.58 ~ 0.60	0.88 ~ 0.92
동	0.53 ~ 0.60	0.70 ~	순 철	0.55 ~ 0.60	0.75 ~
황동(63%)	0.50 ~ 0.55	0.77 ~ 0.80	니 켈 판	0.50 ~	0.75 ~
알루미늄	0.53 ~ 0.60	0.75 ~ 0.85	몰리브덴	0.70 ~	0.82 ~

2) 드로잉비

드로잉비는 드로잉률과는 반대의 값으로 드로잉 변형의 크기에 비례한다. 즉, 드로잉비가 크다는 것은 변형이 크다는 것을 의미한다.

$$\beta = \frac{D}{d} = \frac{1}{m}$$

예제 1) 소재 두께 1mm인 연강판으로 지름 60mm의 플랜지 없는 원형 컵을 드로잉하는데 1회의 공정으로 가능한 블랭크의 지름은?

해설) 표로부터 연강판(딥드로잉강판)의 한계드로잉률을 0.60으로 하면

$$0.60 = \frac{d}{D} = \frac{60}{D} \quad 로부터 \quad D=100mm$$

예제 2) 예제 1에서 드로잉비를 구하여라.

해설) $\beta = \frac{D}{d} = \frac{1}{m} = \frac{1}{드로잉률} \Rightarrow \frac{1}{0.60} = 1.67$

드로잉(Drawing) 금형 설계

3) 드로잉 횟수의 결정

큰 블랭크에서 1회로 작은 지름의 용기를 드로잉하려고 하면 한계 드로잉률을 초과하여 가공 도중에 재료가 파단을 일으키게 된다. 즉, 공정에 무리가 없도록 공정을 나누어 드로잉을 하게 되는데 이를 재 드로잉이라 한다.

재 드로잉 공정의 설정은 다음 표를 이용한다.

드로잉률 (m)	상대 판 두께 비 ($\frac{t}{D} \times 100(\%)$)					
	2.0 ~ 1.5	1.5 ~ 1.0	1.0 ~ 0.6	0.6 ~ 0.3	0.3 ~ 0.15	0.15 ~ 0.08
m_1	0.48 ~ 0.50	0.50 ~ 0.53	0.53 ~ 0.55	0.55 ~ 0.58	0.58 ~ 0.60	0.60 ~ 0.63
m_2	0.73 ~ 0.75	0.75 ~ 0.76	0.76 ~ 0.78	0.78 ~ 0.79	0.79 ~ 0.80	0.80 ~ 0.82
m_3	0.76 ~ 0.78	0.78 ~ 0.79	0.79 ~ 0.80	0.81 ~ 0.82	0.82 ~ 0.83	0.83 ~ 0.84
m_4	0.78 ~ 0.80	0.80 ~ 0.81	0.81 ~ 0.82	0.82 ~ 0.83	0.83 ~ 0.85	0.85 ~ 0.86
m_5	0.80 ~ 0.82	0.82 ~ 0.84	0.84 ~ 0.85	0.85 ~ 0.86	0.85 ~ 0.87	0.87 ~ 0.88

예제 3) 판 두께 1mm, 용기의 지름 40mm, 높이 50mm의 원통 컵을 드로잉할 때 몇 공정으로 드로잉할 수 있는가? 단, 펀치의 각 반 지름(R)은 아주 작은 것으로 한다.

① 블랭크 지름 ········ $D = \sqrt{d^2 + 4dh} = \sqrt{40^2 + 4 \times 40 \times 50} = 98mm$

② 드로잉률 결정 ········ $\frac{t}{D} \times 100 = \frac{1}{98} \times 100 = 1(\%)$

1%에 대한 드로잉률을 표에서 찾으면

$m_1 = 0.53, \ m_2 = 0.76, \ m_3 = 0.79, \ m_4 = 0.81, \ m_5 = 0.84$ 이다.

③ 각 공정별 제품의 지름

제1공정 ········ $d_1 = m_1 \times D = 0.53 \times 98 = 52mm$

제2공정 ········ $d_2 = m_2 \times d_1 = 0.76 \times 52 = 39.5mm$

즉, 2공정으로 완제품 지름 40mm를 드로잉할 수 있다. 2공정에서 펀치의 지름 39.5mm를 40mm로 하여 완성한다.

④ 각 공정별 제품 성형 높이

$D^2 = d_1^2 + 4 \times d_1 \times h_1$ 에서 $98^2 = 52^2 + 4 \times 52 \times h_1$ 이다. ∴ $h_1 = 32.2mm$

$D^2 = d_2^2 + 4 \times d_2 \times h_2$ 에서 $98^2 = 40^2 + 4 \times 40 \times h_2$ 이다. ∴ $h_2 = 50mm$

드로잉(Drawing) 금형 설계

4) 블랭크의 크기 결정

블랭크의 직경은 드로잉 전후의 블랭크 두께 및 표면적이 일정하다는 가정 하에 용기를 전개하고 그 표면적으로 블랭크 직경을 구한다.

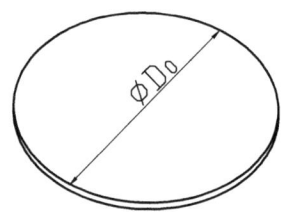
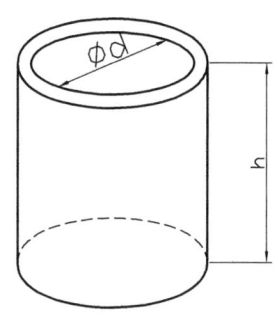

- 블랭크의 표면적 = $\dfrac{\pi D^2}{4}$ (mm²)
- 용기의 바닥 표면적 = $\dfrac{\pi d^2}{4}$ (mm²)
- 용기의 측벽 표면적 = πdh (mm²)

$$\therefore \ \dfrac{\pi D^2}{4} = \dfrac{\pi d^2}{4} + \pi dh$$

$$D_0 = \sqrt{d^2 + 4dh}$$

여기서 D_0 : 블랭크 직경 (mm)
d : 용기의 직경 (mm)
h : 용기의 높이 (mm)

5) 블랭크의 크기 계산 예

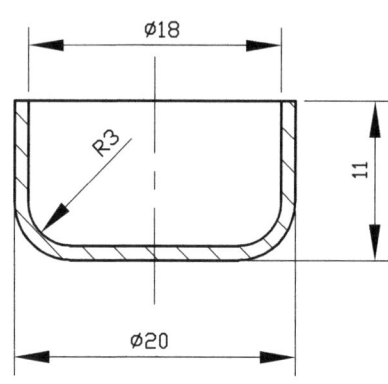

$d = 18, \quad h = 11, \quad r = 3$

$D = \sqrt{d^2 + 4d(h - 0.43r)} = \sqrt{18^2 + 4 \times 18(11 - 0.43 \times 3)}$
$= 32 \text{mm}$

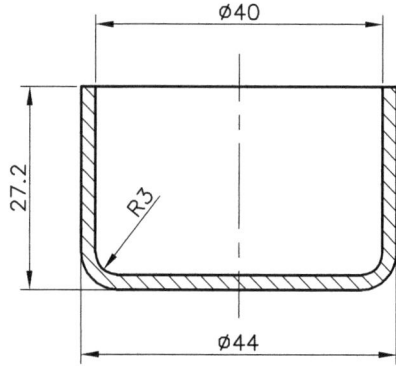

판 두께가 2.0mm 이상이므로 중립면의 위치로 d를 계산한다.
중립면은 내측에서 판두께의 40%의 위치로 설정한다.

$d = 41.6, \quad h = 26, \quad r = 3.8$

$D = \sqrt{d^2 + 4d(h - 0.43r)}$
$= \sqrt{41.6^2 + 4 \times 41.6(26 - 0.43 \times 3.8)}$
$= 76 \text{mm}$

금형 제작용 표준재료 규격

(단위 : mm)

재 질	구 분	금형 제작용 표준재료 규격(t, Ø)
SM20C	봉 재	6, 8, 10, 12, 13, 14, 16, 20, 22, 24, 25, 28, 30, 32, 35, 38 42, 45, 46, 50, 60, 65, 70, 75
SM45C	판 재	9, 12, 16, 19, 22, 25, 28, 32, 38, 45(5), 80, 90, 100
SM45C	봉 재	6, 8, 10, 12, 13, 14, 16, 20, 22, 24, 25, 28, 30, 32, 35, 42, 45(5), 80, 90, 100
SM55C	판 재	9, 12, 16, 19, 22, 25, 28, 32, 38, 45(5), 80, 90, 100
SM55C	봉 재	6, 8, 10, 12, 13, 14, 16, 20, 22, 24, 25, 28, 30, 32, 35, 42, 45(5), 80, 90
STC3 (SK3)	판 재	13, 16, 19, 22, 25, 28, 32, 36, 40(5), 80, 90, 100
STC3 (SK3)	봉 재	13, 16, 19, 22, 25, 28, 30, 32, 36, 40, 42, 45, 50(5), 80, 90, 100
(SK4)	봉 재	3(1), 15
STS3 (SKS3)	판 재	8, 10, 13, 16, 19, 22, 25, 28, 32, 36, 38, 40(5), 80, 90, 100
STS3 (SKS3)	봉 재	10, 13, 16, 19, 22, 25, 28, 30, 32, 36, 40, 42, 45, 50(5), 80, 90, 100
STD11 (SKD11)	판 재	6, 8, 10, 13, 16, 19, 22, 25, 28, 32, 38, 45(5), 80, 90, 100
STD11 (SKD11)	봉 재	10, 16, 19, 22, 25, 32, 36, 40, 45, 50(5), 80, 90, 100
STD61 (SKD61)	판 재	8, 10, 13, 16, 19, 22, 25, 28, 32, 38, 45(5), 80, 90, 100
STD61 (SKD61)	봉 재	10, 16, 19, 22, 25, 32, 36, 40, 45, 50(5), 80, 90, 100
SKH51 (SKH9)	판 재	2(1), 10, 13, 16, 19, 20, 22, 25
SKH51 (SKH9)	봉 재	8, 9, 10, 13, 16, 19, 22, 25, 28, 32, 36, 38, 40, 45, 50
SKH55	판 재	2(1), 10, 13, 16, 19, 20, 22, 25
SKH55	봉 재	8, 9, 10, 13, 16, 22, 25, 28, 32, 36, 38, 40, 45, 50

※ ( )안의 숫자는 그 숫자 단위씩 증가 "예" 50(5), 80 : 50, 55, 60, 65, 70, 75, 80

제 8 장

프레스 금형설계 실제

프레스금형설계실제	**고정 스트리퍼타입 설계**
CKL8-001-1	

실측제품도

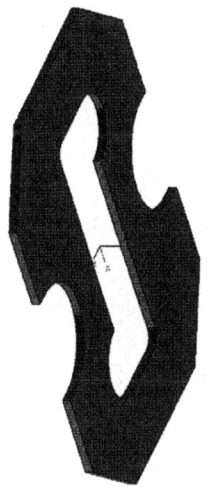

주서
1. 고정식 스트리퍼 타입 프로그래시브 금형
2. 판치고정은 턱걸이 방법 사용
3. 이송방향 : 좌측에서 우측으로 핸드이송
4. 스테이지수 : 설계기준치수를 기입하고 3공정 이상으로 하고 최종공정은 파팅 작업으로 완성한다.
5. 블랭크 배열 : 좌측으로 하고 1열 1개 따기로 한다.
6. 사이드 컷판치는 2개 설치한다.
7. 클리어런스 : 편측 소재두께의 5% 적용
8. 다이세트 타입은 BB형를 사용한다.

1. 냉간압연강판(SPC1) t = 0.5 mm
2. 소재전단강도 : 36 kgf/mm²

고정 스트리퍼타입 설계

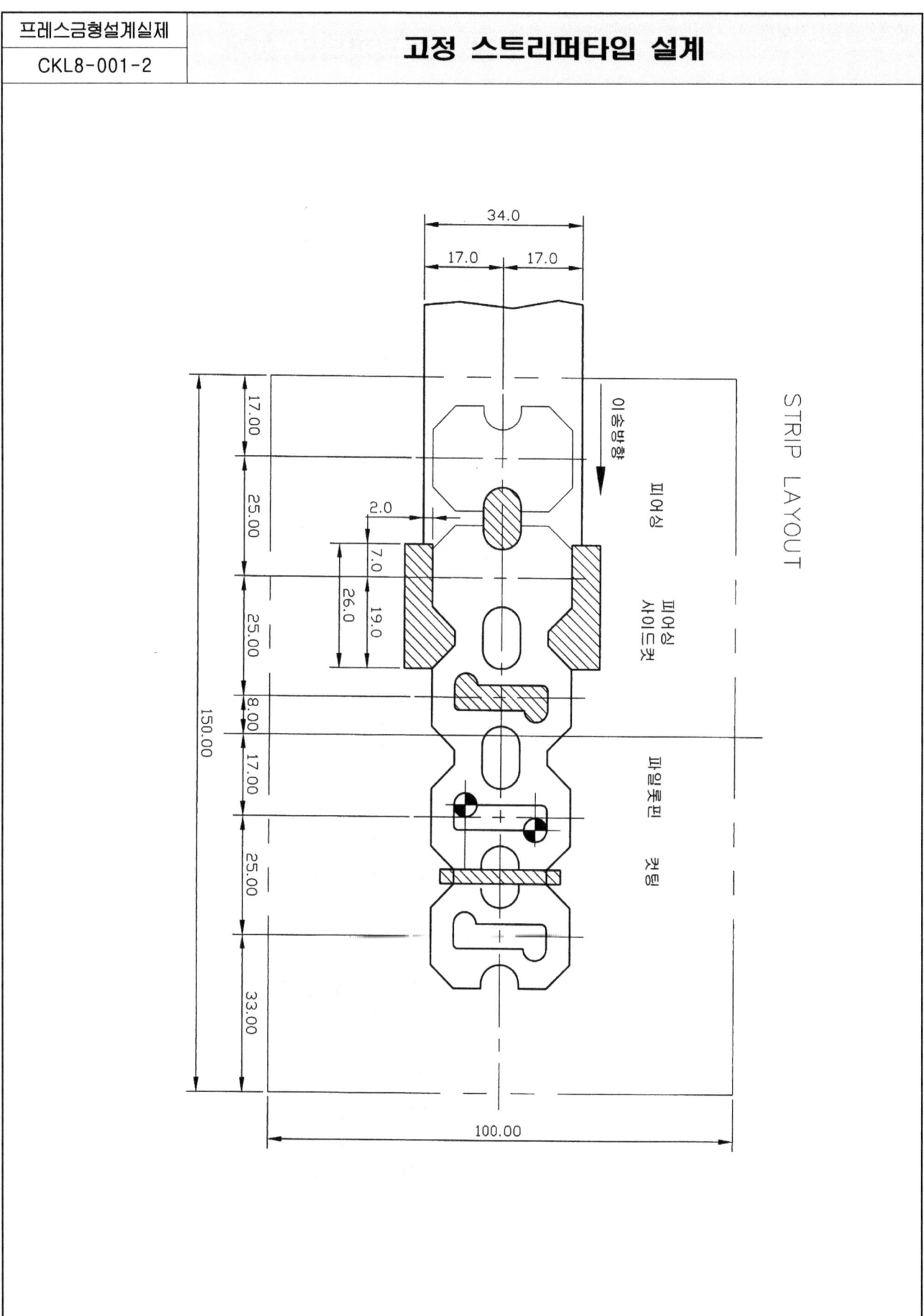

프레스금형설계실제 CKL8-001-3

고정 스트리퍼타입 설계

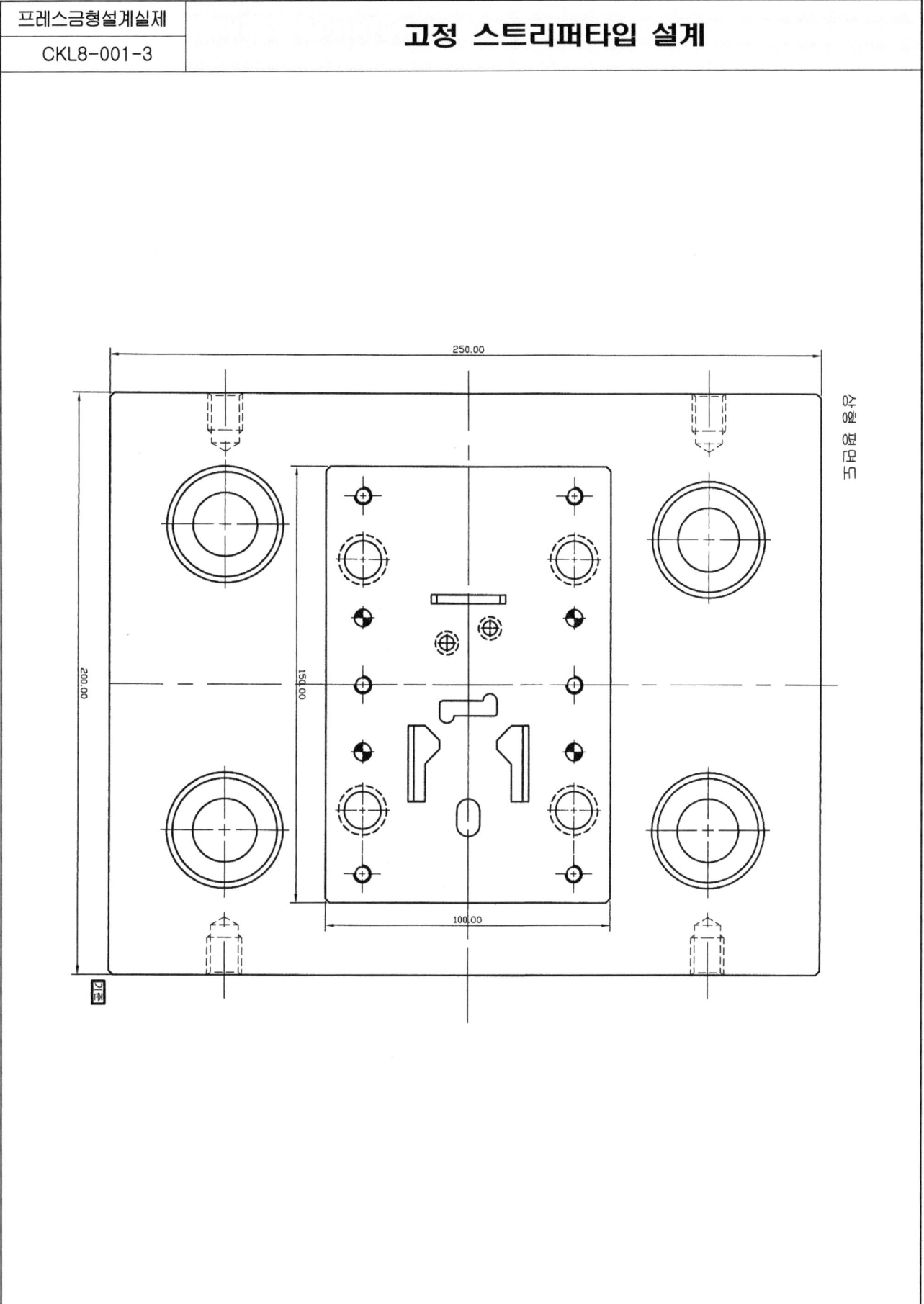

고정 스트리퍼타입 설계

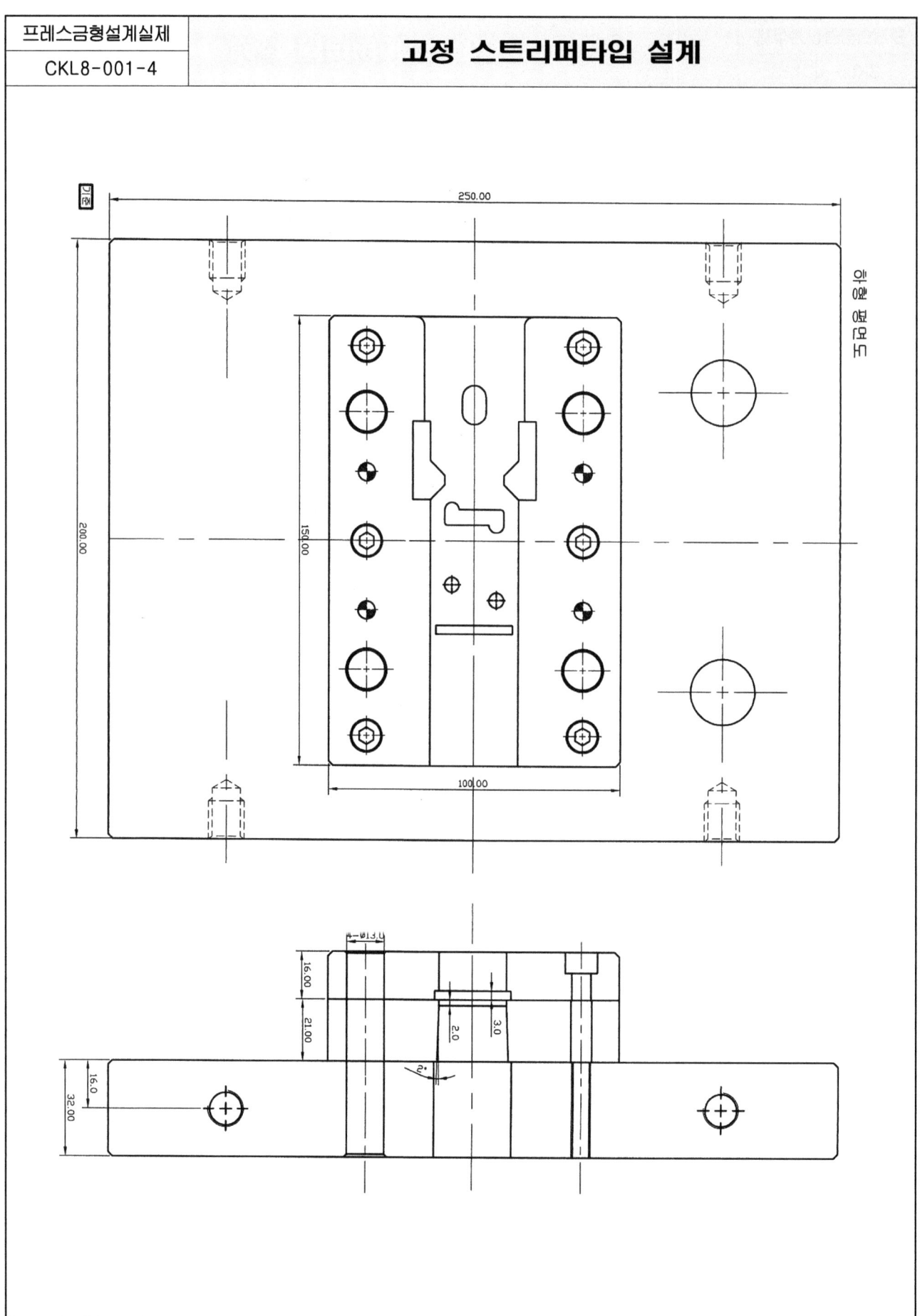

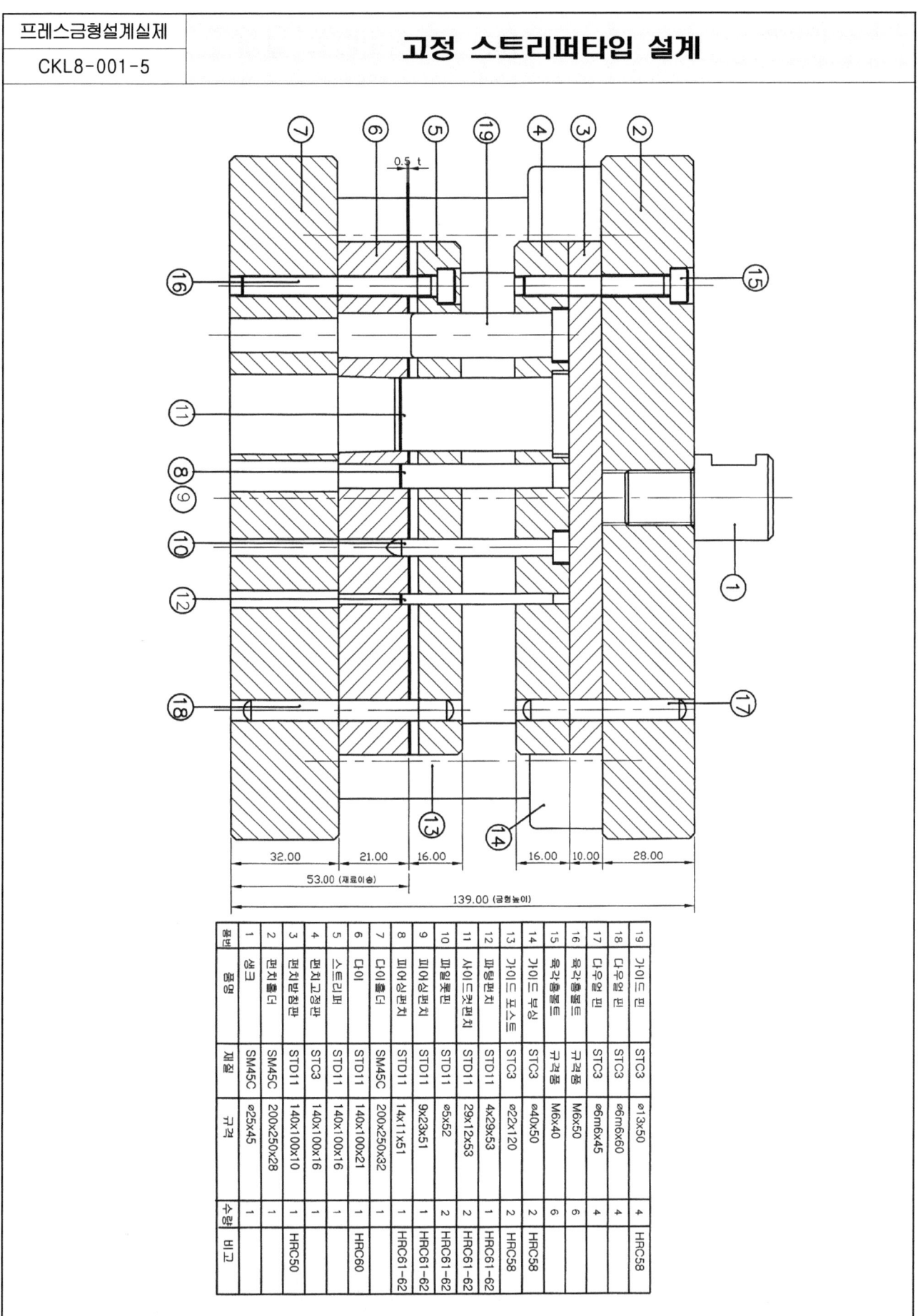

가동 스트리퍼타입 설계 1

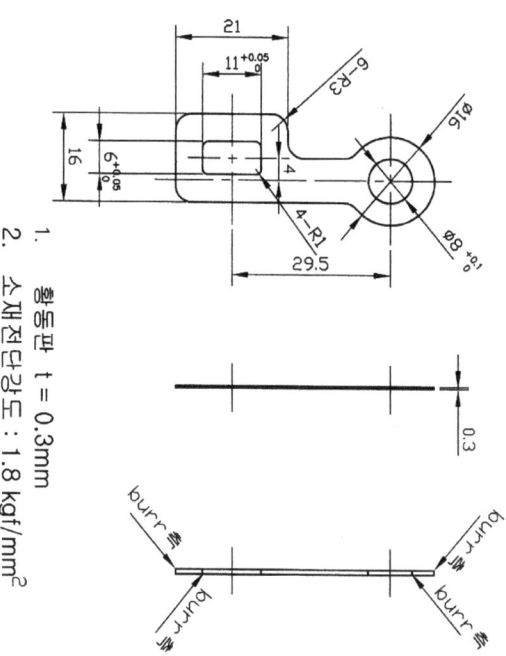

1. 홀동판 t = 0.3mm
2. 소재전단강도 : 1.8 kgf/mm²

주서
1. 가동식 스트리퍼 사용
2. 펀치고정은 턱걸이 맞물 사용
3. 제품도에 있는 치수는 공구의 마모를 고려 기준치수를 보정하여 설계할것
4. 소재이송은 좌측에서 우측으로 끌려 피드를 사용하도록 할것
5. 스트립 레이아웃을 작도하되 3공정 이상으로 하고 설계 기준치수를 기입할것
6. 스트립 이송 안내를 위하여 GUIDE LIFTER를 설치할 것
7. 공정별 치수 안정화를 위하여 Pilot Pin을 설치할것
8. 제품 배열은 1열 1개 따기로 할것
9. 전단 펀치측 클리어런스는 소재두께의 5% 적용
10. 다이세트는 FB형을 사용할 것
11. 제품 외측 형상은 블랭킹으로 타발하며 기때 burr방향은 블랭킹펀치(상측) 쪽에 위치한다.
12. 내측형상은 피어싱가공하고 제품 외측 형상은 블랭킹가공으로 완성한다.
13. 블랭킹 펀치 치수는 제품치수에서 편측클리어런스(0.015)만큼 빼어준다.

가동 스트리퍼타입 설계 1

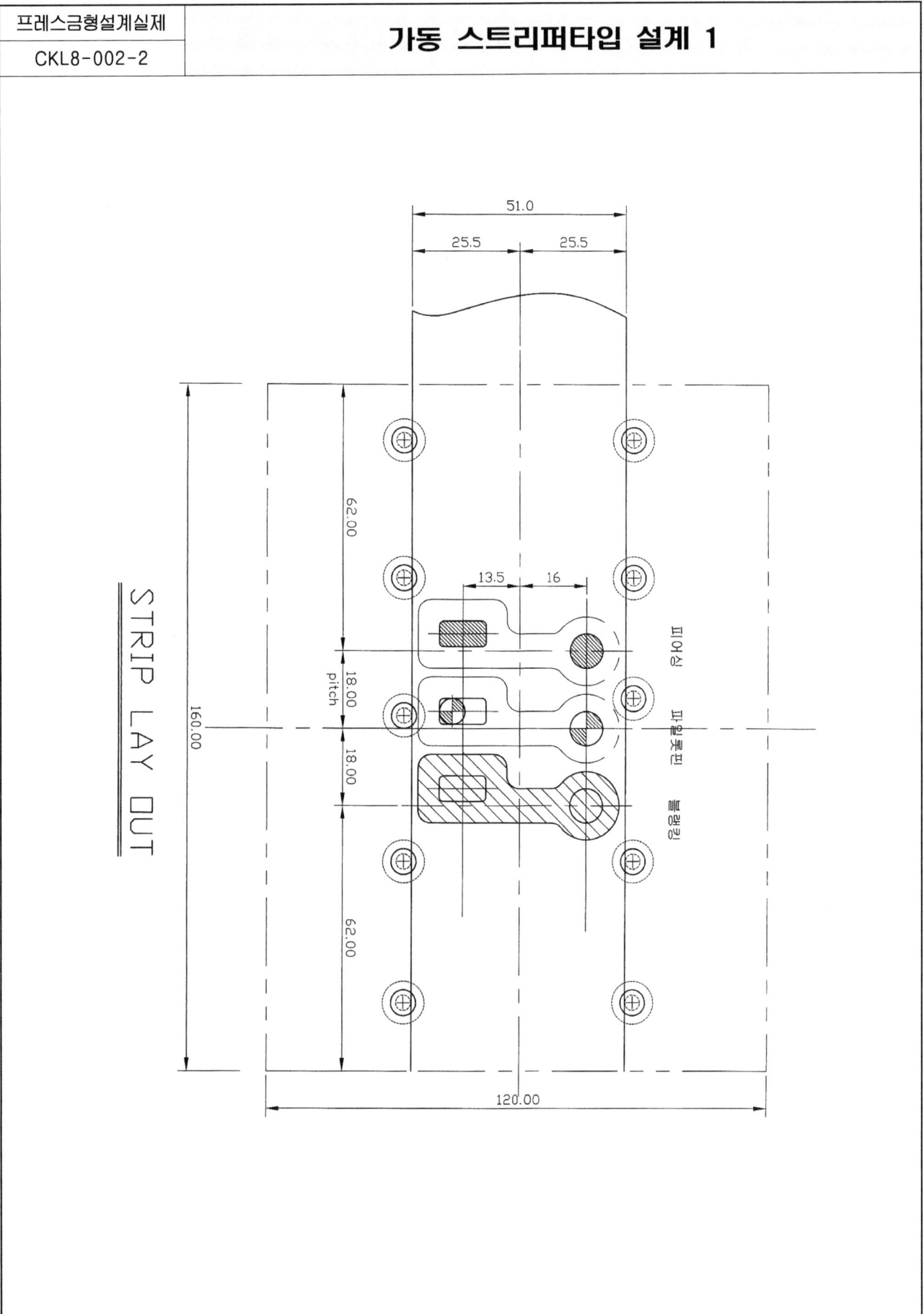

가동 스트리퍼타입 설계 1

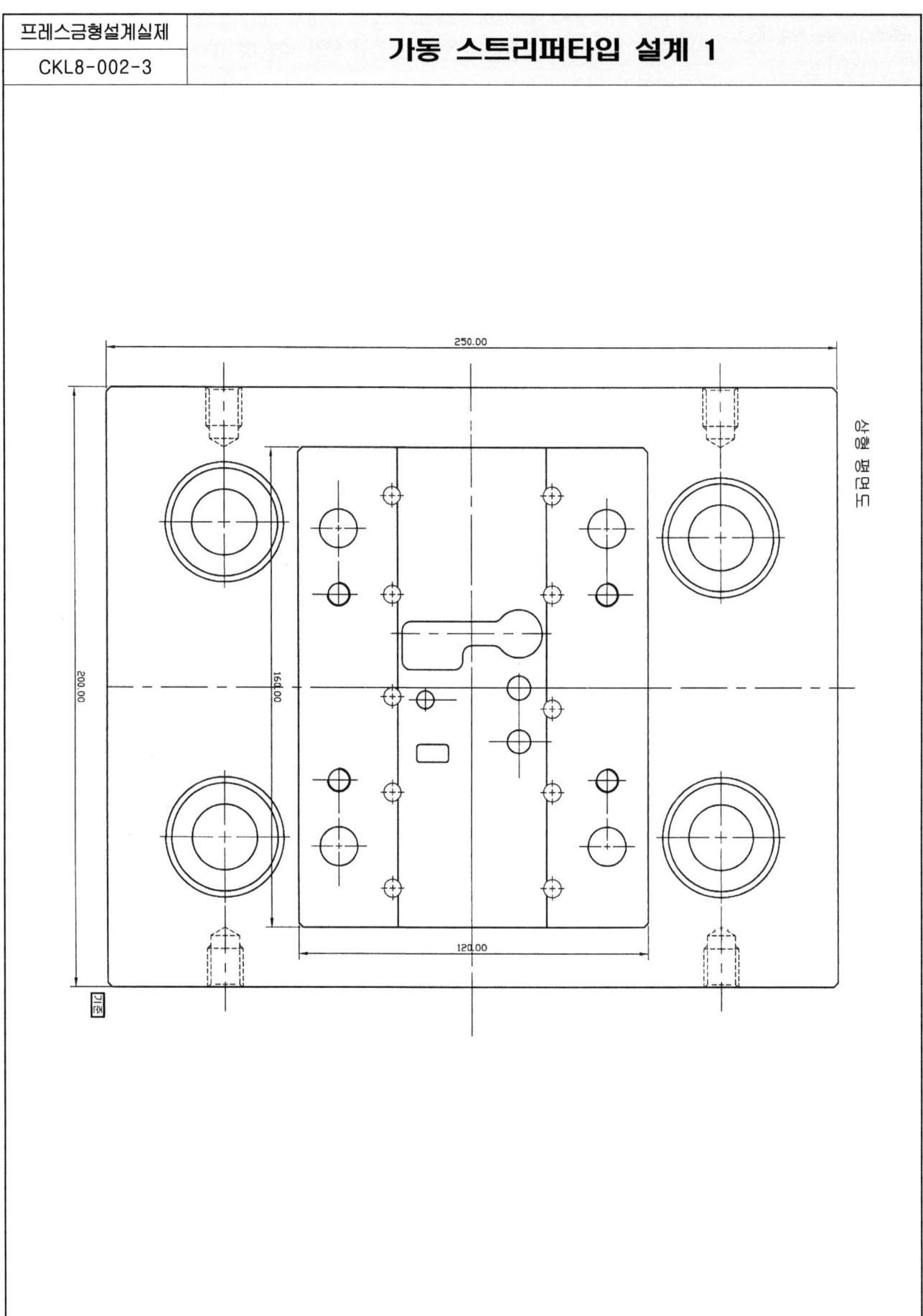

가동 스트리퍼타입 설계 1

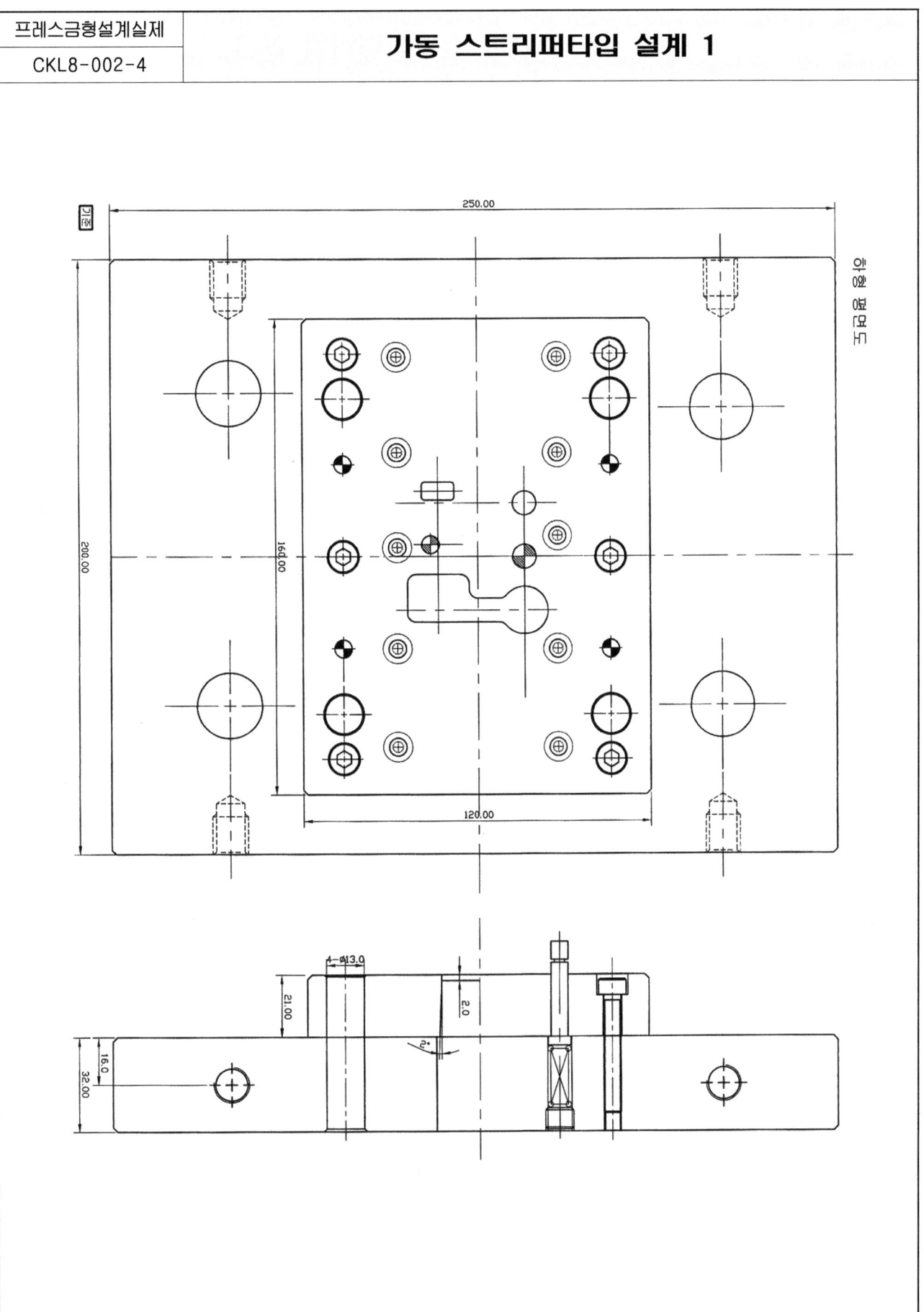

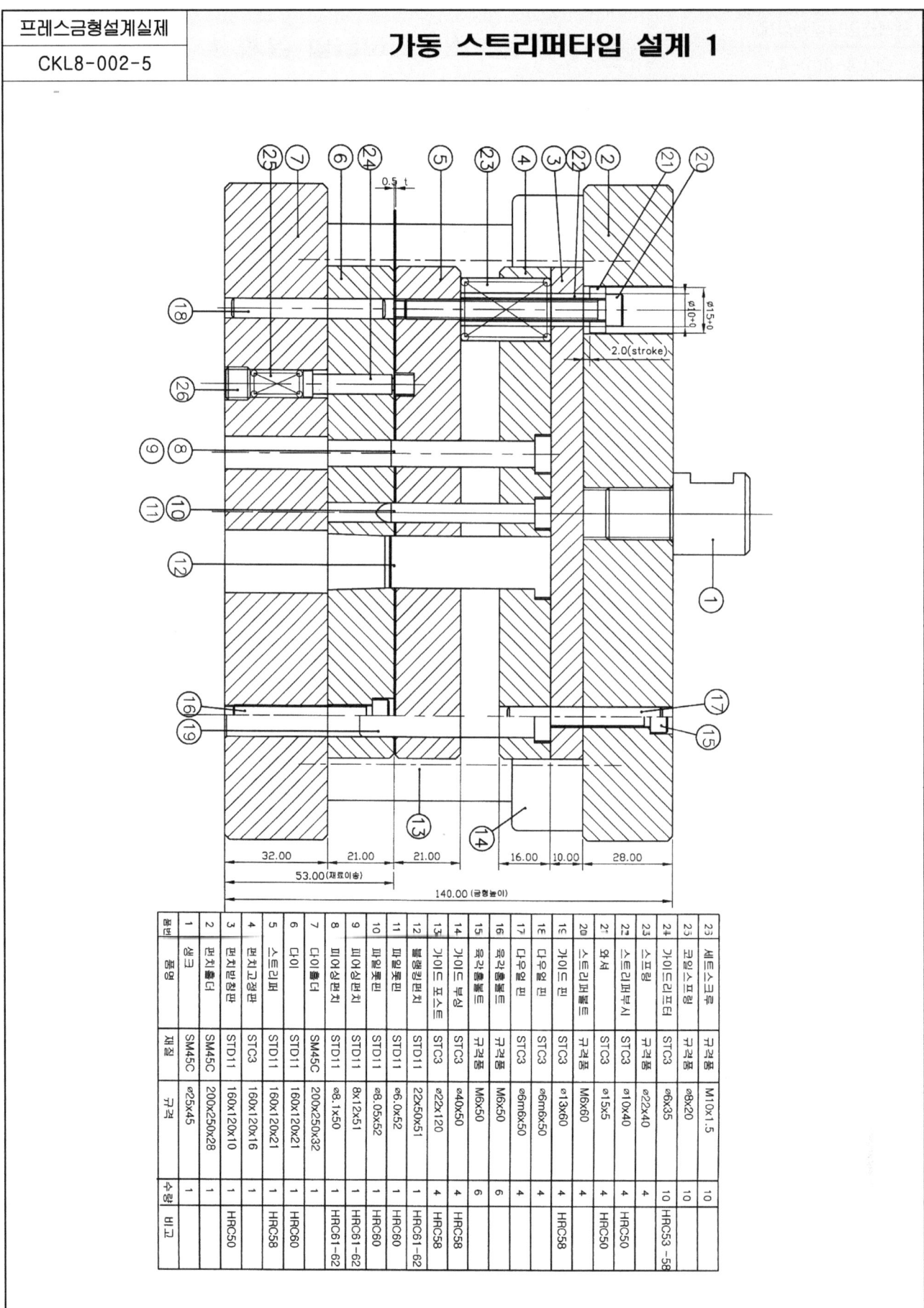

가동 스트리퍼타입 설계 2

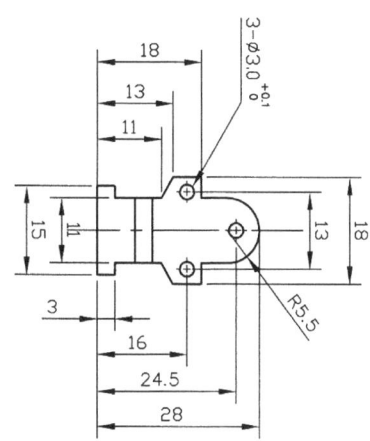

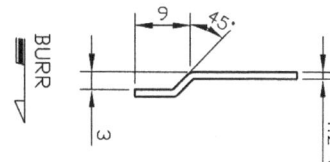

1. 냉간압연강판(SPC1) t = 1.2 mm
2. 소재전단강도 : 36 kgf/mm²

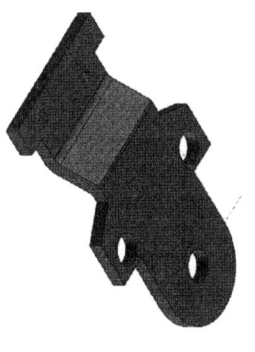

주서
1. 가동식 스트리퍼때 사용
2. 편치고정은 틀걸이 방법 사용
3. 제품도에 있는 치수는 공구의 마모를 고려 기준치수를 보정하여 설계할 것
4. 소재이송은 좌측에서 우측으로 하고 풀러 피더를 사용하도록 할 것
5. 스트립 레이아웃 적도하고 설계 기준치수를 기입할 것
6. 제품 배출은 1열 1개 따기로 할 것
7. 전단 폭측 클리어런스는 0.06mm로 할 것
8. 다이세트는 FR형을 사용할 것
9. 파일럿핀은 별도의 구멍을 가공하지 말고 제품상의 ⌀3 hole을 이용할 것
10. 사이드 컷은 별도로 설치하지 말고 노칭부를 이용하여 소재 이송시 stopping 할 것

가동 스트리퍼타입 설계 2

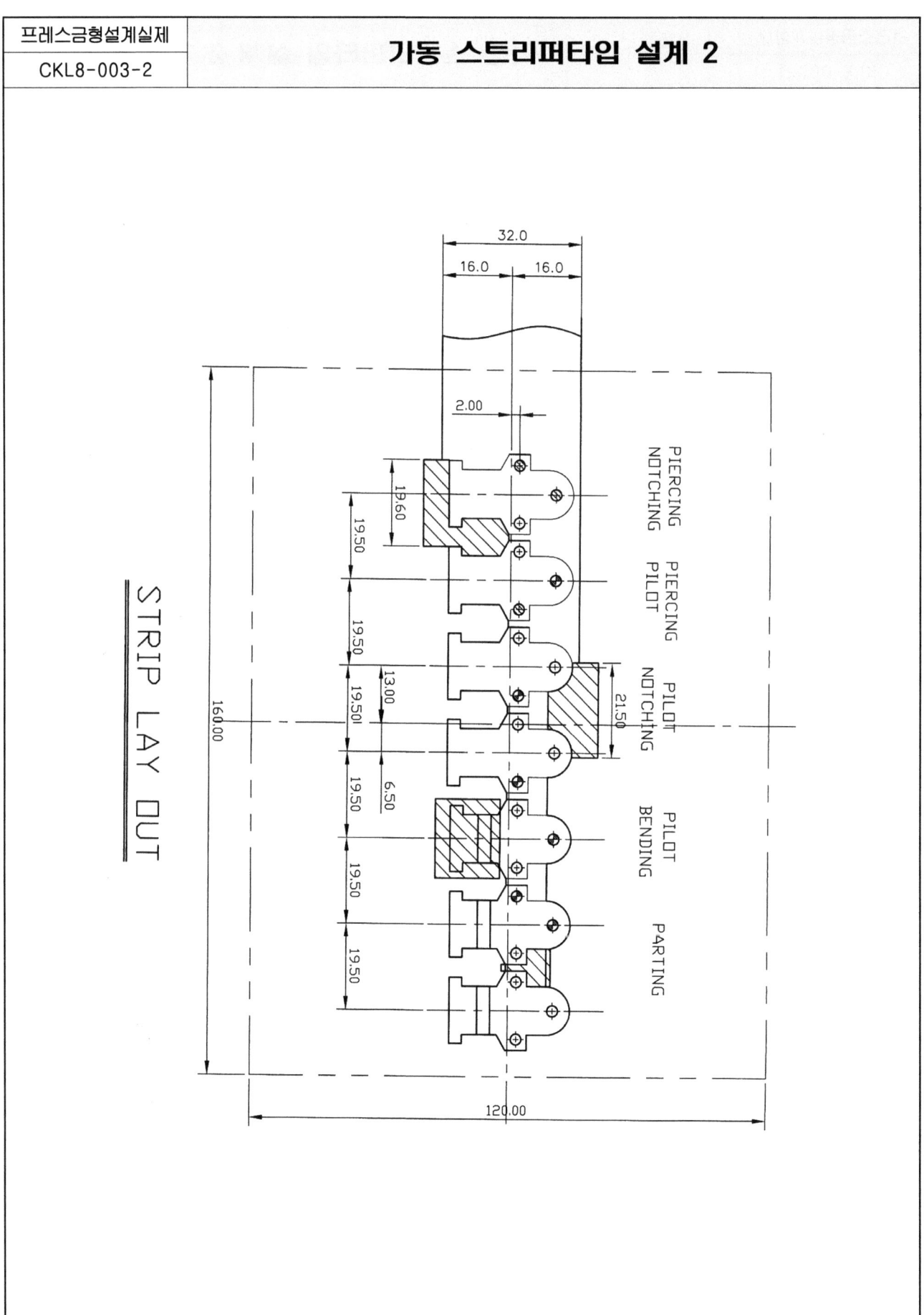

가동 스트리퍼타입 설계 2

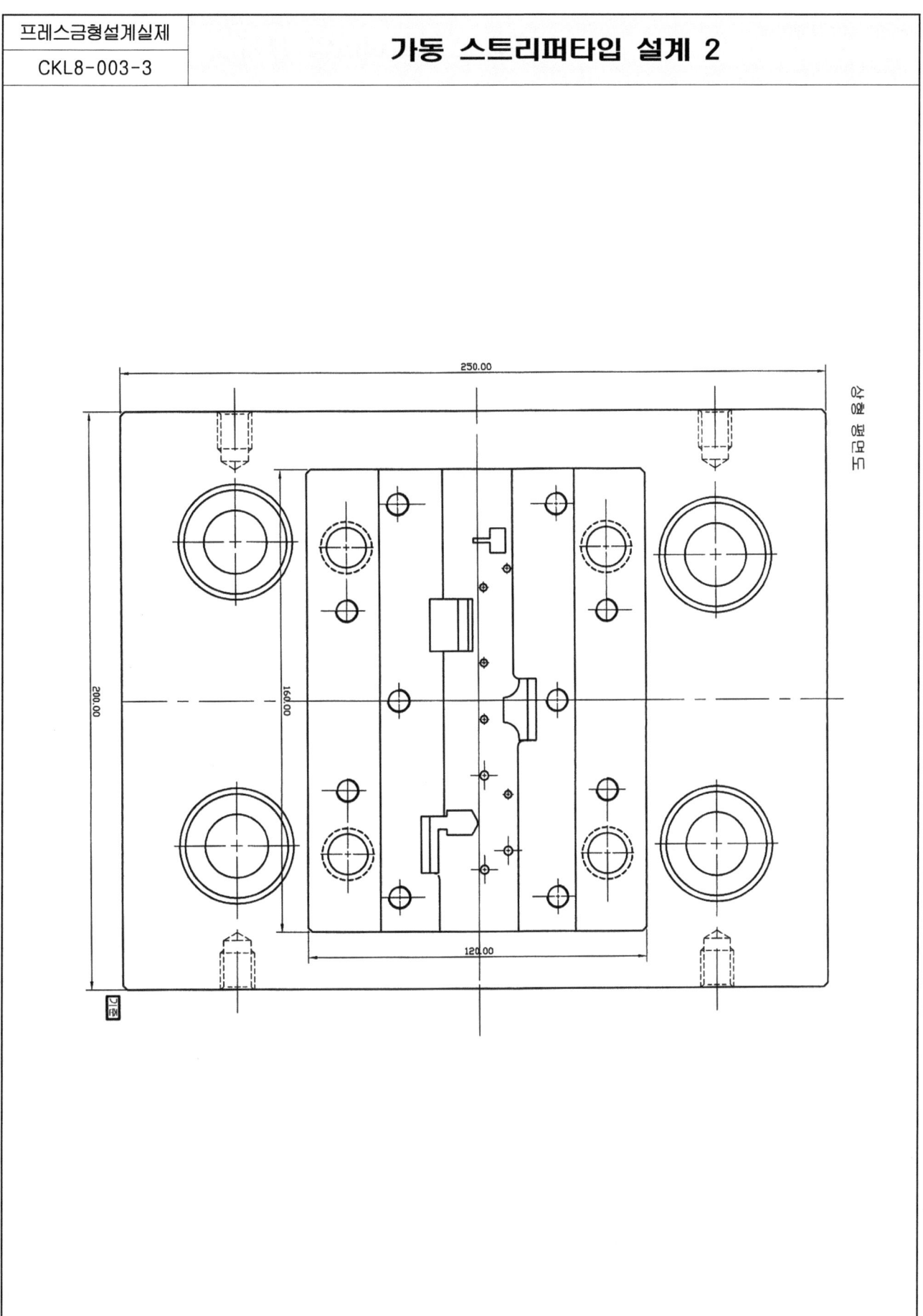

가동 스트리퍼타입 설계 2

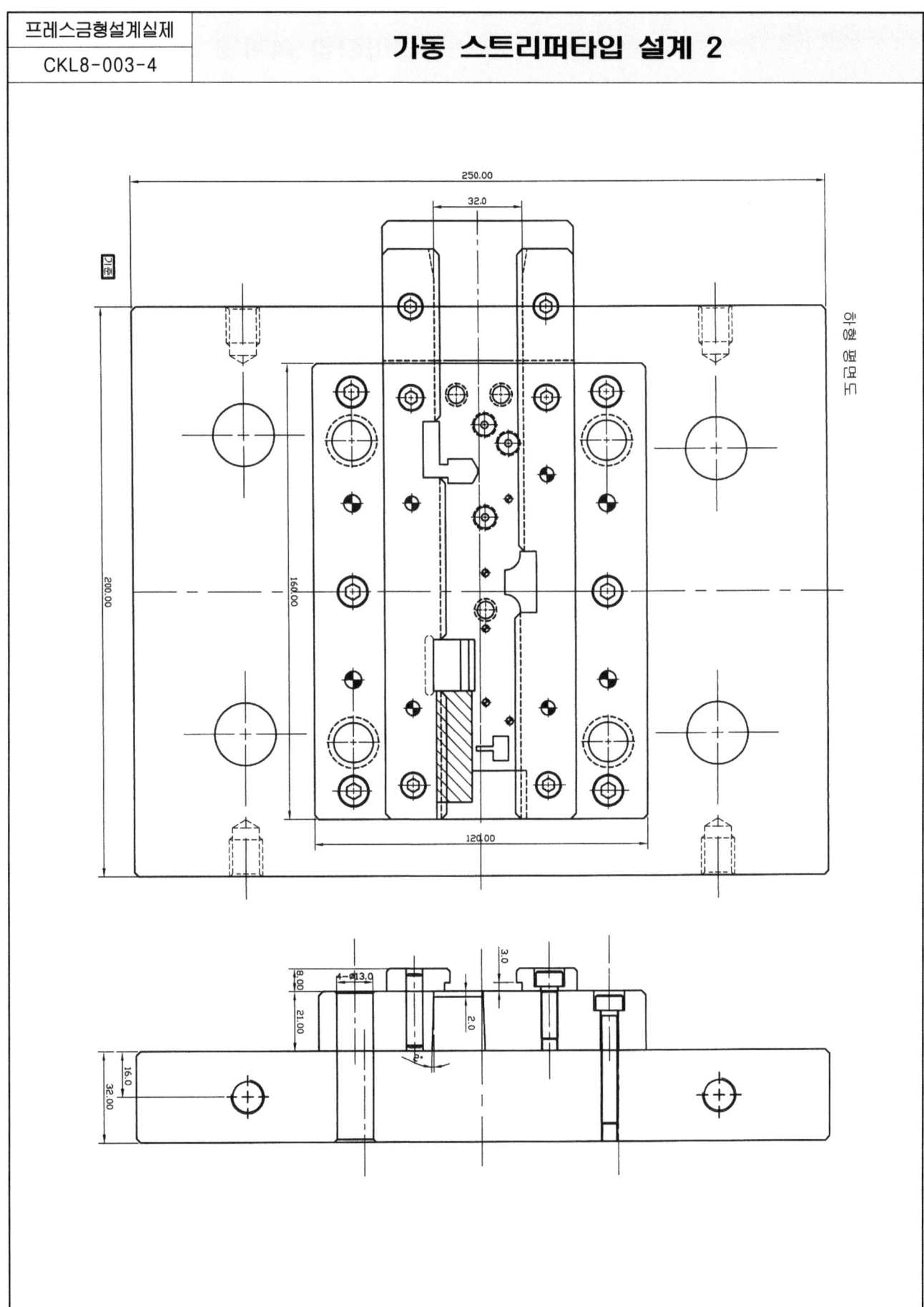

가동 스트리퍼타입 설계 2

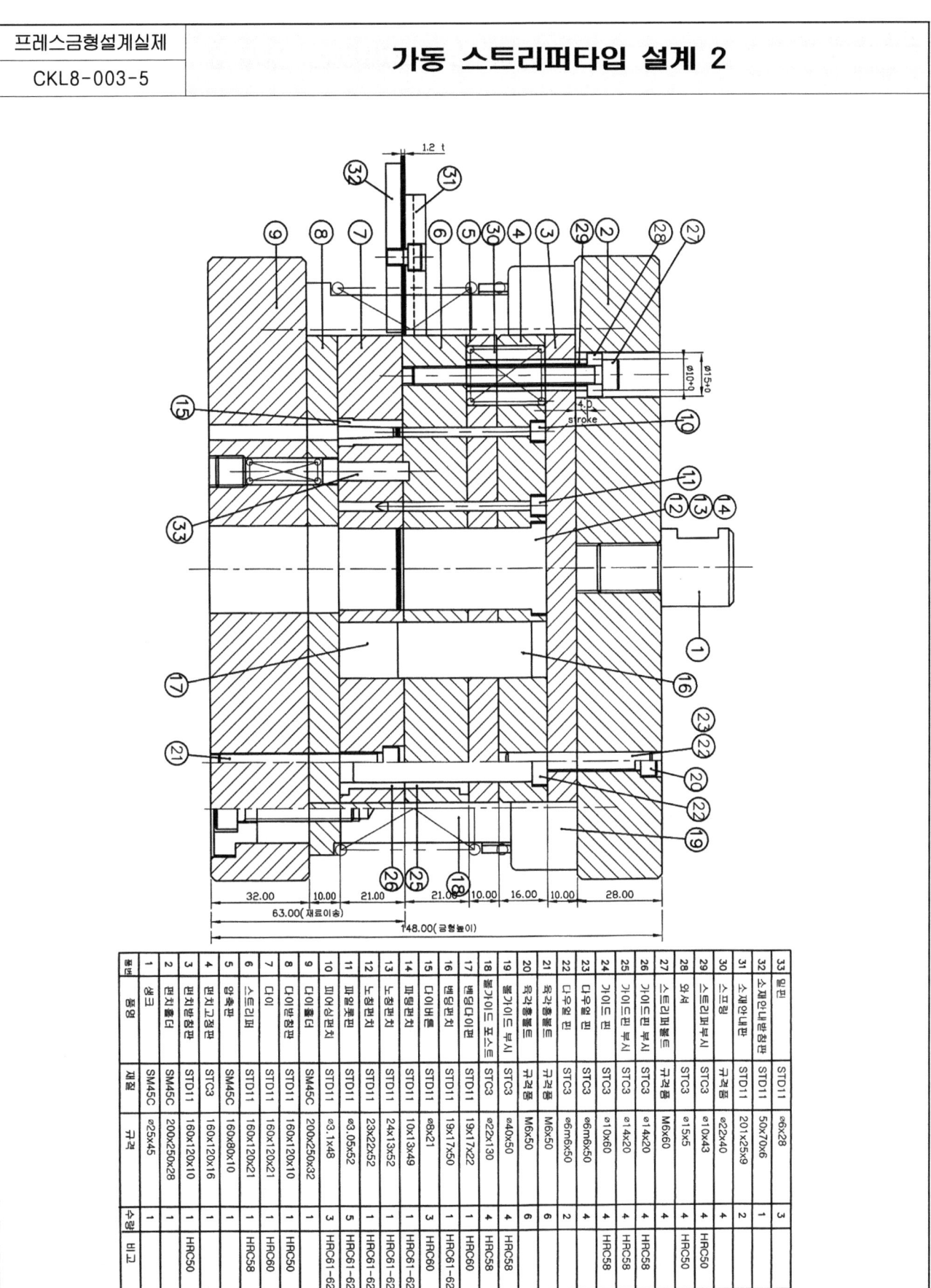

품번	품명	재질	규격	수량	비고
1	생크	SM45C	ø25x45	1	
2	펀치홀더	SM45C	200x250x28	1	
3	펀치고정판	STD11	160x120x10	1	HRC50
4	압출판	SM45C	160x80x10	1	
5	스트리퍼	STD11	160x120x16	1	HRC58
6	다이	STD11	160x120x21	1	HRC60
7	다이받침판	STD11	160x120x10	1	HRC50
8	다이홀더	SM45C	200x250x32	1	
9	피어싱펀치	STD11	ø3.1x48	3	HRC61-62
10	파일롯핀	STD11	ø3.05x52	5	HRC61-62
11	노칭편치	STD11	23x22x52	1	HRC61-62
12	노칭편치	STD11	24x13x49	1	HRC61-62
13	파팅편치	STD11	10x13x49	3	HRC61-62
14	다이버튼	STD11	ø8x21	1	HRC60
15	벤딩편치	STD11	19x17x50	1	HRC60
16	벤딩다이편	STD11	19x17x22	1	HRC60
17	풀가이드 포스트	STC3	ø22x130	4	HRC58
18	풀가이드 부시	STC3	ø40x50	4	HRC58
19	육각홈볼트	규격품	M6x50	6	
20	육각홈볼트	규격품	M6x50	6	
21	다우얼핀	STC3	ø6mx6x50	2	
22	다우얼핀	STC3	ø6mx6x50	4	
23	가이드핀	STC3	ø10x60	4	HRC58
24	가이드핀 부시	STC3	ø14x20	4	HRC58
25	가이드핀 부시	STC3	ø14x20	4	HRC58
26	스트리퍼볼트	STC3	M6x60	4	HRC58
27	와셔	STC3	ø15x5	4	HRC50
28	스트리퍼부시	STC3	ø10x43	4	HRC50
29	스프링	규격품	ø22x40	4	
30	소재안내판	STD11	201x25x9	2	
31	소재안내받침판	STD11	50x70x6	1	
32	일판	STD11	ø6x28	3	

가동 스트리퍼타입 설계 3

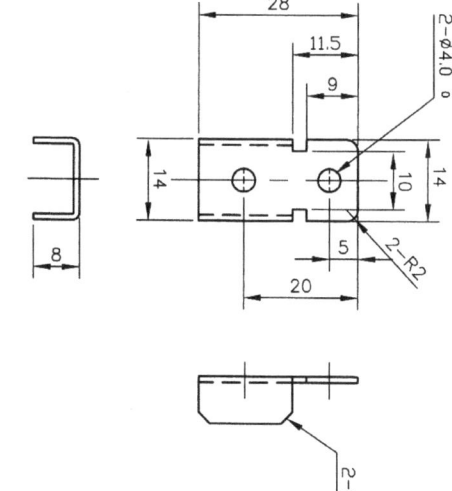

FEEDING DIRECTION

1. 냉간압연강판(SPC1) t = 1.0 mm
2. 소재전단강도 : 36 kgf/mm²

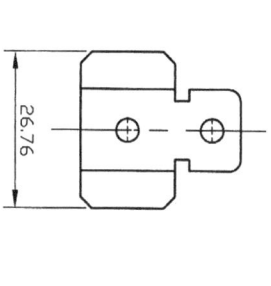

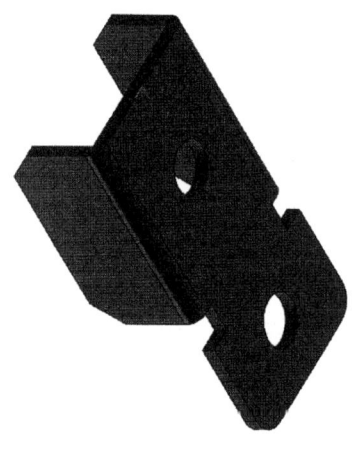

주서
1. 가동식 스트리퍼 사용
2. 편치고정은 턱걸이 방법 사용
3. 제품도에 있는 치수는 공구의 마모를 고려 기준치수를 보정하여 설계할것
4. 소재이송은 좌측에서 우측으로 하고 불러 피더를 사용하도록 할것
5. 스트립 레이아웃을 작도하고 설계 기준치수를 기입할것
6. 제품 배열은 1열 1개 따기로 할것
7. 전단 편측 클리어런스는 0.05 mm로 할것
8. 다이세트는 FR형을 사용할 것
9. 파일럿핀은 뚫음도의 구멍을 가공하지 말고 제품상의 ∅4 hole을 이용할 것
10. 제품의 최종완성은 불량칭 가공으로 완성한다.
11. 피어싱가공은 편치치수가 제품치수는 제품치수에다 클리어런스를 더하여 준다.
12. 불량칭가공은 다이치수가 제품치수가 되며 편치치수는 제품치수에서 클리어런스를 빼어준다.
13. 벤딩가공시 벤딩다이편에 협정치를 써서 제품이송이 용이하도록 할것

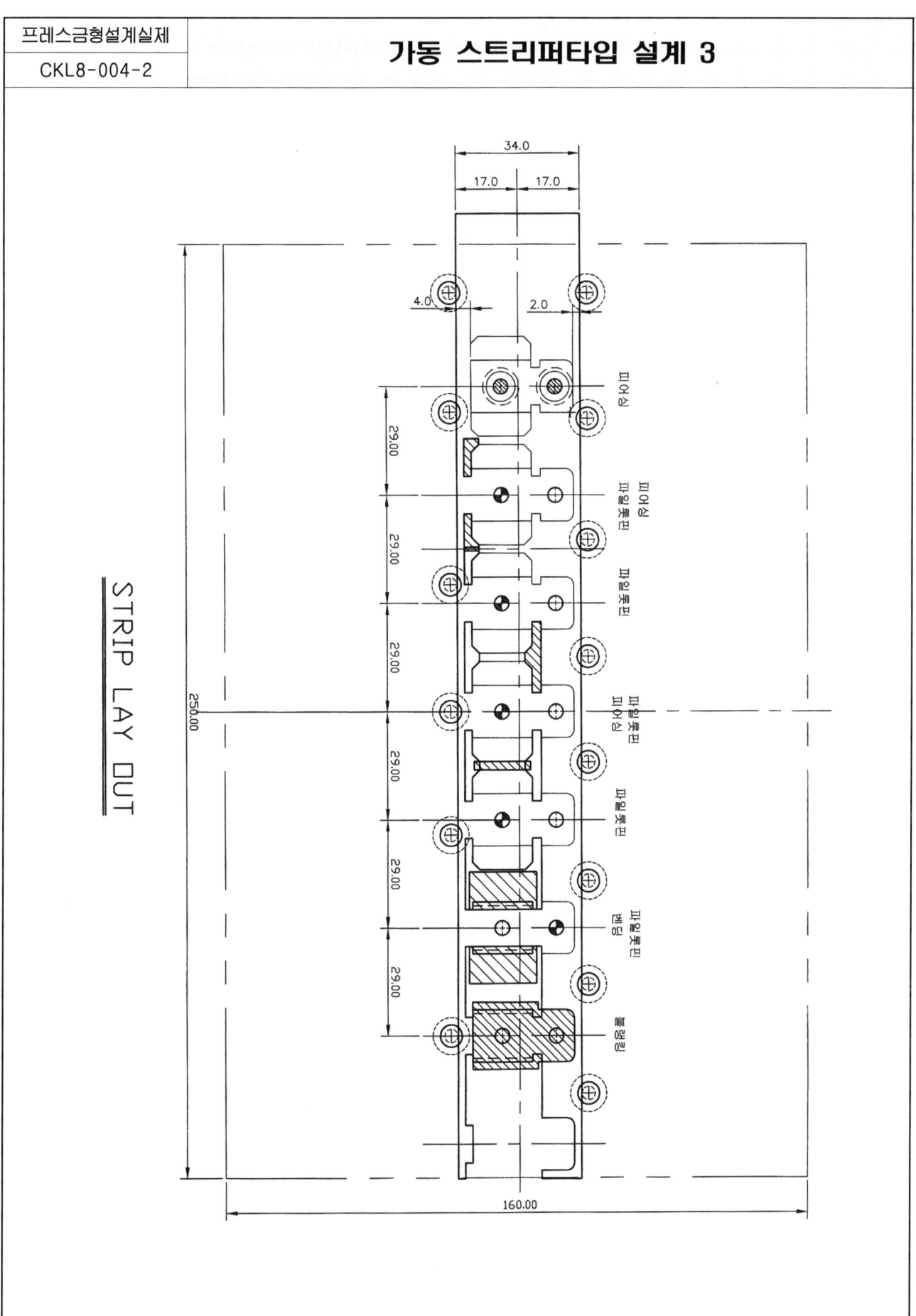

가동 스트리퍼타입 설계 3

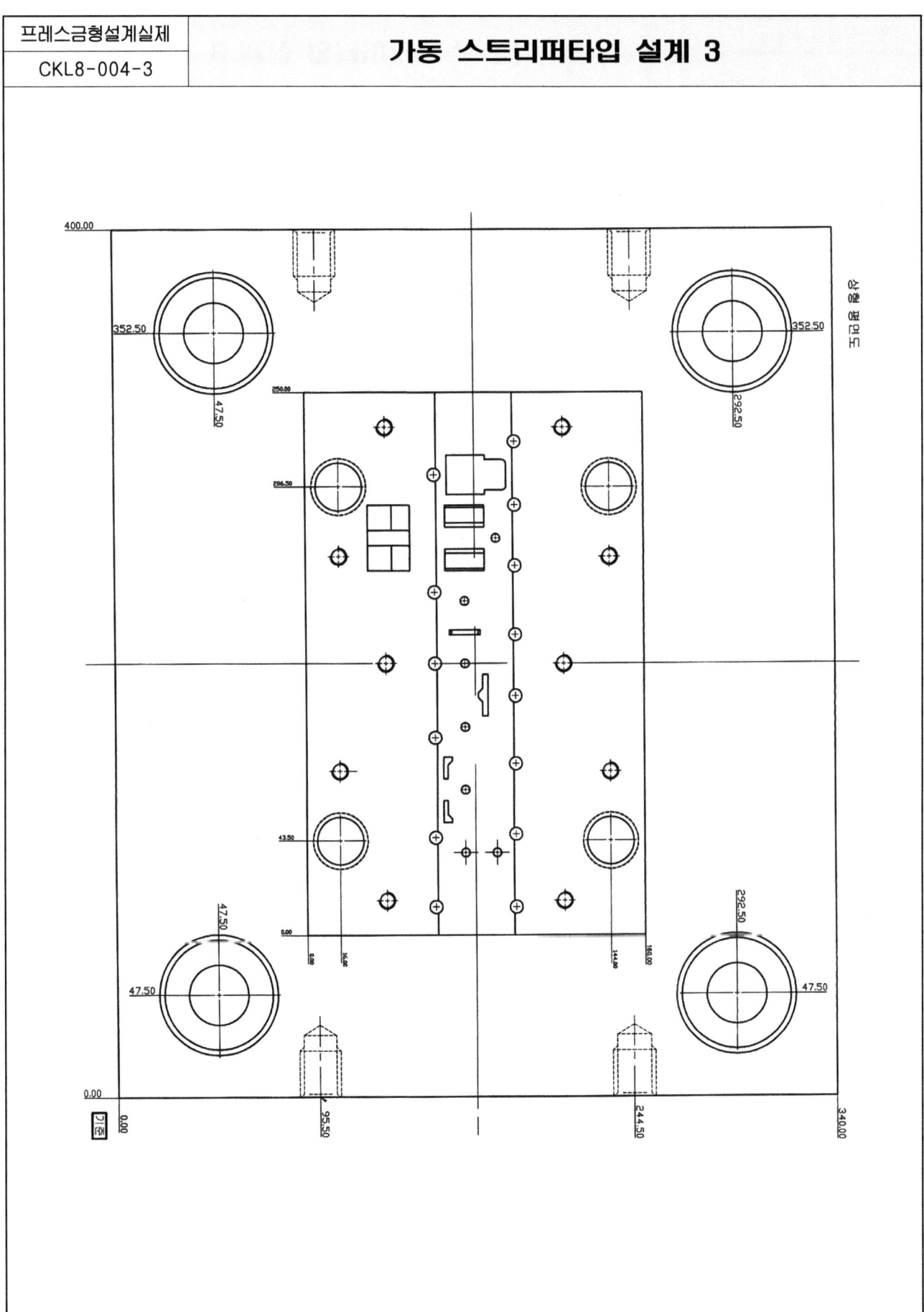

가동 스트리퍼타입 설계 3

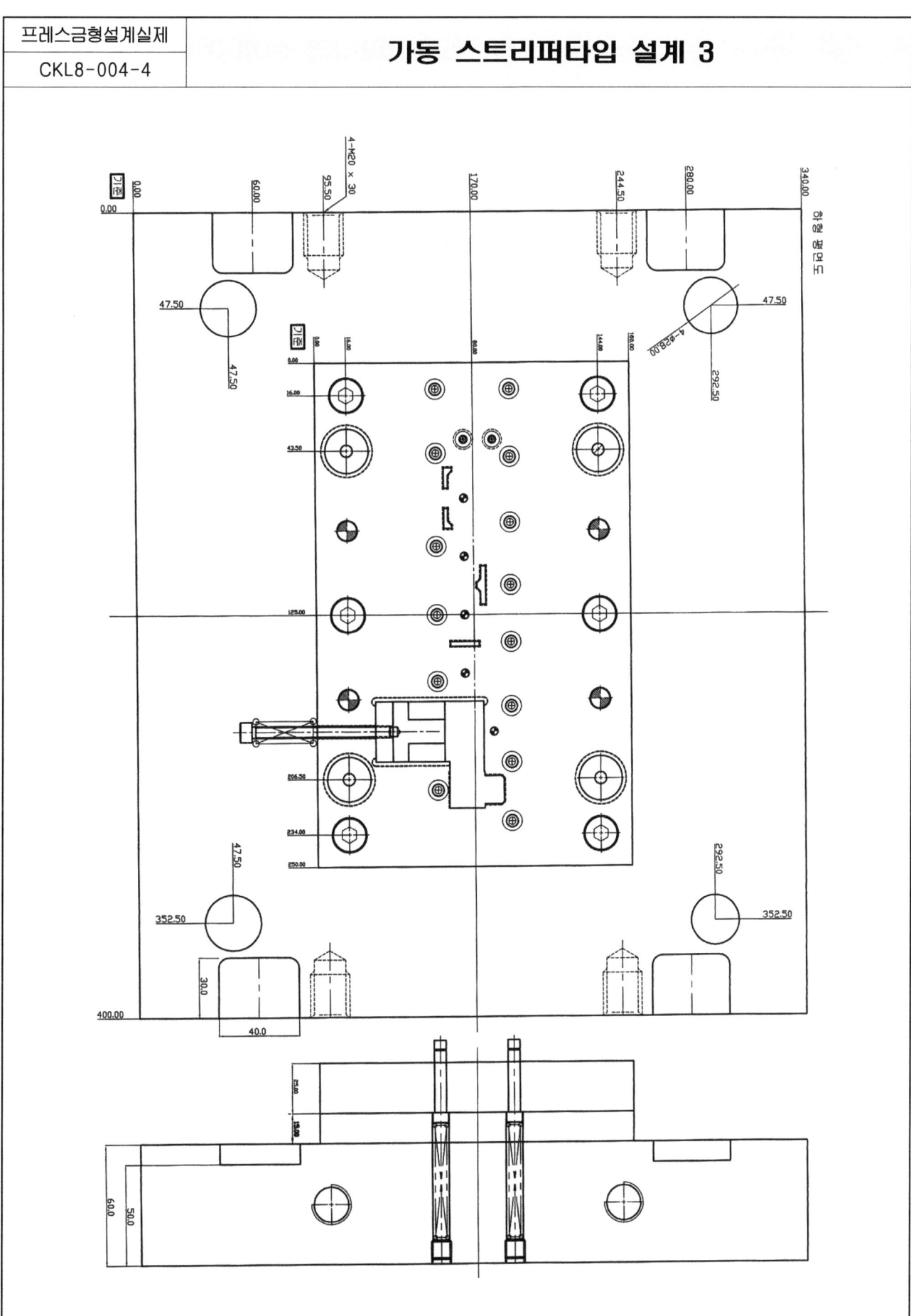

가동 스트리퍼타입 설계 3

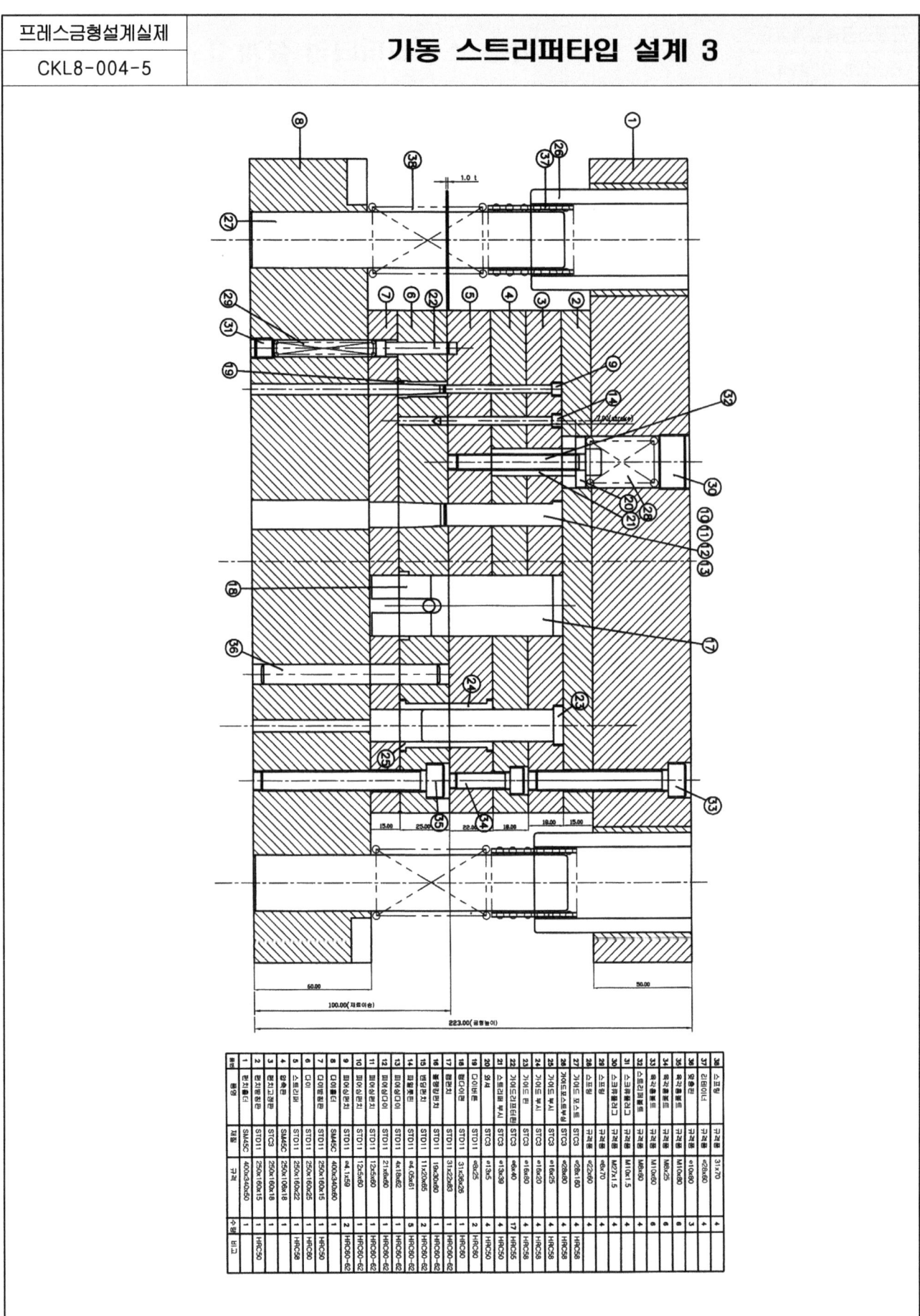

프레스금형설계실제
CKL8-004-6

가동 스트리퍼타입 설계 3

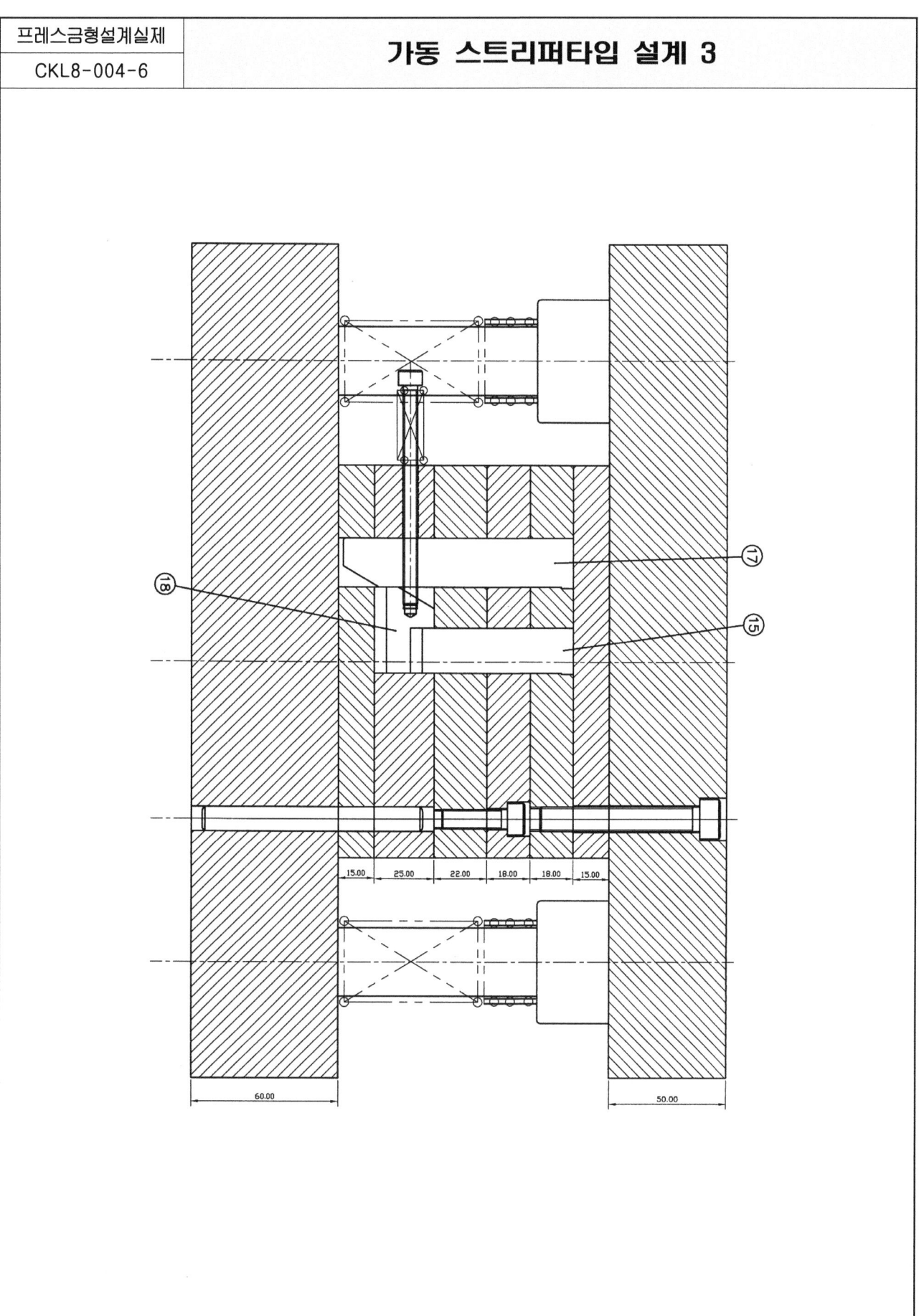

제8장 프레스 금형설계 실제

참고문헌

1. 이준희 외 3인, 프레스 금형, 산업인력공단, 2006.
2. 김세환, 도해 프레스 금형 설계 데이터 북, 대광서림, 2004.
3. 이상민, 프레스 금형 설계 도면집, 기전연구사, 2007.
4. 프레스 금형용 표준 부품 편람, (주)한국 미스미
5. 김세환, 프레스 금형 설계 공학, 대광서림, 2006.
6. 이종재 · 김용한 공저, 최신 금형 설계(프레스 편), 한국 이공학사.
7. 김세환, 프레스 金型 設計 · 制度, 대광 서림, 1987.
8. 프레스금형 표준 부품 편람, 미진금형부품, 경기도 화성시 향남읍 소재.

■ 저자 약력

이 춘 규
現) 국립 공주대학교 디지털융합금형공학과 교수
국립 공주대학교 공학박사
국립 서울과학기술대학교 공학석사
금형 기술사

전 대 선
現) 한국폴리텍대학교 익산캠퍼스 자동차융합기계과 교수
국립 전북대학교 공학박사
국립 서울과학기술대학교 공학석사
금형 기능장

이 영 주
前) 대한상공회의소 교수 / LG산전 금형과
국립 서울과학기술대학교 공학석사
금형 기능장

이 상 민
前) 청학 공업 고등학교 교사 / LG전자 생산기술센터
연세대학교 공학석사
금형 기술사

최신
프레스 금형설계 편람

2025년 10월 20일 제1판제1인쇄
2025년 10월 24일 제1판제1발행

공저자 이춘규 · 전대선
　　　　이영주 · 이상민
발행인 나 영 찬

발행처 **기전연구사**

경기도 하남시 하남대로 947 하남테크노밸리U1센터
B동 1406-1호
전 화 : 02)2235-0791/2238-7744/2234-9703
FAX : 02)2252-4559
등 록 : 1974. 5. 13. 제5-12호

정가 17,000원

◆ 이 책은 기전연구사와 저작권자의 계약에 따라 발행한 것이므로, 본 사의 서면 허락 없이 무단으로 복제, 복사, 전재를 하는 것은 저작권법에 위배됩니다.
ISBN 978-89-336-1075-6
www.kijeonpb.co.kr

불법복사는 지적재산을 훔치는 범죄행위입니다.
저작권법 제97조의 5(권리의 침해죄)에 따라 위반자는 5년 이하의 징역 또는 5천만원 이하의 벌금에 처하거나 이를 병과할 수 있습니다.